Wissen neu erleben

BÄUME

Tony Rodd und Jennifer Stackhouse

Wissen neu erleben

BÄUME

blv

Bibliographische Information der Deutschen Bibliothek

Die Deutsche Bibliothek verzeichnet diese Publikation in der Deutschen Nationalbibliographie; detaillierte bibliographische Daten sind im Internet über http://dnb.ddb.de abrufbar.

BLV Buchverlag GmbH & Co. KG
80797 München

Titel der Originalausgabe: Trees. A Visual Guide

Deutschsprachige Ausgabe:

Managing Editor: Jennifer Losco
Project Editor: Ariana Klepac
Publishing Coordinator: Mike Crowton
Designer: Mark Thacker/Big Cat Design
Bildredaktion: Joanna Collard
Art Buyer: Trucie Henderson
Illustrationen: Peter Bull Art Studio, Andrew Davies/Creative Communication

Umschlaggestaltung: Mark Thacker

Übersetzung: Dr. Ulrike Kretschmer, München

Wissenschaftliche Durchsicht der deutschen Ausgabe: Dr. Ulrich Hecker

Lektorat: Dr. Friedrich Kögel, Dr. Eva Dempewolf
Herstellung: Ruth Bost
Satz: Fotosatz Völkl, Inzell/Obb.

Reproduktionen: Chroma Graphics (Overseas) Pte Ltd.
Printed by SNP Leefung Printers Ltd
Printed in China

ISBN 978-3-8354-0273-7

Inhalt

Einführung

Bäume sind die Giganten – gewissermaßen die Wale – der Pflanzenwelt. Doch im Gegensatz zu diesen sind Bäume Teil unseres Alltags, und zu ihnen gehören zweifelsohne einige der größten lebenden Organismen der Erde. In unseren Wäldern wachsen immer noch Millionen von Bäumen, die schwerer sind als die größten Wale (rund 180 Tonnen). Wir neigen dazu, Bäume für selbstverständlich zu halten. Doch selbst der gewöhnlichste Baum an der Straße oder im Stadtpark verdient eine eingehendere Betrachtung: Wie schwer er wohl ist, wie groß, welchen Durchmesser seine Krone wohl hat, und wie weit er sich vom Stamm zu den Ästen, Zweigen und schließlich den Blättern wohl verzweigt? Wie viele Blätter mag er haben, wie groß mag seine gesamte Blattoberfläche sein? Wie viel Sonnenlicht lassen die Blätter durch, das der Baum zur Photosynthese braucht? Wie viel Schatten spendet das Blätterdach, das uns vor ebenjenem Sonnenlicht schützt? Wie lange lebt ein Blatt? Was wäre ohne die Wurzeln des Baumes, die dem Boden (außer im Winter und während der Knospenruhe) Wasser und Mineralien entziehen und dies zu den Blättern befördern, die ihrerseits das Wasser sowie Sauerstoff an die Atmosphäre abgeben und Kohlendioxid aufnehmen? Dieses Buch widmet sich solchen und anderen Aspekten: wie ein Baum wächst und funktioniert, welche Gestalt er haben kann, welche Artenvielfalt es gibt, welche Lebensgemeinschaften Bäume bilden – und wie sich der Mensch die für ihn lebenswichtigen Pflanzen zunutze macht.

Die Erde – Welt der Bäume

Vorhergehende Doppelseite Ein dicker Moosteppich bedeckt den Boden dieses Ahornwäldchens in einem zen-buddhistischen Tempelgarten im japanischen Kyoto.

Die Erde – Welt der Bäume

Vor rund 300 Millionen Jahren, im Karbon-Zeitalter, tauchten auf der Erde erstmals Bäume auf – als Schachtelhalme und Farne. Heute gibt es Bäume in einer sagenhaften Artenvielfalt in fast jeder Klimazone der Erde; einige davon werden bis zu 120 m groß und über 1000 Jahre alt.

Ein Baum – was ist das?

Es ist gar nicht so einfach, einen Baum zu definieren. Auf die Hauptmerkmale, wie sie beispielsweise eine riesige Eiche aufweist, kann man sich jedoch recht schnell einigen. Ein Baum ist groß; er ist deutlich größer als ein großer Mensch, mindestens 2- bis 3-mal so groß. Ein Baum ist ausdauernd; er sollte in der Lage sein, für eine unbestimmte Anzahl von Jahren zu wachsen. Ein Baum wächst im Kronenbereich; Pflanzen wie etwa die Banane (*Musa* spp.), die in regelmäßigen Abständen an ihrer Basis neue, kurzlebige Stämme ausbildet, sind keine Bäume. Ein Baum besteht normalerweise aus Holz; Bäume verfügen über kräftige, feste Stämme, auf denen das Blätterdach ruht. Doch nur zweikeimblättrige Pflanzen, Nadelgehölze und Ginkgos weisen echtes Holz, d. h. gebildet vom Kambiumring unter der Rinde, auf. Was aber ist dann mit Palmfarnen, Palmen, Yuccas, Kakteen und ähnlichen langlebigen, großen Pflanzen? Abgesehen vom Holz passen sie gut zu unserer bisherigen Definition von Baum. Im Allgemeinen hat ein Baum nur 1 Stamm; bildet eine holzige, ausdauernde Pflanze mehrere Stämme aus und wird sie nur zwischen 3 und 6 m hoch, nennen wir sie eher Strauch.

EINE PFLANZE ALS BAUM KLASSIFIZIEREN

Die botanische Klassifizierung einer Pflanze sagt recht wenig darüber aus, ob es sich bei ihr um einen Baum oder beispielsweise um einen Strauch, ein Kraut oder eine Kletterpflanze handelt. Fast alle größeren Pflanzenfamilien umfassen ein breites Spektrum an Wuchsformen; in einigen Familien dominieren Bäume, in anderen Kräuter (Kraut versteht sich hier botanisch als nicht-holzige Pflanze). Und viele der größeren Pflanzengattungen, etwa die Wolfsmilch *(Euphorbia)*, umfassen sowohl Bäume als auch winzige Kräuter. Ein und dieselbe Spezies, sogar Subspezies, kann sich je nach Wachstumsbedingungen zu einem Baum, einem Strauch oder – seltener – zu einer Kletterpflanze entwickeln. Dies gilt vor allem für Pflanzen in exponierten Berg- oder Küstenregionen: Hier können starker Wind oder andere Umweltbedingungen das Wachstum einer Pflanze so beeinflussen, dass neue Wuchsformen mit bestimmten charakteristischen Eigenschaften entstehen.

↓ **»Baum« ist ein recht willkürlicher Begriff.** Bäume gehören vielen verschiedenen Ordnungen und Familien an und variieren stark in ihrer Erscheinungsform. Neben dem typischen Baum mit hohem Stamm und verzweigten Ästen wie der unten abgebildeten Buche werden auch Palmfarne, Kakteen, Sukkulenten und Palmen oft so bezeichnet.

↑ **Der Saguaro** *(Carnegiea gigantea)* ist sowohl Baum als auch Kaktus und Stammsukkulente, d. h. blattlos mit fleischigem, wasserspeicherndem Stamm.

← **So wie diese Ulme** stellen sich die meisten Menschen einen Baum vor: groß, langlebig, mit einem einzigen dicken Stamm und im Kronenbereich wachsend.

↓ **Der Boojum-Baum** *(Fouquieria columnaris)* hat einen fleischig verdickten Stamm mit dornenartigen Kurztrieben.

Die Großen und die Kleinen

Bäume erreichen völlig unterschiedliche Größen, je nach genetischem Potenzial und der Umgebung, in der sie wachsen. Ein Apfelbaum wird unabhängig von seinen Wachstumsbedingungen nie auch nur annähernd so groß wie ein Küstenmammutbaum werden, eine Waldkiefer im zerklüfteten schottischen Hochland niemals auch nur halb so groß wie eine Kiefer, die auf dem feuchten Boden eines österreichischen Tals gedeiht. In der Tat sind kleinwüchsige Formen vieler Baumarten genau genommen weniger Bäume als vielmehr Sträucher. Dies gilt insbesondere für Pflanzen, die auf exponierten Landzungen oder im sturmgepeitschten Gebirge nahe der Baumgrenze wachsen. Nach oben hat die Natur dem Wachstum der Bäume bei etwa 120 m eine Grenze gesetzt; doch eine solche Größe erreichen nur bestimmte Nadelgehölze *(Sequoia, Pseudotsuga* und *Picea)* der regenreichen nordamerikanischen Pazifikküste sowie der Königseukalyptus *(Eucalyptus regnans)* in einem kleinen Teil Südostaustraliens. Einige Exemplare dieser Baumart sollen sogar höher als 120 m geworden sein – sie fielen jedoch frühen Holzfällern zum Opfer.

↓ **Von links nach rechts:** Küstenmammutbaum *(Sequoia sempervirens)*, Schirm- oder Drehfrüchtige Akazie *(Acacia tortilis)*, Alerce *(Fitzroya cupressoides)* und Boojum-Baum *(Fouquieria columnaris)*. Bäume unterscheiden sich in Größe und Form stark voneinander, sie können hoch und schmal, kurz und breit oder hoch und breit sein. Zum Größenvergleich steht neben jedem Baum ein Mensch.

↑ **El Arbol del Tule** – ein spektakuläres Exemplar der Mexikanischen Sumpfzypresse *(Taxodium mucronatum)* mit einem Stammdurchmesser von fast 12 m.

↗ **Der immergrüne, schwertblättrige Grasbaum** *Xanthorrhoea glauca* ist in Australien heimisch und erreicht eine maximale Höhe von 8 m.

← **Die riesigen Küstenmammutbäume** oder kalifornischen Redwoods *(Sequoia sempervirens)* sind die höchsten Bäume der Welt.

↓ **Der Fächerahorn** *(Acer palmatum)* wird zwar nur etwa 12 m hoch, breitet seine Krone jedoch majestätisch aus. Der wunderschöne Baum wird (nicht nur in Japan) oft als Ziergehölz verwendet.

KLEINERE BÄUME

Anders als die Baumriesen sind kleinere Bäume auf der ganzen Welt verbreitet und tauchen in einer großen Artenvielfalt auf. In trockneren Gegenden sind kleinere Wuchsformen fast die Norm. Das Blätterdach der Bäume in wüstenähnlichen Wäldern oder Savannen erreicht eine Höhe von 4,5 bis 7,5 m; diese Vegetation kommt in Tausenden von Arten z. B. in den wärmeren Gegenden Afrikas, Amerikas und Australiens vor. Akazienarten aus diesen Gebieten werden selten höher als 7,5 m. Die gemäßigten Regionen der trockenen Hochebenen Colorados und Arizonas sind von Pinyonkiefern-Wacholder-Wäldern bedeckt; weit verbreitet ist dort der dickstämmige Utah-Wacholder *(Juniperus osteosperma)*, der nur etwa 3,5–6 m hoch wird. Auch in höchst unfruchtbaren oder sumpfigen Gegenden der östlichen USA wachsen viele kleinere Bäume. Zudem gibt es in jedem größeren Wald das Unterholz; ein Beispiel dafür ist die im gemäßigten Norden verbreitete Eibe *(Taxus)*. Generell gilt, dass klimatische Extreme das Pflanzenwachstum hemmen bzw. dass sich die Arten im Laufe der Zeit ihrer Umgebung anpassen.

Die Alten und die Jungen

Alle Bäume, die es heute gibt, sind hinsichtlich der Evolution sowohl alt als auch jung. Sie alle stammen von den frühesten Landpflanzen ab, sind jedoch moderne Vertreter ihrer botanischen Gruppen. »Alte« Bäume gehören Gruppen an, die früher weiter verbreitet waren und heute weitgehend oder ganz ausgestorben sind; dazu zählen Palmfarne, der Ginkgo und einige Nadelgehölze. Doch keine dieser Pflanzen ist mit ihrem über 100 Millionen Jahre alten Vorgänger aus dem Jura oder der Kreidezeit identisch. Die Bedecktsamer (Angiospermen) sind älter als bislang vermutet; ihre Spur verliert sich jedoch vor der Kreidezeit. Von welchen fossilen Pflanzengruppen aus dem Trias oder dem Jura sie abstammen, weiß man nicht. Möglicherweise befinden sich ihre Ahnen sogar unter bereits entdeckten Fossilien. Relativ sicher ist dagegen, dass es zur Mitte der Kreidezeit – vor rund 100 Millionen Jahren – viele der heutigen Bedecktsamerfamilien bereits gab. Einige Familien tauchten vor der Aufteilung in Ein- und Zweikeimblättrige (Monokotyledonen und Dikotyledonen) auf – die »primitiven« oder ursprünglichen Bedecktsamer. Dazu gehörten von Anfang an erstaunlich viele Bäume, obwohl Angiospermen erst gegen Ende der Kreidezeit die Wälder dominierten. In der Mitte des Tertiärs, vor rund 30 Millionen Jahren, wurde das Klima trockener; zu dieser Zeit entstanden zahlreiche Familien, etwa Hülsenfrüchtler, Korbblütler und Gräser.

↓ **Dieser Querschnitt durch versteinertes Holz** aus dem Jura stammt von der ausgestorbenen Baumgattung *Hermanophyton;* wie deren Blätter aussahen, ist nicht bekannt. Blütenpflanzen sind wahrscheinlich Nachfahren einer kleinen Samenfarngruppe.

FRÜHE PFLANZEN

Vor über 350 Millionen Jahren, ab dem späten Devon und dem frühen Karbon, bestimmten erstmals baumähnliche Pflanzen die Vegetation der Erde. Dazu gehörten die Pteridophyten oder Farnartigen, die sich durch Sporen vermehrten. Heute ordnet man diese Pflanzen als Evolutionsstufe ein, nicht als eigene Pflanzengruppe. Die Bärlapp- (Lykophyten) und Schachtelhalmgewächse (Sphenopsiden) konnten bis zu 30 m hoch werden. Bereits im Jura waren die meisten dieser Pflanzenfamilien ausgestorben, heute gibt es nur noch sehr wenige Vertreter. Fast zur selben Zeit entwickelten sich die samentragenden Pflanzen; die Samenfarne, deren Samen sich an den Rändern der farnähnlichen Blätter befinden, tauchten im späten Devon auf und diversifizierten sich im Karbon und Perm. Sie waren die ersten Nacktsamer (Gymnospermen), die heute ebenfalls als Evolutionsstufe gelten. Überlebt haben die Nadelgehölze, Palmfarne, Gnetophyten und der Ginkgo.

↑ **In den prähistorischen Wäldern** herrschten Pteridophyten (Farnartige) und Schachtelhalmgewächse vor.

→ **Die Evolutionstabelle** zeigt die Entwicklung der Gefäßpflanzen vom Silur bis heute. Die verschiedenen Breiten der »Zweige« machen deutlich, wie viele Varianten die einzelnen Pflanzengruppen im Laufe der Zeit ausgebildet haben.

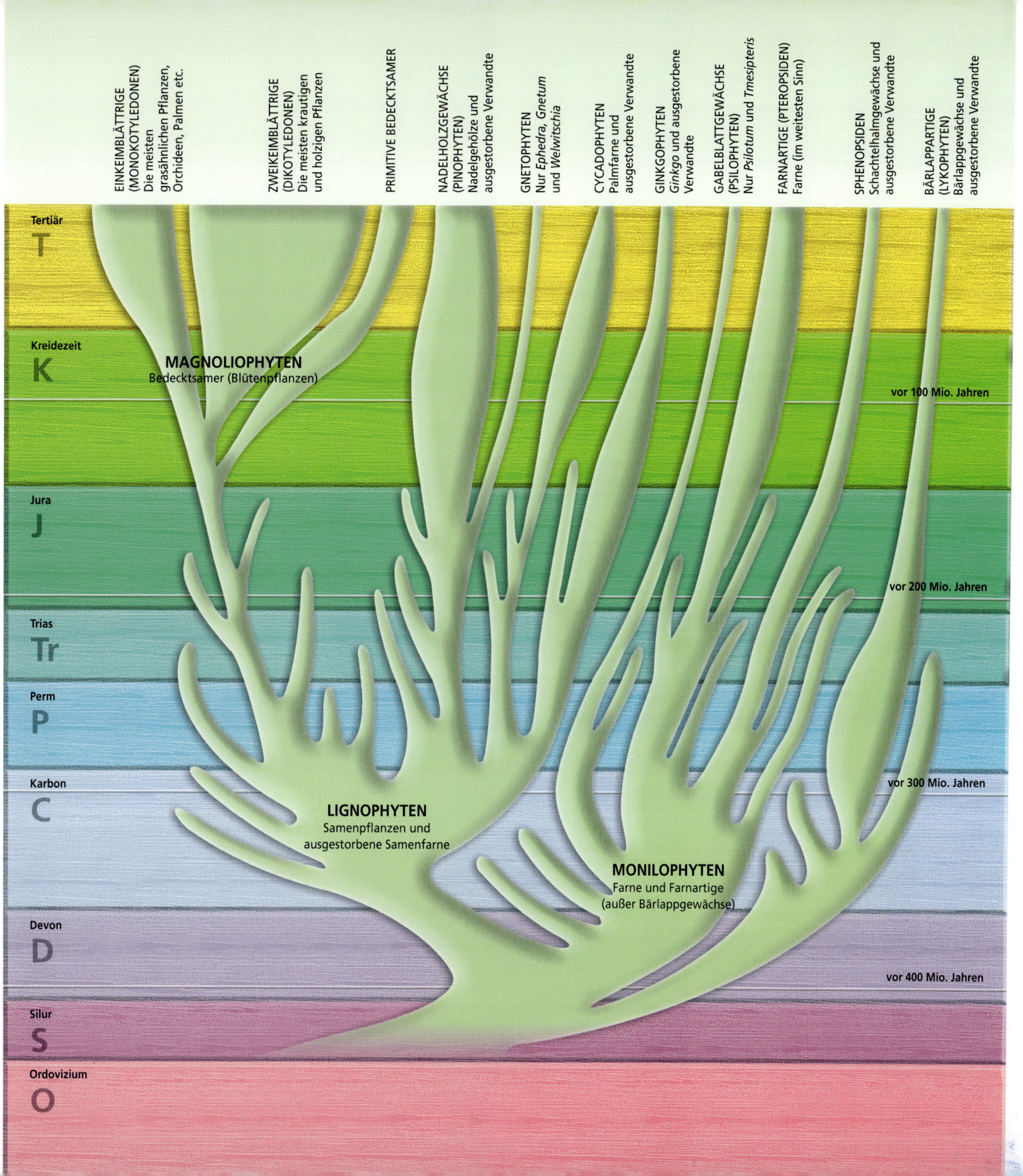
EINKEIMBLÄTTRIGE (MONOKOTYLEDONEN) Die meisten grasähnlichen Pflanzen, Orchideen, Palmen etc.
ZWEIKEIMBLÄTTRIGE (DIKOTYLEDONEN) Die meisten krautigen und holzigen Pflanzen
PRIMITIVE BEDECKTSAMER
NADELHOLZGEWÄCHSE (PINOPHYTEN) Nadelgehölze und ausgestorbene Verwandte
GNETOPHYTEN Nur *Ephedra*, *Gnetum* und *Welwitschia*
CYCADOPHYTEN Palmfarne und ausgestorbene Verwandte
GINKGOPHYTEN *Ginkgo* und ausgestorbene Verwandte
GABELBLATTGEWÄCHSE (PSILOPHYTEN) Nur *Psilotum* und *Tmesipteris*
FARNARTIGE (PTEROPSIDEN) Farne (im weitesten Sinn)
SPHENOPSIDEN Schachtelhalmgewächse und ausgestorbene Verwandte
BÄRLAPPARTIGE (LYKOPHYTEN) Bärlappgewächse und ausgestorbene Verwandte
Tertiär
T
Kreidezeit
K
Jura
J
Trias
Tr
Perm
P
Karbon
C
Devon
D
Silur
S
Ordovizium
O
MAGNOLIOPHYTEN
Bedecktsamer (Blütenpflanzen)
LIGNOPHYTEN
Samenpflanzen und ausgestorbene Samenfarne
MONILOPHYTEN
Farne und Farnartige (außer Bärlappgewächse)
vor 100 Mio. Jahren
vor 200 Mio. Jahren
vor 300 Mio. Jahren
vor 400 Mio. Jahren

Die Regeln der Namengebung

Wie andere Organismen auch werden Bäume nach ihrer Zuordnung benannt, die wiederum von den jeweiligen Eigenheiten abhängt. Diese aufzuzeigen ist Aufgabe der Wissenschaft – Bestand aufzunehmen und Gemeinsamkeiten und Unterschiede zwischen den einzelnen Bäumen festzustellen. Sind alle Merkmale festgehalten – mithilfe von Feldforschung, Laborarbeit und statistischer Analyse –, grenzen die Biologen verschiedene Gruppen von Individuen ein, die sich am meisten ähneln – die Arten (Spezies). Gruppen von Arten wiederum werden zu Gattungen zusammengefasst und diese ihrerseits zu Familien und Ordnungen. Die Namengebung ist der letzte, wissenschaftlich gesehen am wenigsten wichtige Teil der Klassifikation (auch Taxonomie genannt). Die Namen selbst sind relativ willkürlich; in der Regel ist der zuerst veröffentlichte gültig. Bei der Pflanzenklassifikation herrschen lateinische oder latinisierte griechische Namen vor – eine bis heute übliche Praxis der europäischen Botanik, die der schwedische Naturforscher Carl von Linné Mitte des 18. Jahrhunderts einführte. In Linnés binärer Nomenklatur folgt auf den Namen der Gattung der Name der Art; so bezeichnet bei *Pinus pinaster* der erste Namensteil die Gattung (Kiefer) und der zweite die Art (Strandkiefer).

↗ **Nadelgehölze gehören mit den Palmfarnen und dem Ginkgo** zu den Nacktsamern oder Gymnospermen. Sie vermehren sich durch Samen, die nicht in einen Fruchtknoten eingeschlossen, sondern auf einem Zapfen o. Ä. zu finden sind.

→ **Bedecktsamer (oder Angiospermen)** vermehren sich durch Samen, die von einem Fruchtknoten umhüllt sind.

← **Carl von Linné** begründete mit seiner Klassifikation die moderne Taxonomie. Sein Werk »Species Plantarum« (1753) ist noch heute für die botanische Namengebung verbindlich.

BOTANISCHE HIERARCHIE

Die botanische Klassifizierung ist hierarchisch aufgebaut: Jede Art gehört zu nur 1 Gattung, jede Gattung zu nur 1 Familie, jede Familie zu nur 1 Ordnung usw. Umgekehrt kann z. B. 1 Ordnung mehrere Familien enthalten. Oberhalb der Gattungsebene sind die wissenschaftlichen Namen bestimmten Regeln der Nomenklatur unterworfen; so lässt die Endung des wissenschaftlichen Namens Rückschlüsse auf die hierarchische Position zu. Alle Familiennamen enden auf -aceae, Unterfamilien auf -oideae und Ordnungsnamen auf -ales. Der Familienname enthält einen der zugehörigen Gattungsnamen. Zur Familie der Pinaceae (Kieferngewächse) gehört die Gattung *Pinus* (Kiefer). Dieser Name findet sich in der Ordnung Pinales (Kiefernartige), der Abteilung Pinophyta (Nadelholzgewächse) und in der Unterfamilie Pinoideae wieder.

↑ **Die wichtigsten Gruppen und Untergruppen der Bäume.** Auffällig ist, dass die Gruppen unterschiedlich groß sind: Während zu den Ginkgopflanzen einzig die Art *Ginkgo biloba* zählt, umfassen die Zweikeimblättrigen eine erstaunliche Vielzahl. Zur Abteilung der Bedecktsamer gehören mehr als 300 000 Arten, zu den Nadelgehölzen nur rund 600. Gemessen an dieser vergleichsweise geringen Artenzahl sind letztere weltweit überproportional verbreitet.

↓ **Hierarchie der Klassifikation** am Beispiel eines Rhododendrons, von der übergeordneten Hierarchiestufe des Pflanzenreichs bis hinunter zur Sorte.

REICH **Plantae** Pflanzen
ABTEILUNG **Magnoliophyta** Bedecktsamer
KLASSE **Magnoliopsida** Zweikeimblättrige
UNTERKLASSE **Asteridae** »Asternartige«, umfassen zahlreiche Familien
ORDNUNG **Ericales** Heidekrautartige, kleinere Gruppe von Familien
FAMILIE **Ericaceae** Heidekrautgewächse
UNTERFAMILIE **Rhododendroideae**
STAMM (TRIBUS) **Rhododendreae**
GATTUNG ***Rhododendron*** Alpenrose (Rhododendren und Azaleen)
UNTERGATTUNG ***Hymenanthes*** die meisten großen immergrünen Rhododendren
UNTERGRUPPE **Ponticum** Pontischer Rhododendron; einzige Untergruppe der Untergattung
ART (SPEZIES) ***Rhododendron arboreum*** Baumalpenrose
UNTERART (SUBSPEZIES) ***Rhododendron arboreum* subsp. *cinnamoneum*** Nepalesische Unterart der Baumalpenrose
SORTE ***Rhododendron arboreum* subsp. *cinnamomeum*** 'Blushing Beauty'

Bäume und Klima

Welche Vegetation in einem bestimmten Teil der Erde vorherrscht, hängt ganz entscheidend vom Klima ab. Klima ist nicht dasselbe wie Wetter; es setzt sich vielmehr aus den unterschiedlichen, über viele Jahre hinweg beobachteten Wetterbedingungen zusammen. Zum Klima gehören statistische Angaben wie jährlicher Niederschlag, durchschnittliche sowie höchste und niedrigste Temperatur, Luftfeuchtigkeit, Windgeschwindigkeiten, Frost und Schneefall. Beim Niederschlag spielt die Verteilung auf die einzelnen Monate eine ebenso große Rolle wie die Gesamtmenge: In Gegenden mit regenreichen Wintern wachsen andere Wälder als in Regionen mit regenreichen Sommern. Zudem wird das Klima von Faktoren wie der Entfernung zum Äquator, der Höhe über dem Meeresspiegel und der Nähe zum Meer bestimmt. Auf der Nordhalbkugel umspannen die beiden Hauptkontinente in den arktischen Regionen beinahe die gesamte Erde; hier können im Winter sehr kalte Luftmassen auftreten, die nach Süden strömen und das Klima in wesentlich niedrigeren Breiten beeinflussen. In diesen Gebieten sind die Winter deutlich kälter als auf den entsprechenden Breitengraden der Südhalbkugel.

MIKROKLIMA

Ein Kontinent oder eine große Insel umfasst verschiedene, meist großflächige Klimazonen, wobei sich auch ein schmaler Küstenstreifen aufgrund der Nähe zum Meer klimatisch stark vom Hinterland unterscheiden kann. Ähnlich mag eine Hochebene oder ein Gebirgszug aufgrund der Höhenlage ein eigenes Klima aufweisen. Treten die klimatischen Unterschiede innerhalb eines noch kleineren Gebiets auf, spricht man von Mikroklima. In den gemäßigten Breiten, ist das Mikroklima beispielsweise an den nördlichen und südlichen Abhängen eines Berges je nach Winkel der Sonneneinstrahlung milder oder kühler; in einer Talsohle kann es durch das nächtliche Absinken kalter Luft sehr frostig sein. Wälder verfügen über ihre eigenen Mikroklimata.

← **Tiefland-Regenwälder** wie dieser an einem Nebenfluss des Amazonas entstehen nur bei anhaltend warmen (nicht heißen) Temperaturen, ganzjährigem Regen und hoher Luftfeuchtigkeit. Die meisten Wälder dieser Art gibt es am Äquator.

↞ **Auf dem felsigen Hochplateau** des Zion-Nationalparks im US-amerikanischen Utah wachsen aufgrund der geringen Bodentiefe nur wenige und verkrüppelte Kiefern; dabei spielen auch Klima und Mikroklima eine Rolle. Bei einer Höhe von 3000 m sind die Winter auf der Hochebene sehr kalt und regenarm.

← **Die Mitte dieser kleinen tropischen Koralleninsel** bedeckt ein dichter, niedriger Wald. Das Klima ist konstant warm, die Temperaturen schwanken kaum. Allerdings treten gelegentlich Wirbelstürme auf.

↞ **Diese Berge der nordostchinesischen Provinz Jilin** liegen auf einem ähnlichen Breitengrad wie die Französische Riviera. Aufgrund arktischer Luftmassen sind die Winter hier jedoch kälter, und die Wälder umfassen auch boreale Baumarten wie z. B. Lärchen.

Bäume und Klima (Forts.)

Jede der fast unendlich vielen Baumarten der Welt ist an bestimmte klimatische Bedingungen angepasst. Dabei gibt es extreme Bedingungen, die gerade noch zum Überleben der Art ausreichen, aber auch Bedingungen, die ein optimales Wachstum garantieren. Die Toleranzschwelle ist in erster Linie physiologischer Natur und hängt von Chemie und Physik der lebenden Zellen sowie vom Austausch des Pflanzensafts zwischen ihnen ab; darüber hinaus sind auch anatomische Strukturen von Bedeutung. Die Anpassung erfolgte im Laufe vieler Millionen Jahre und lässt sich auch durch Kultivierung und Züchtung nicht leicht ändern. Ein Orangenbaum beispielsweise wird einen Winter im Freien in unseren Breiten nicht überleben. Selbst Abkömmlinge der Art aus kälteren Regionen vertragen derart tiefe Temperaturen nicht. Umgekehrt können an ein kaltes Klima angepasste Bäume in konstant wärmeren Gebieten nicht gedeihen – um Blüten oder gar Früchte anzusetzen, brauchen diese Pflanzen den Wechsel der Jahreszeiten.

GEOGRAFISCHE VERBREITUNG

Die natürliche geografische Verbreitung einer Baumart hängt nicht allein vom Klima ab. Es kann viele Faktoren geben, die eine Ausbreitung verhindern – die offensichtlichsten sind Meere und Gebirgszüge. Von ebenso großer Bedeutung ist der Konkurrenzkampf mit anderen Arten: Welche Wälder heute das Erscheinungsbild der Erde bestimmen, ist das Ergebnis einer jahrmillionenlangen komplexen Entwicklung, bei der Arten einander verdrängten, Klimawandel stattfanden und Phänomene wie Vulkanismus und Gletscherbildung Hindernisse oder neue Lebensräume schufen. Auch die Erderwärmung, die wir im Moment erleben, wird die Verbreitung der Bäume und anderer Pflanzen beeinflussen.

→ **Ist eine Baumart Laub abwerfend,** ist sie meist an ein stark jahreszeitlich bestimmtes Klima mit frostigen Wintern und warmen Sommern oder aber mit tropischen Dürreperioden angepasst. In beiden Fällen können sich die Blätter verfärben, bevor sie fallen. Amerikanische Espen *(Populus tremuloides),* rechts, gehören zu den winterhärtesten Laub abwerfenden Bäumen.

↙ **Bäume in Gegenden mit strengen Wintern** können sich sogar an Eisstürme gewöhnen. Einige Arten überleben solche Stürme nicht, andere tolerieren die Eisschicht, die Zweige und Äste umgibt.

↓ **An ein arides Klima** passen sich Bäume auf unterschiedliche Art und Weise an. Sukkulenten wie der in Namibia verbreitete Köcherbaum *(Aloe dichotoma)* speichern Wasser in Stamm und Blättern. So können die Bäume selbst lange Trockenperioden überstehen.

Lebensform Baum

Lebensform Baum

Wie andere Pflanzen bestehen auch Bäume im Prinzip aus Sprossachse, Blättern und Wurzeln. Sehr große Bäume können ihre Blätter effektiver mit Sonnenlicht versorgen, das sie zur Photosynthese brauchen. Einige Bäume haben bestimmte Merkmale entwickelt, um sich an Besonderheiten ihres Heimatklimas anzupassen.

Wuchsform

Die spezifische Gestalt eines Baums zielt darauf ab, seine Größe sowie seine Fortpflanzungschancen zu maximieren. Ein Baum besteht aus Wurzeln, einem Stamm, der normalerweise durch mehrere Schichten Rinde und Borke geschützt ist, sowie aus Ästen, Zweigen und Blättern. Im Gegensatz zu Menschen und Tieren verfügen Bäume und andere Pflanzen über eine Reihe örtlich begrenzter Aufgabenbereiche und nicht über eine zentrale Kontrollinstanz wie das Nervensystem. Da Bäume einen sehr eingeschränkten Bewegungsradius haben, sind sie durch Größe und Form eher auf Wachstum und Vermehrung in ökologischen Nischen ausgerichtet. Mithilfe des hohen Stamms und einer weit verzweigten Krone werden die Blätter dem Sonnenlicht und der Luft ausgesetzt und die Blüten bestäubt – sei es durch Wind, Insekten, Vögel oder andere Tiere. Das ebenso weit verzweigte Wurzelwerk versorgt den Baum mit Wasser und Nährstoffen aus dem Boden, die Blätter ernähren ihn mittels Photosynthese. Bäume sind im Allgemeinen höher und breiter als andere Gewächse wie etwa Sträucher oder Kletterpflanzen; dies verdanken sie ihrem holzigen Stamm, der sich in Äste verzweigt. Ein typischer Strauch dagegen bildet vom Boden her mehrere Stämme aus. Eine klare Unterscheidung zwischen Baum und Strauch kann jedoch nicht immer getroffen werden; manchmal haben Bäume auch mehrere Stämme oder Triebe.

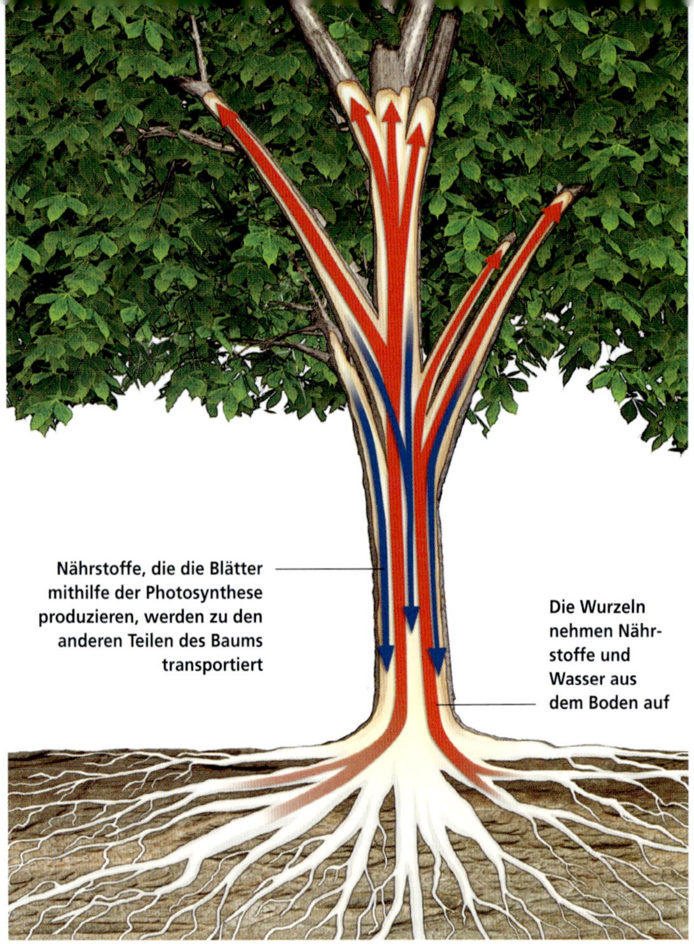

↑ **Transpiration** ist das pflanzliche Äquivalent der Atmung. Über das Wurzelwerk befördern spezielle Zellen im sogenannten Xylem Wasser aus dem Boden in alle Teile des Baumes.

↗ **Ein typischer Baum** ist groß und verfügt über einen von Rinde umhüllten Stamm sowie über Äste, die sich von diesem Stamm aus verzweigen.

← **Baumfarne** sind frühe, baumartige Pflanzen, die vor 300–350 Millionen Jahren auf der Bildfläche erschienen. Während sie wachsen, verlieren sie ihre Wedel, die ein charakteristisches Muster auf dem Stamm hinterlassen.

ABWEICHUNGEN VON DER NORM

Obwohl ein typischer Baum aus einem einzigen, von Rinde umgebenen Stamm und sich daraus verzweigenden Ästen besteht, die ein Dach aus Blättern bilden, folgen manche Pflanzen einem anderen Wachstumsmuster und werden dennoch als Bäume klassifiziert. Bäume, die in Wüsten, waldbrandgefährdeten Zonen oder in Küstennähe wachsen, sind meist kleiner und bilden mehrere Stämme aus. Auch diese bestehen im Kern aus Holz und haben eine Rinde. Im Gegensatz dazu weisen Palmen zwar ebenfalls einem einzigen Stamm und eine Krone auf, eine Rinde besitzen sie jedoch nicht. Auch die faserartigen Stämme mancher Farnarten lassen eine Rinde vermissen, doch können die Pflanzen eine stattliche Höhe von immerhin 10 m erreichen.

→ **Pflanzenzellen** sind mit einer Zellwand (gelb) und Chloroplasten (grün) ausgestattet. Die Farbstoffträger enthalten ein grünes Pigment, das Chlorophyll, das der Photosynthese dient und Energie für das Pflanzenwachstum liefert. Im Inneren der Zelle befindet sich die »Vakuole«, die mit Flüssigkeiten und Gasen gefüllt ist. Der Zellkern (lila) enthält – ähnlich wie bei Tieren – das Kernkörperchen.

← **Abgesehen vom gemeinsamen Grundbestandteil** des Zellkerns (lila) weisen Tierzellen eine andere Struktur als Pflanzenzellen auf. Der Zellkern einer Tierzelle enthält den Baustein des Lebens, die DNS, die die Eiweißsynthese kontrolliert. Die zylinderförmigen Mitochondrien (im Bild unten) versorgen die Zelle mit Energie – sie sind gewissermaßen die Kraftwerke der Zelle.

Stamm

Charakteristisches Merkmal der meisten Bäume ist der Stamm, der es dem Baum ermöglicht, in die Höhe zu wachsen und die Blätter dem Sonnenlicht auszusetzen. Je höher die Äste und Blätter reichen, desto geringer ist die Konkurrenz anderer Pflanzen. Im Allgemeinen gibt es nur 1 Stamm, der sich selbst stützt; er kann nur wenige Zentimeter messen, aber auch über 30 m hoch werden. Die Größe eines Baums hängt ebenso vom Standort wie von den genetischen Voraussetzungen ab. Ein und dieselbe Art kann in einer exponierten Lage einen wesentlich kürzeren Stamm ausbilden als in einem günstigeren Klima. Einige spezialisierte Arten verfügen über einen größtenteils unterirdisch verlaufenden Stamm und fast senkrecht wachsende, stammähnliche Äste. Die meisten Bäume bilden ihre Äste erst in einiger Entfernung vom Boden aus; viele Äste bleiben ein Leben lang erhalten, andere sterben ab, wenn der Baum wächst und eine Krone hoch über dem Boden entwickelt. Je nach Klima bietet der von Rinde umhüllte Stamm auch anderen pflanzlichen und tierischen Organismen wie Epiphyten, Insekten oder Spinnen einen Lebensraum.

→ **Der tropische Batai** *(Albizia falcataria)* gehört zu den am schnellsten wachsenden Bäumen der Erde; er legt pro Jahr bis zu 7 m zu und kann in etwa 25 Jahren eine Höhe von 30 m erreichen. Die kurzlebige, Laub abwerfende Pionierpflanze siedelt sich nach Sturmschäden in Waldlücken an.

DER AFFENBROTBAUM

Der Affenbrotbaum oder Baobab aus der Gattung *Adansonia* ist auf Madagaskar, dem afrikanischen Festland und in Australien heimisch, wo er auch Boab oder Flaschenbaum genannt wird. In seinem massiven Stamm vermag der Baum bis zu 120 000 Liter Wasser zu speichern, was ihm ermöglicht, extreme Trockenperioden zu überstehen. Auch der Mensch macht sich den enormen Stamm des Baums zunutze und gebraucht hohle Stämme als Wasserbehälter, Schutzraum oder gar Gefängnis. Elefanten können mit ihrem Rüssel in den Stamm eindringen und ihm Wasser und nährstoffhaltiges Mark entziehen.

↑ **Die Chilenische Araukarie** *(Araucaria araucana)* wird bis zu 40 m hoch, ihr Stamm erreicht einen Durchmesser von über 2 m. Der Baum wächst in Gegenden mit starkem Schneefall; ältere Äste brechen oft unter der Schneelast ab, was ein charakteristisches Muster im Stamm hinterlässt.

↗ **Die Amerikanische Espe** *(Populus tremuloides)* ist Laub abwerfend und erreicht bis zu 15 m. Der schlanke Stamm wird von einer gelblichgrauen Rinde umhüllt.

→ **Palmen** haben im Gegensatz zu den meisten Bäumen keinen holzigen Stamm. Sie bestehen aus weichem Gewebe, in das wiederum von Gefäßen durchzogenes Gewebe eingebettet ist, worin Wasser und Nährstoffe transportiert werden. Die einzigartige Struktur des Palmenstamms inspirierte Ingenieure zur Entwicklung von faserverstärktem Beton. Palmenstämme sind extrem biegsam und können sogar Hurrikans standhalten. Das Muster stammt von den abgestorbenen Palmwedeln und ist häufig artspezifisch.

→→ **Alle Arten des Baobabs** besitzen einen massiven Stamm, der bis zu 9 m dick und 15 m hoch werden kann. Werfen die Bäume in der trockenen Jahreszeit die Blätter ab, wirken sie wie auf den Kopf gestellt. Das Holz des Baobabs oder Affenbrotbaums ist weich und fasst riesige Mengen an Flüssigkeit.

Äste und Zweige

Vom Stamm des Baumes wachsen Äste nach oben und zur Seite. Sie haben eine 2-fache Aufgabe: die Blätter näher an das Sonnenlicht heranzubringen und Wasser sowie Nährstoffe zu transportieren. Die Äste bilden die Baumkrone und laufen zu Zweigen aus, an denen Blätter und Blüten wachsen. Äste halten immer die gleiche Entfernung zum Boden; sie werden lediglich Jahr für Jahr dicker und produzieren dickes, stützendes Holz. Welche Form ein Baum hat, hängt nicht zuletzt von der Anordnung der Äste ab, die auch die klimatischen Bedingungen des Standorts widerspiegelt. In kälteren Regionen der Erde, in denen Schnee fällt, wachsen beispielsweise Bäume wie die Europäische Lärche *(Larix decidua)* und die Gewöhnliche Fichte *(Picea abies)* gerade in die Höhe; ihre Äste jedoch neigen sich leicht nach unten, damit der Schnee abrutschen kann und die Äste nicht unter der Last des Schnees brechen.

↓ **Im Frühling** explodieren die Laubbäume geradezu vor neuem Leben. Jetzt öffnen sich die Knospen, die während der kalten Wintermonate ruhten.

↑ **Bricht ein Ast vom Stamm ab,** entstehen Wunden, die der Baum zu schließen versucht, damit keine Keime eindringen können. Je nach Form der Wunde bilden sich Beulen, Bänder, Rosen, Bärte, Siegel oder Augen.

← **Jeder Baum hat sein individuelles Astmuster.** Bei dieser Tanne sind die Äste gleichmäßig um den Stamm verteilt und bilden die für viele Nadelgehölze typische kegelförmige Struktur.

⇇ **Der Josua-Baum** *(Yucca brevifolia)* ist durch charakteristisch verdrehte Äste gekennzeichnet, auf denen scharfkantige Blätter thronen.

← **Äste wachsen häufig so,** dass der Baum ein Blätterdach ausbilden kann, das Stamm und Erdboden vor den Sonnenstrahlen schützt.

⇇ **Diese Chilenische Araukarie** *(Araucaria araucana)* verfügt über eine ausladende Baumkrone. Die widerstandsfähigen, spitz zulaufenden Blätter überlappen einander; damit bieten sie den Ästen Schutz und verleihen ihnen gleichzeitig Biegsamkeit.

MODIFIZIERTE ÄSTE

Normalerweise tragen Äste und Zweige Blätter. Einige Bäume verfügen jedoch über Äste mit spitzen Dornen, die sie vor Angreifern schützen. Andere Bäume kommen ganz ohne Blätter aus und weisen lediglich blattähnliche Zweige, sogenannte Phyllokladien, auf. Damit reduziert ein Baum die über die Blätter stattfindende natürliche Verdunstung und passt sich an heiße und trockene Bedingungen an. Die modifizierten Zweige kann man leicht mit Blättern verwechseln; Bäume dieser Art – Kakteen, Blatteiben *(Phyllocladus)* und Wolfsmilchsgewächse der Gattung *Phyllanthus* – findet man vor allem in ariden, unfruchtbaren Regionen.

Holz

Der Stamm verleiht einem Baum nicht nur die Festigkeit, die er braucht, um zu wachsen und sich zu entwickeln, er enthält auch Gewebe, mit dessen Hilfe Wasser und Nährstoffe verteilt und als Stärke gespeichert werden. Die äußerste Schicht des Baumes besteht aus der Borke und der darunterliegenden Rinde oder Bastschicht. Es folgen Kambium, Splintholz und – im Innersten des Stamms – das Kernholz. Neue Zellen entstehen nur im Kambium, das für das Dickenwachstum des Stamms verantwortlich ist. Diese Art des Wachstums nennt man exogen (außen entstehend). Die Zellen, die das Kambium produziert, vergrößern die Splintholzmenge des Baumes. Je mehr Zellen zum äußeren Rand des Splintholzes hinzukommen, desto dicker wird der Stamm. Das ältere Splintholz im Inneren des Stamms verringert seine Aktivität und entwickelt sich zum Kernholz. Palmen wachsen ganz anders, nämlich von innen heraus, also endogen. Wächst eine Palme, verändert sich der Durchmesser ihres Stamms und spiegelt die Menge an Feuchtigkeit und Nährstoffen wider, die der Pflanze zur Verfügung steht. Deshalb haben Palmen in kargen Jahren auch dünnere Stämme.

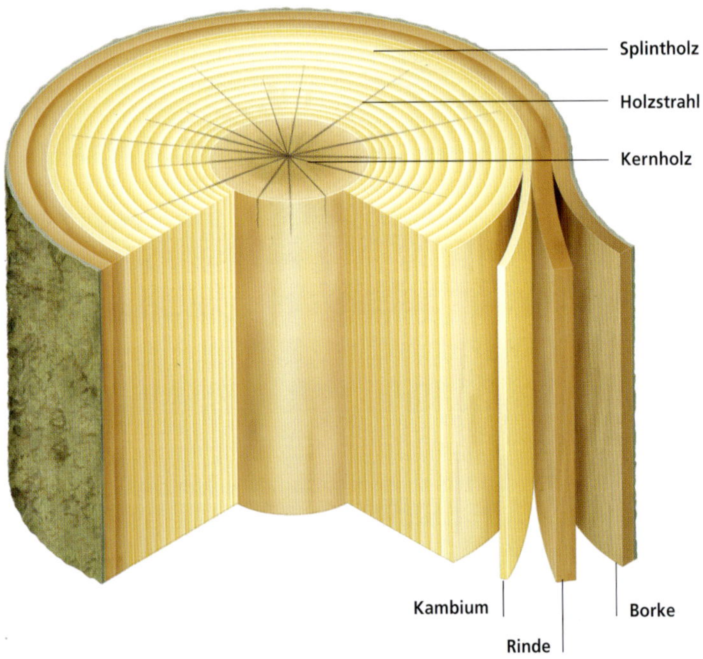

↑ **In diesem Querschnitt durch einen Stamm** sieht man die verschiedenen Bestandteile des Holzes: Borke, Rinde, Kambium, Splintholz und Kernholz. Jeder der Ringe im Stamm steht für 1 Jahr Wachstum.

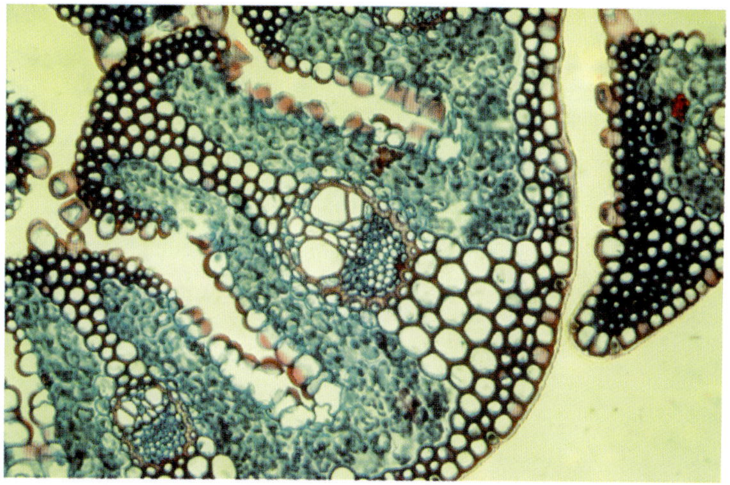

↟ **In dieser Aufnahme** erscheint das Xylem – die Zellen, die Wasser und Mineralien von den Wurzeln zu den anderen Teilen der Pflanze transportieren – als Bündel von Tracheiden, deren Zellwände durch Lignin (grün) verstärkt sind.

↑ **Unter dem Mikroskop** zeigt sich, dass die Wände der Sklerenchymzellen ebenfalls durch Lignin verstärkt sind. Diese Zellen dienen der Festigung des Baums; aus ihren Fasern werden Seile und Gewebe wie Sisal hergestellt.

← **An diesem gefällten Holz** kann man gut den Aufbau des Baumstamms erkennen. Unter der Rinde sind das hellere Splintholz und das dunklere Kernholz sichtbar.

XYLEM UND PHLOEM

Das Splintholz ist gewissermaßen das Kraftwerk des Baumes. Das aktiv wachsende Gewebe transportiert Zucker, Wasser und Mineralien. Dazu sind 2 Arten von Zellen notwendig: das Xylem und das Phloem. Das Xylem leitet Wasser und lösliche Mineralien von den Wurzeln in die anderen Teile der Pflanze. Die Zellwände des Xylems sind durch einen faserartigen Stoff namens Lignin verstärkt. Das Phloem ist für den Transport des Zuckers verantwortlich, den die Blätter mittels Photosynthese herstellen und der danach in umgekehrter Richtung – von den Blättern zu den Wurzeln – durch die gesamte Pflanze geleitet wird. Die sogenannten Holz- oder Markstrahlen, die sich innerhalb des Phloems befinden, befördern den Zucker auch ins Splintholz im Inneren des Stamms, wo er in Stärke umgewandelt und gespeichert wird.

Holz (Forts.)

Das harte und dunklere Holz im Inneren des Stamms und der Äste nennt man auch Kernholz; es ist im Querschnitt eines Stamms oder Asts deutlich erkennbar. Das Kernholz entwickelt sich aus dem Splintholz (Xylem und Phloem), das für den Nährstofftransport innerhalb der Pflanze zuständig ist. Altern die Splintholzzellen, produziert der Baum neue, und aus dem vormaligen Splintholz wird Kernholz, das dem Baum Festigkeit verleiht. Die dunklere Farbe rührt von den eingelagerten Inhaltsstoffen (Öle, Harze etc.) her, die vor Insekten- und Pilzbefall schützen. Doch mit zunehmendem Alter des Baumes wird auch das Kernholz immer anfälliger – es wird morsch und bietet Insekten und Feuer damit leichter eine Angriffsfläche. Dennoch kann der Baum überleben und weiterwachsen. Sind die äußeren Schichten wie Kambium und Splintholz jedoch verletzt, beispielsweise durch Ringeln (ringförmiges Entfernen der Rinde, damit der Saftstrom unterbrochen wird), stirbt der Baum. Wird das Kernholz durch einen Brand zerstört, wie es oft bei alten Eukalyptusbäumen in Australien geschieht, bleibt ein hohler Baum zurück, der Vögeln und anderen Tieren noch als Nest oder Behausung dient.

→ **Auf diesem Elektronenmikroskop-Scan** sieht man eine Zelle aus dem Stamm einer Stieleiche *(Quercus robur)*. Die Zelle stammt aus dem Xylem und leitete Wasser von den Wurzeln zu den anderen Teilen der Pflanze. In ihrem Inneren haben sich papierartige Thyllen gebildet, umgeben ist die Zelle vom sogenannten Parenchym.

↓ **Unregelmäßigkeiten im Wachstum** eines Baumes kann man bei einem Schnitt durch Stamm oder Äste deutlich erkennen – hier beispielsweise 2 Sprossspitzen, die durch einen Schaden an der ursprünglichen Sprossspitze entstanden. Soll das Holz als Baumaterial genutzt werden, mindern Unregelmäßigkeiten wie häufige Verzweigungen, Risse, mehrere Sprossspitzen sowie Insekten- oder Krankheitsbefall seine Qualität – in seltenen Fällen können solche Wuchsfehler den Wert des Nutzholzes aber auch steigern.

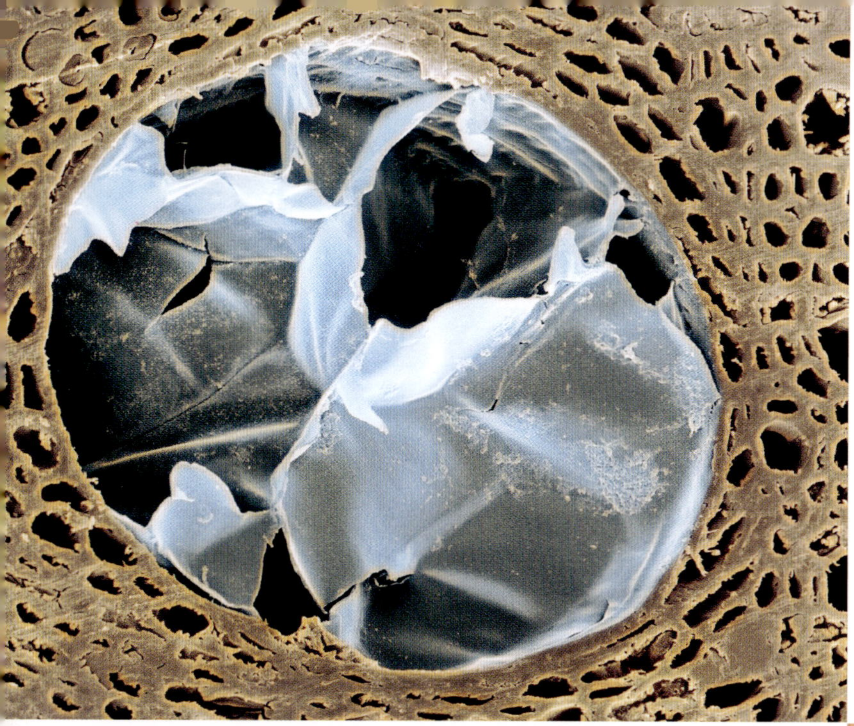

HART- UND WEICHHOLZ

Außergewöhnlich schönes Kernholz weist ein Baum des tropischen Regenwaldes auf, das Ebenholz *(Diospyros ebenum):* Es ist tiefschwarz, sehr hart, hat eine feine Maserung und wird z. B. zur Herstellung der schwarzen Klaviertasten, für Möbelintarsien und Schachfiguren verwendet. Das Holz tropischer Bäume (z. B. Ebenholz), immergrüner Bäume aus Wäldern gemäßigter Klimazonen (z. B. Eukalyptus) und das Holz von sommergrünen Bäumen fasst man kollektiv als Hartholz zusammen. Weichholz dagegen stammt von Nadelbäumen wie Kiefern oder Fichten. Die Begriffe beziehen sich nicht auf die tatsächliche Härte des Holzes, sondern auf die Dichte der wasserleitenden Zellen.

↓ **Bildet ein Stamm Äste aus,** führt dies zu Unregelmäßigkeiten in der Maserung. Bei geschlagenem Holz wird diese Stelle als Knoten bezeichnet. Hier wurde der Ast zurückgeschnitten, übrig blieb nur ein Stumpf. Um das Splintholz vor dem Eindringen von Insekten und vor Krankheitsbefall zu schützen, versiegelt der Baum die Wunde mit Rinde.

↓ **Schnittzeichnung durch Weichholz.** Bei Weichholz heißen die wasserleitenden Zellen Tracheiden; sie laufen spitz zu.

↓ **Schnittzeichnung durch Hartholz.** Bei Hartholz sind die wasserleitenden Zellen röhrenförmig und werden als Xylemgefäße bezeichnet.

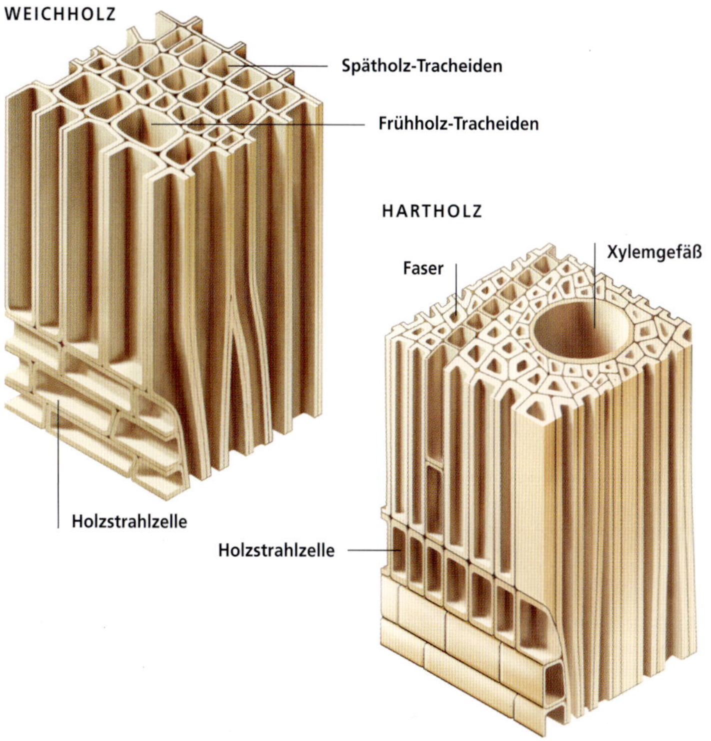

Rinde und Borke

Die Rinde bzw. Borke ist eines der offensichtlichsten Merkmale eines Baumes. Als äußerste – tote – Schicht ist sie den Elementen ausgesetzt und schützt den Baum vor Klimaextremen, Tieren und Krankheitserregern. Einigen Baumarten dient die Borke auch als Feuerschutzschild: Selbst wenn sie verkohlt, bleibt das lebende Holz darunter intakt. Zu diesen Bäumen gehören zahlreiche Eukalyptusarten sowie der Küstenmammutbaum *(Sequoia sempervirens)*. Um die lebenswichtige Schutzfunktion verstehen zu können, muss man einen Blick unter die Oberfläche werfen – denn tatsächlich besteht sie aus 2 Schichten, der Borke und der darunterliegenden Rinde oder Bastschicht. In der Bastschicht, einem lebendigen, wachsenden Gewebe, befindet sich das Phloem, ein Teil der sogenannten Leitbündel, in denen Nährstoffe von den Blättern zu den Wurzeln transportiert werden. Einige Bäume schälen sich regelmäßig, um Platz für nachwachsende Borke zu schaffen. Dieser Prozess kann jährlich stattfinden, meist während der aktiven Wachstumsphase des Baums. Die Borke anderer Bäume hingegen dehnt sich, wenn Stamm und Äste an Umfang zunehmen, und verändert ihre Beschaffenheit: Sie kann dann sehr glatt, aber auch rissig, zerfurcht oder fasrig und weich werden.

→ **Die sich abschälende Borke des Manzanitas** *(Arctostaphylos manzanita)* verwandelt den Baum in ein lebendes Kunstwerk. Viele Bäume stoßen ihre alte Borke jährlich ab, und die darunterliegende neue kommt zum Vorschein. Der Manzanita ist in Kalifornien heimisch, wo er in Gärten wächst und Straßen säumt. Auch verschiedene Ahornarten verlieren ihre Rinde, etwa der Zimtahorn *(Acer griseum)* aus China, dessen glatte, braune Rinde sich in dünnen Streifen abrollt, ebenso manche Birken (Schwarzbirke, *Betula nigra*) und die aus Australien stammende Myrtenheide *Melaleuca quinquenervia*.

WIE RINDE UND BORKE GENUTZT WERDEN

Abgesehen von der Schutzfunktion, die die Rinde bzw. Borke für den Baum hat, kann sie auch ausgesprochen dekorativ sein. Kirschbäume wie die Amur-Traubenkirsche *(Prunus maackii)* verfügen über eine glatte, rötliche Rinde, die zudem noch von Blattnarben verschönt wird. In vielen Regionen der Erde ist die Rinde ein attraktives Nebenprodukt der Holz verarbeitenden Industrie. Der gefällte Baum wird von der Rinde befreit, die kompostiert und als alternative Pflanzerde oder als Rindenmulch weiterverwendet werden kann. Der Mulch wird auf Beete verteilt und schützt die Pflanzen vor Trockenheit und Temperaturextremen. Die Borke der Korkeiche *(Quercus suber)* wird traditionell zu Korken für Weinflaschen oder zu schalldämmendem Isoliermaterial für Böden und Wände verarbeitet. Auch einige bekannte Gewürze werden aus Baumrinde gewonnen, so etwa Zimt; dafür wird der junge Zimtbaum *(Cinnamomum verum)* regelmäßig bis auf den Boden zurückgeschnitten, damit man die Rinde neuer Schösslinge ernten kann.

WIE KORKKAMBIUM ENTSTEHT (QUERSCHNITT)

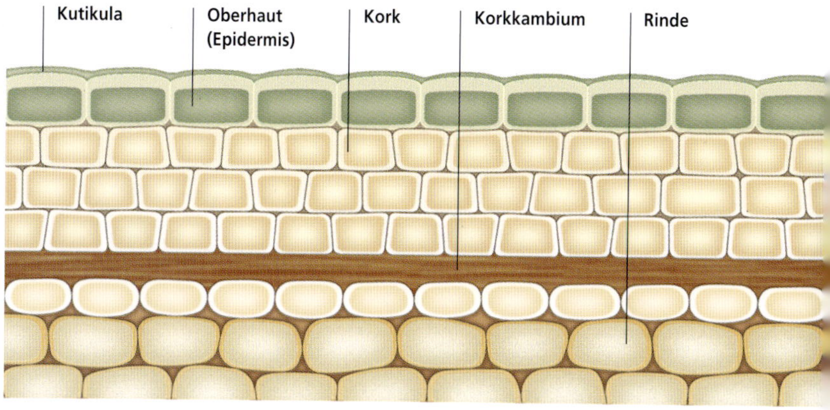

↓ **Die Mahagonikirsche** *(Prunus serrula)* zeichnet sich durch einen kupferroten Stamm aus, der vor allem im Spätherbst und Winter auffällt, wenn der Baum kahl ist.

↓ **Schält sich die alte Rinde** ab, kommt bei vielen Eukalyptusarten darunter eine neue, sehr farbintensive zum Vorschein.

↓ **Die tief eingekerbte Borke** dieser Fichtenkiefer *(Pinus echinata)* bildet mit zunehmendem Alter des Baumes Schuppen.

Wurzeln

Das Wurzelsystem eines Baumes erfüllt in erster Linie 2 Funktionen: Die Wurzeln verankern den Baum im Boden und versorgen ihn mit Mineralien und Wasser aus dem Erdreich. Ohne die Feuchtigkeit, die der Baum über die Wurzeln aufnimmt, würde er verkümmern und schließlich sterben. Darüber hinaus dienen die Wurzeln als Speicher für Wasser und Nährstoffe, damit der Baum auch kargere Zeiten überstehen kann. Die meisten Bäume verfügen über ein großes, weit verzweigtes Wurzelsystem, das man auch als faseriges Wurzelsystem bezeichnet und das den oberirdisch wachsenden Teil der Pflanze stützt. Ein Großteil der Wurzeln wächst aufgrund der Schwerkraft nach unten, weg vom Licht, doch müssen viele Baumwurzeln auch mit einer relativ dünnen Bodenschicht vorliebnehmen. An der Spitze ist jede Wurzel mit einer Ansammlung von Zellen, der Wurzelhaube, ausgestattet, die die Wurzel auf ihrer Reise durch die Erde schützt. Diese Zellen befinden sich ständig im Wachstum, abgestorbene werden fortlaufend ersetzt. In den Boden vordringen kann die Wurzel mithilfe anderer Zellen, die direkt hinter der Wurzelspitze liegen und schnell in die Länge wachsen können. Dort befinden sich auch die winzigen Wurzelhaare, die dem Boden Wasser entziehen und ebenfalls kontinuierlich erneuert werden. Der Aufbau der Wurzel mit ihren Leitbündeln entspricht dem des oberirdischen Teils der Pflanze.

→ **Brettwurzeln** – wie sie tropische Bäume wie der Großblättrige Gummibaum *(Ficus macrophylla)* entwickeln – verankern besonders großkronige Bäume fest im Boden; sie bilden sich von der Basis des Stammes aus. Auch der Kapokbaum *(Ceiba pentandra)* weist riesige Brettwurzeln auf.

OBERIRDISCHE WURZELN

Viele Bäume haben auch Wurzeln über der Erde. Dazu gehören die für viele *Ficus*-Arten charakteristischen Luftwurzeln, die aus Ästen wachsen und Feuchtigkeit aus der Luft beziehen. Erreichen sie den Boden, verleihen sie dem Baum zusätzliche Stabilität. Auf sehr feuchten Böden oder in dauerüberschwemmten Gebieten haben Pflanzen wie Mangroven gelernt, ihr Wurzelwerk der Umgebung anzupassen: Sie entwickeln Stelzwurzeln und Pneumatophoren (Atemwurzeln). Pneumatophoren, die die Pflanze mit Sauerstoff versorgen, sind ein typisches Merkmal von Bäumen, die wie die Sumpfzypresse *(Taxodium distichum)* in Sümpfen wachsen.

← **Die Luftwurzeln des Banyanbaums** *(Ficus benghalensis)* wachsen nach unten und entwickeln sich mit der Zeit zu stammartigen Stützen für die schweren Äste.

→ **Die Sumpfzypresse,** die in dauerüberschwemmten Regionen der südlichen USA wächst, nimmt über Pneumatophoren Sauerstoff auf. Ohne diese Atemwurzeln würde das übrige Wurzelwerk absterben.

QUERSCHNITT DURCH EINE WURZEL

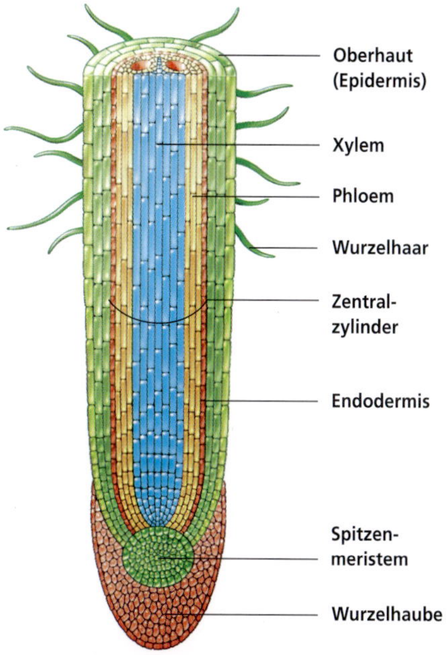

Der Boden

Der Boden bzw. das Erdreich bildet die oberste Schicht der Erdkruste; in ihm wachsen die Bäume und breiten ihre Wurzeln aus. Er besteht aus verschiedenen Partikeln von Erde – Sand, Lehm, Kalk und Kiesel – sowie aus Zwischenräumen, die mit Luft und Wasser gefüllt sind. Ist das Verhältnis von Luft zu Wasser ausgeglichen, bietet der Boden ideale Wachstumsbedingungen für Wurzeln. Darüber hinaus enthält er Nährstoffe wie Stickstoff und Mineralien wie Phosphor und Magnesium, die für das Pflanzenwachstum unabdingbar sind und über das Wurzelwerk aufgenommen werden. Je nach Tiefe weist der Boden unterschiedliche Profile auf; ein für Bäume typisches Bodenprofil, wie es z. B. in einem Wald zu finden ist, besteht aus einer oberen Humusschicht, die aus Blättern und anderen abgestorbenen Pflanzenteilen gebildet wird, gefolgt von der Muttererde, die mehrere Meter tief sein kann und in der sich die meisten Wurzeln konzentrieren. Darunter schließlich liegt der Untergrund, der das Ausgangsgestein bedeckt und für Pflanzen kaum mehr einen Nährwert hat.

Regenwürmer gehören zu den vielen Tierarten, die im Boden leben. Sie zersetzen organische Substanzen und lockern das Erdreich auf. Durch die kleinen Röhren, die sie hinterlassen, kann mehr Sauerstoff in den Boden dringen.

Pilze aller Formen und Größen bevölkern ebenfalls den Boden. Sie ernähren sich von pflanzlichen und tierischen Resten. Einige Pilzarten findet man in der Nähe bestimmter Bäume.

In den Wäldern der kühlen und gemäßigten Breiten bedecken riesige Mengen abgestorbener Blätter den Boden, vor allem im Herbst und Winter. Im Boden lebende Organismen wandeln diese organischen Reste allmählich in Humus um.

Alle 17 Jahre schlüpfen bestimmte Zikaden aus dem Erdreich unter Bäumen. Sie schwärmen aus, vermehren sich und sterben schließlich. Die Nährstoffe aus ihren Kadavern gelangen in den Boden zurück.

LEBEN IM ERDREICH

Organische Substanzen von Bäumen und anderen Pflanzen sowie Erosion durch Wind und Wasser sorgen dafür, dass sich der Boden ständig verändert. Eine große Eiche beispielsweise verliert im Herbst bis zu 250 000 Blätter. Zudem wimmelt es in den meisten Böden vor Insekten und anderen Tieren, auch Bakterien und Pilze sind zahlreich vertreten. Einige Bodenbewohner – etwa Regenwürmer, Ameisen und Käfer – sind gut sichtbar, andere – wie Bakterien und Fadenwürmer – kann man nur unter dem Mikroskop erkennen. In einem ständigen Kreislauf gelangen die Nährstoffe von Bäumen und Tieren in den Boden, werden dort zersetzt und anschließend über das Wurzelwerk der Bäume und anderer Pflanzen wieder aufgenommen, bis sie schließlich abermals auf dem Boden landen und von den dort lebenden Organismen zersetzt werden. Boden unter Laub abwerfenden Bäumen ist aufgrund des Blattfalls im Allgemeinen nährstoffreicher als Boden unter immergrünen Nadelbäumen.

Blätter

Blätter treten zwar in vielfältigen Erscheinungsformen auf, folgen jedoch einem gemeinsamen Grundmuster. Sie entspringen Sprossspitzen an sogenannten Knoten und sind durch die Blattstiele mit der Sprossachse verbunden. Den flachen Teil des Blattes bezeichnet man als Blattspreite. Die spezielle Anordnung der Blätter am Ast ermöglicht es ihnen, das für sie lebensnotwendige Sonnenlicht aufzunehmen – denn bei aller Vielfalt der Formen, Größen und Farben haben Blätter eine Hauptfunktion, die es nur im Pflanzenreich gibt: die Photosynthese. Chlorophyll, der Stoff, der Pflanzen ihre grüne Farbe verleiht, hat die Fähigkeit, Sonnenenergie in Zucker umzuwandeln. Der Zucker wird von den Blättern aus in alle übrigen Teile der Pflanze transportiert; zuständig dafür ist das Phloem. Fehlt der Pflanze Feuchtigkeit, macht sich dies durch das Welken der Blätter bemerkbar; ist genug Wasser vorhanden, wird es zusammen mit den Nährstoffen über die Blattadern weitergeleitet. Trotz dieser gemeinsamen Funktion können Blätter ganz unterschiedlich aussehen und angeordnet sein. Einige bestehen aus einer ungeteilten Spreite, andere aus vielen kleinen Fieberblättchen. Auch dies hängt von Klima und Lebensraum ab. Wichtig sind Blätter auch für die Bestimmung und Klassifizierung des Baumes.

→ **Die miteinander verbundenen Adern** des Blattes leiten Wasser und Nährstoffe zu den anderen Teilen der Pflanze. Sie breiten sich von der Mittelrippe, die meist das ganze Blatt durchzieht, in immer feineren Verzweigungen netzartig nach außen aus. Sehr schön lassen sich die Adern erkennen, wenn man ein Blatt gegen das Licht hält.

↑ **Im Herbst bedecken abgefallene Eichenblätter** den Waldboden. Der Rand eines Blattes kann ganz unterschiedlich gestaltet sein: glatt (wie hier), bewimpert, gezähnt, gesägt, gekerbt, gewellt oder gebuchtet.

↑ **Wie unterschiedlich** Blätter sein können, sieht man am Vergleich einer Konifere mit einem Laubbaum. Die schmalen, immergrünen Nadeln der Douglasie (links) überleben den Winter mithilfe einer wasserundurchlässigen Wachsschicht (Kutikula); der Ahorn hingegen wirft seine Blätter (rechts) im Herbst ab.

WIE BLÄTTER SICH ANPASSEN

Blätter sondern Wasser ab und setzen Gase – hauptsächlich Sauerstoff und Kohlendioxid – frei; diesen Prozess bezeichnet man als Transpiration. In kühlen oder gemäßigten Klimazonen findet die Transpiration uneingeschränkt statt – vorausgesetzt, es ist genügend Feuchtigkeit vorhanden. In heißen und trockenen Gegenden schützen bestimmte Mechanismen den Baum vor zu großem Flüssigkeitsverlust. Einer davon ist, statt echter Blätter blattähnliche Strukturen auszubilden. Bei einigen Bäumen verbreitert sich der Blattstiel zu einem Phyllodium; hat sich die Sprossachse selbst zu einem blattähnlichen Stängel verflacht, spricht man von Kladodien. In trockenen Regionen haben die Bäume meist sehr dicke – sklerophylle – Blätter, in denen sie viel Wasser speichern können; dies kommt durch eine Wucherung des Sklerenchyms, des Festigungsgewebes, zustande. Auch eine wachsartige oder behaarte Blattoberfläche sowie nach unten gebogene und damit weniger dem Sonnenlicht ausgesetzte Blätter mindern den Flüssigkeitsverlust.

← **Die scharfkantigen, schuppenartigen Blätter** der Chilenischen Araukarie sind eng um den Stamm herum angeordnet. Sie halten Frost und Schnee stand.

Blätter (Forts.)

Blätter lassen sich in zwei klar voneinander abgegrenzte Gruppen unterteilen. Bäume, die ihre Blätter allmählich, über einen langen Zeitraum hinweg verlieren, nennt man immergrün; Laub abwerfende Bäume hingegen wechseln ihr Laub in einem jahreszeitlichen Rhythmus. In kühlen und gemäßigten Klimazonen mit sehr kalten Wintern und monatelangen Minustemperaturen werfen viele Bäume ihre Blätter im Herbst vollständig ab; dann beginnt auch die Knospenruhe. In den Tropen und Subtropen mit ausgeprägten Regen- und Trockenzeiten verlieren die Bäume ihre Blätter gegen Ende der Regenzeit und bleiben in der Trockenzeit kahl. Bevor die Blätter abfallen, werden ihnen Chlorophyll und Nährstoffe entzogen. Ohne das Blattgrün treten die anderen Pigmente des Blattes hervor, das dann entsprechend gelb, rot oder orange erscheint. Sind alle Nährstoffe entzogen, wird der Blattstiel gekappt, und das Blatt fällt zu Boden. Steigen die Temperaturen im Frühling wieder, treibt der Baum Knospen aus, aus denen sich neue Blätter entwickeln.

BLÄTTER UND KLIMA

Größe und Form der Blätter hängen nicht zuletzt vom Klima ab, in dem der Baum wächst. In feuchtem, tropischem Klima sind sie gewöhnlich groß und robust, um starker Sonneneinstrahlung und anhaltendem Regen zu trotzen. Einige Blätter, beispielsweise die der Pappelfeige *(Ficus religiosa)*, haben sehr lange Spitzen (»Träufelspitzen«), damit das Wasser bei starken Regenfällen schneller abfließen kann. In ariden Regionen dagegen sind die Blätter wie beim Olivenbaum *(Olea europaea)* meist klein und lederartig oder schmal und spitz wie beim Drachenbaum *(Dracaena draco)*. In kalten Klimazonen mit langen, frostreichen Wintern überleben immergrüne Bäume mithilfe einer Wachsschicht (Kutikula), die die kleinen, widerstandsfähigen Nadeln schützt. Zudem liegen die Nadeln eng am Zweig an.

Im Frühling erwachen Laub abwerfende Bäume zu neuem Leben. Viele beginnen zu blühen; meist hat der Baum dann noch keine Blätter. Treten diese dann ebenfalls zum Vorschein, sind sie hellgrün; bei manchen Arten – dem Ahorn und der Esche etwa – durchlaufen die Blätter das Stadium der herbstlichen Tönung und präsentieren sich gold- oder burgunderfarben.

Im Sommer erreichen die Blätter der Laubbäume ihre volle Größe und produzieren auf Hochtouren Nährstoffe für das Pflanzenwachstum. Am schnellsten geht die Photosynthese an warmen, sonnigen Tagen vonstatten, wenn Boden und Luft voller Feuchtigkeit sind.

Im Herbst sinken die Temperaturen, die Tage werden kürzer. Nun bereiten sich die Laub abwerfenden Bäume auf die Knospenruhe vor. Die Photosynthese wird eingestellt, die Produktion des Blattgrüns, des Chlorophylls, lässt nach. Zucker wird in Stärke umgewandelt und gespeichert. Durch das Hervortreten der sekundären Pigmente nehmen die Blätter atemberaubende Färbungen an und fallen schließlich ab.

Im Winter sind die meisten Laub abwerfenden Bäume kahl, der Boden um sie herum ist mit braunen Blättern übersät. Bleiben die Temperaturen konstant kalt, hält die Knospenruhe an; Energie steht dem Baum nun in Form von Stärke zur Verfügung. Steigen die Temperaturen, fließt der Saftstrom wieder, und neue Blätter bilden sich.

↑ **Manche Bäume feuchter Klimazonen** verfügen über Blätter mit sogenannten Träufelspitzen, an denen das Wasser rasch abfließen kann.

↓ **Trotz der blattähnlichen Erscheinung** deutet die Blüte darauf hin, dass es sich hier um einen abgeflachten Stängel, ein Kladodium, handelt.

⇊ **Die steifen, graugrünen »Blätter«** der Akazie sind genau genommen verbreiterte Blattstiele, sogenannte Phyllodien.

Blätter (Forts.)

Wörtlich übersetzt bedeutet Photosynthese »Zusammenfügung aus Licht« und bezieht sich auf die Fähigkeit der Pflanze, mithilfe von Sonnenlicht, Kohlendioxid und Wasser Nahrung in Form von Glukose herzustellen. Im Laufe des Prozesses entsteht auch Sauerstoff – als Abfallprodukt –, während Kohlendioxid aufgenommen und in seine Bestandteile zerlegt wird. Deshalb ist die Photosynthese nicht nur für Pflanzen, sondern für alle Lebensformen von entscheidender Bedeutung. Tiere fressen Pflanzen bzw. pflanzenfressende Tiere und atmen den Sauerstoff, den Pflanzen abgeben; sie selbst wiederum atmen Kohlendioxid aus, das die Pflanzen zur Glukoseproduktion brauchen. Die Photosynthese läuft in 2 Stufen ab: Zunächst wird die Energie des Sonnenlichts in energetisch aufgeladene chemische Moleküle umgewandelt, anschließend wandeln diese Moleküle Kohlendioxid in Glukose um. Eine ebenfalls wichtige Rolle in diesem Prozess spielt das Blattgrün, Chlorophyll, das sich in Membraneinstülpungen der Chloroplasten befindet.

↓ **Durch die Stomata** (Spaltöffnungen) der Pflanze erfolgt der Gastaustausch: Kohlendioxid wird aufgenommen, Sauerstoff und Wasser werden abgegeben. Die Öffnungen sind in diesem eingefärbten Elektronenmikroskopbild eines Eukalyptusblattes als kleine Löcher sichtbar.

↑ **Photosynthese** ist ein biologischer Prozess, der allem Leben auf der Erde zugrunde liegt. Ohne diese Fähigkeit der Pflanzen wäre weder pflanzliches noch tierisches Leben denkbar.

CHLOROPLASTEN

Für die Photosynthese sind spezialisierte Zellorganellen der Blätter, die Chloroplasten, zuständig. Sie kommen in allen grünen Pflanzenteilen vor, auch in Stängeln und Knospen; doch der eigentliche Prozess der Umwandlung von Lichtenergie in chemische Energie und organische Stoffe findet in den Blättern statt. Chloroplasten sind wie kleine, flache Scheiben geformt, etwa 1 µm dick, mit einem Durchmesser von 2–10 µm. Das Innere ist mit dem flüssigen Stroma (Zellplasma) gefüllt, und dieses wiederum enthält Stapel von Thylakoiden (Membraneinstülpungen).

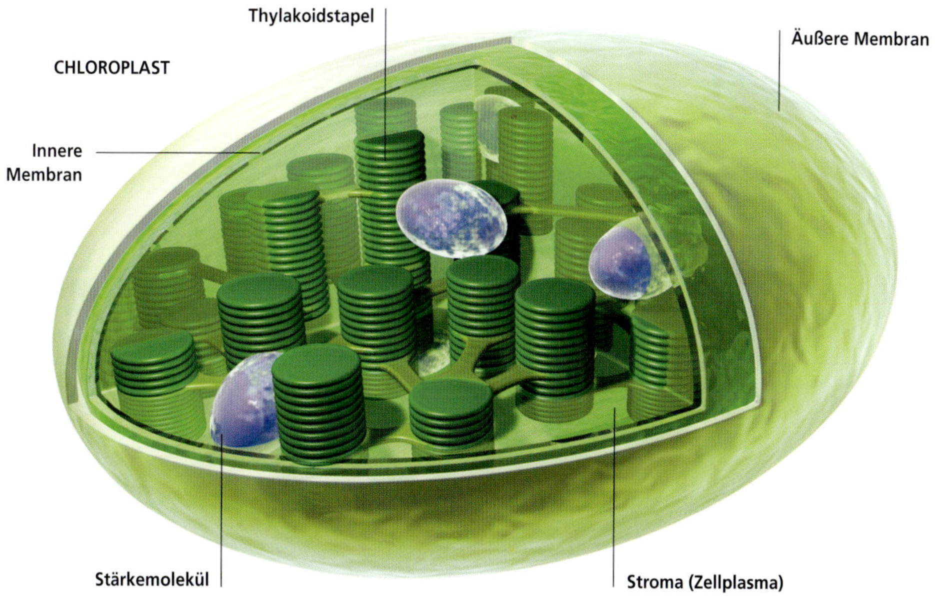

↓ **Blätter sind so angeordnet,** dass sie maximal dem Sonnenlicht ausgesetzt sind und sich gegenseitig möglichst wenig beschatten. Chlorophyll lässt Blätter grün erscheinen, da es in den roten und blauen Bereichen des Spektrums besonders viel Licht absorbiert.

Befruchtung und Fortpflanzung

Das Ziel einer Blüte ist es nicht, die menschlichen Sinne anzusprechen, sondern Insekten anzulocken, um Pollen zu anderen Blüten zu tragen. Pollen oder Blütenstaub ist der männliche Teil des pflanzlichen Fortpflanzungssystems, ähnlich wie der Samen bei Menschen oder Tieren. Jedes Blütenstaubkorn enthält eine Geschlechtszelle; um die weiblichen Pflanzenteile zu befruchten – damit ein Samen und schließlich eine neue Pflanze entstehen kann –, muss sich der Pollen vom Staubbeutel, wo er produziert wird, fortbewegen. Da die Pflanze durch ihre Wurzeln jedoch im Boden verankert ist und die Blüten fest am Spross sitzen, muss sie sich etwas anderes einfallen lassen, um männliche und weibliche Komponenten zu vereinen. So sind Form, Duft, Farbe und sogar die Positionierung der Blüte am Stängel ganz darauf ausgerichtet, den Pollen zu verbreiten bzw. anzuziehen. Bei den einfachsten Blüten fällt der Pollen aus dem Staubbeutel auf die weibliche Narbe (Stigma); dieser Vorgang wird als Selbstbefruchtung bezeichnet. Bei vielen Pflanzen, vor allem Bäumen, kommt Selbstbefruchtung jedoch nicht vor; sie brauchen den Pollen fremder Blüten (Fremdbestäubung) und bekommen damit auch neues genetisches Material.

→ **Wenn die männlichen Blütenkätzchen** dieser Italienischen Erle *(Alnus cordata)* vom Wind bewegt werden, verteilt sich der Blütenstaub in der Luft.

→→ **Größe und Form des Pollens** sind je nach Pflanzenart unterschiedlich. Dieser 2000-fach vergrößerte Pollen stammt von einem Bergahorn *(Acer pseudoplatanus)*.

WEGE DER POLLENÜBERTRAGUNG
Bäume setzen vielfältige Möglichkeiten ein, ihre Pollen zu verbreiten. Ein Hilfsmittel ist der Wind, der den Blütenstaub auf dem Luftweg zu anderen Pflanzen transportiert. Diese Methode ist jedoch recht ineffizient, da nur wenige Pollenkörner die weiblichen Komponenten der pflanzlichen Fortpflanzungsorgane erreichen. Deshalb produzieren Bäume, die diese Art der Pollenübertragung nutzen – z. B. viele Nadelbäume sowie Laubbäume wie Ulmen und Erlen –, Unmengen von Blütenstaub, der Allergien wie Heuschnupfen auslösen kann. Ihre Blüten sind meist klein und unscheinbar. Andere Bäume verlassen sich auf Insekten, Vögel oder kleine Säugetiere, etwa Fledermäuse oder Beutelratten, die den Pollen von Pflanze zu Pflanze tragen.

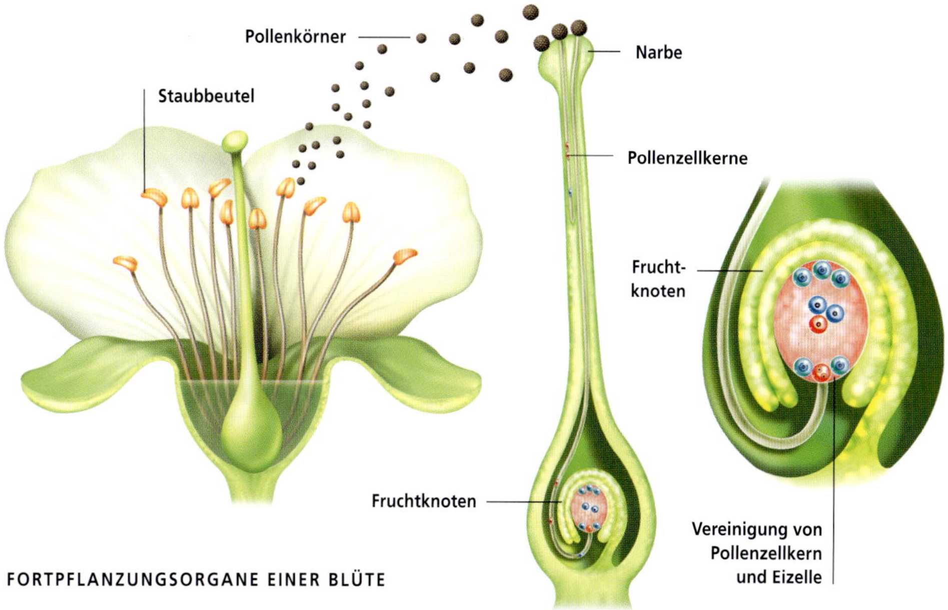

FORTPFLANZUNGSORGANE EINER BLÜTE

↓ **Vögel** sorgen für eine weite Verbreitung der Baumsamen. Sie tragen auch zur Bestäubung bei, indem sie Blütenstaub aufnehmen und transportieren.

↓ **Fledermäuse** und andere kleine Säuger werden vom Duft bestimmter Früchte angelockt; sie verbreiten den Samen durch ihre Exkremente.

↓ **Viele Insektenarten** bestäuben Blüten. Bienen sind vor allem am Tag aktiv, Nachtfalter und Käfer verrichten ihre Arbeit eher in der Dunkelheit.

Blüten

In den Blüten sitzen die Fortpflanzungsorgane der Pflanze. Der männliche Pollen befindet sich an den Staubbeuteln und wird von der weiblichen Narbe aufgenommen. Meist ist die Narbe klebrig oder fedrig, damit der Pollen besser haftet. Einige Pflanzen verfügen sowohl über männliche als auch über weibliche Organe (Zwitter oder Hermaphroditen), andere nur über das eine oder das andere (zweihäusige Pflanzen). Einhäusige Pflanzen schließlich haben separate männliche und weibliche Blüten: Staubblätter und Fruchtblätter. Einige Bäume setzen auf Windbestäubung, andere sind mit großen, auffälligen Blüten ausgestattet, die Insekten und Vögel anlocken. Einige Blüten sind in Form und Farbe so hochspezialisiert, dass sie nur von 1 Tierart bestäubt werden, andere sind weniger wählerisch. Bei manchen Pflanzen beispielsweise ist der Nektar nur Insekten oder Vögeln mit einer bestimmten Schnabelform, einem bestimmten Gewicht oder einer bestimmten Methode, an den Nektar zu gelangen, zugänglich. Hellrote oder orangefarbene Blüten ziehen überwiegend Vögel an.

→ **Die Blüten des Eukalyptusbaums** verzichten zugunsten pollenbehafteter Staubbeutel um die weibliche Narbe herum ganz auf Blütenblätter. Der Nektar in der Mitte der Blüte zieht Insekten, Vögel und andere Tiere an.

↘ **Um an den Nektar** des Palisanderbaums *(Jacaranda mimosifolia)* zu gelangen, müssen Bienen in die Blüten hineinkriechen. Dabei bleibt der Pollen aus den Staubbeuteln an ihnen haften.

↓ **Die großen, orangefarbenen Blüten** des Afrikanischen Tulpenbaums *(Spathodea campanulata)* laden Vögel zur Bestäubung ein. Die Blüten sind robust genug, um das Gewicht der Vögel zu tragen, wenn diese am Grund der Blüte nach Nektar suchen.

↑ **Die Blüten des Amerikanischen Blumenhartriegels** *(Cornus florida)* sind klein und grünlich, von großen, auffällig rosafarbenen oder weißen, etwa 3 cm langen Hochblättern umgeben.

BESTÄUBUNG DURCH INSEKTEN

Durch Insekten bestäubte Blüten weisen gemeinsame Merkmale auf, typische Blütenfarben (Blau- und Lilatöne) etwa sowie spezifische Muster auf den Blütenblättern, die das menschliche Auge nur unter ultraviolettem Licht sehen kann. Diese Muster dienen u. a. dazu, den Insekten den Weg zum Nektar zu weisen. Insektenbestäubte Blüten duften mitunter sehr stark und stellen den Tieren in Form des Nektars oder Pollens jede Menge Nahrung zur Verfügung. Insekten, die röhrenförmige Blüten besuchen, verfügen entweder über einen langen Rüssel, oder sie sind so klein, dass sie ins Innere der Blüte kriechen können. Dort kommen sie mit den Staubbeuteln in Kontakt, die freigesetzten Pollenkörner bleiben an den Tieren haften und werden zur nächsten Blüte transportiert. Dort streifen die Insekten den Pollen an den klebrigen weiblichen Fortpflanzungsorganen – an der Narbe – ab.

Blüten (Forts.)

In Millionen Jahren der Evolution sind zahllose Formen von Blüten und Blütenblättern entstanden. Die Blüten können flach und offen sein, mit mehreren ringförmig angeordneten Kronblättern (Tulpe), oder die Form von Schmetterlingsblüten haben (Wicke). Bei anderen Pflanzenfamilien sind die Kronblätter zumindest teilweise verwachsen und bilden Röhren- (Geißblatt) oder Trompetenblüten (Fingerhut). Blüten können einzeln an einem Stängel sitzen oder zu mehreren einen Blütenstand (Dolde, Traube etc.) bilden. Alle Blüten weisen eine gemeinsame Struktur auf: Sie sind modifizierte Stängel – Sprosse, deren Blätter sich zu Kronblättern spezialisiert haben. Die Blütenknospe ist im Allgemeinen von einem schützenden, meist grünen Kelch umgeben, der aus mehreren Kelchblättern besteht. Öffnet sich die Blütenknospe, geben die Kronblätter die Fortpflanzungsorgane frei. Die männlichen Staubblätter produzieren bzw. tragen im Staubbeutel den Pollen, die weiblichen Fruchtblätter empfangen ihn auf der Narbe, damit die Fruchtknoten Samen bilden können. Nach ihrer Befruchtung stirbt die Blüte ab. Die Kronblätter welken, oder die Blüte fällt ganz ab und hinterlässt nur das Fruchtblatt (Karpell), das anschwillt, wenn sich Samen entwickeln. Dies kann man besonders schön bei Obstbäumen wie etwa der Kirsche beobachten.

BEDECKTSAMER UND NACKTSAMER

Pflanzen werden nach ihrer Blütenform, ihrem Blütenstand und der Anordnung der einzelnen Bestandteile innerhalb der Blüte bestimmt und klassifiziert. Eine Hauptgruppe bilden die sogenannten Bedecktsamer oder Angiospermen, zu denen Blüten bildende Bäume, Sträucher, Stauden und Gräser gehören. Zur anderen Gruppe, den sogenannten Nacktsamern oder Gymnospermen, rechnet man u. a. Nadelgehölze und Palmfarne. Botaniker datieren die ersten Bedecktsamer auf die Kreidezeit vor rund 135 Millionen Jahren. Eine der einfachsten Blütenformen ist die der Magnolie, die zu den ersten Blüten bildenden Pflanzen der Erde zählte; die magnolienähnliche *Archaeanthus* gab es bereits vor über 100 Millionen Jahren.

← **Der Gewöhnliche Goldregen** *(Laburnum anagyroides)* ist eine Zierpflanze mit giftigen Samen. Die hängenden Trauben bestehen aus zahlreichen gelben Schmetterlingsblüten.

→ **Die Magnolie** verfügt über große, steife, kelchförmig angeordnete Blütenblätter, in deren Zentrum sich die Staubblätter befinden. Man vermutet, dass sich diese spezielle Form entwickelte, damit Käfer über die Kronblätter krabbeln und dabei die Pflanze bestäuben.

← **Die subtropische Frangipani** *(Plumeria rubra)* hat einfache, quirlständige, trichterförmige Blüten mit 5 ausgebreiteten Kronblättern. Die Blüten bilden eine Trugdolde. Sie sind meist weiß und gelb in der Mitte, können aber auch rot oder blassrosa gefärbt sein. Sie duften stark und locken Schmetterlinge an.

→ **Der Judasbaum** *(Cercis siliquastrum)* ist mit kurzen Trauben aus Schmetterlingsblüten ausgestattet. Sie wachsen auf kurzen Stängeln direkt an den Zweigen und älteren Ästen und erscheinen vor den Blättern.

Blüten (Forts.)

Dass sich in den vergangenen 135 Millionen Jahren so vielfältige Blütenformen entwickelt haben, hängt mit den verschiedenen Arten der Bestäubung zusammen. Die Position der Blüten am Baum beispielsweise kann den Weg der Pollenübertragung bestimmen. Blüten, die wie beim sogenannten Leberwurstbaum *(Kigelia africana)* an langen Stängeln hängen, sind flugfähigen Tieren wie Vögeln oder Fledermäusen zugänglich; Blüten, die wie beim Kanonenkugelbaum *(Couroupita guianensis)* näher am Stamm liegen, locken eher Insekten und andere kleine Tiere an. Die Bestäubung von außen stellt sicher, dass die Pflanze mit neuem genetischem Material versorgt wird; als Überlebensstrategie birgt sie jedoch einige Risiken – ohne Bestäubung keine neue Pflanze. Dieses Problem haben Selbstbestäuber nicht, doch ist bei ihnen die genetische Variabilität entsprechend gering – und eine größere genetische Variabilität bedeutet letztlich eine größere Überlebenschance der Art.

↑ **Die seltsamen Blüten und Früchte des Baobabs** *(Adansonia digitata)* hängen an langen Stängeln und werden durch nachtaktive Tiere wie Fledermäuse bestäubt. Eine auf Madagaskar vorkommende Art *(A. grandidieri)* wird von Lemuren bestäubt.

→ **Die Zaubernuss** (*Hamamelis* spp.) hat spinnenartige Blüten aus langen, bandförmigen Kron- und gegenständigen Kelchblättern. Sie blüht im kalten Spätwinter und verströmt dabei einen intensiven Duft, mit dem sie bestäubende Insekten anlockt.

← **Die Kätzchen der Kilmarnock-Weide** (*Salix caprea* 'Pendula') besitzen keine Kronblätter, aber viele Staubbeutel, auf denen der gelbe Pollen verteilt ist. Weiden blühen zu Beginn des Frühlings, der Pollen wird durch Insekten übertragen.

←← **Die roten Blüten** des ecuadorianischen Regenwaldbaumes *Herrania balaensis* wachsen direkt am Stamm und nicht an Ästen oder Zweigen. Dies wird auch als Stammblütigkeit (Cauliflorie) bezeichnet.

Zapfen

Nacktsamer oder Gymnospermen sind samentragende Pflanzen; zu ihnen zählen die Nadelgehölze (Koniferen) und Palmfarne. Nadelgehölze wie Fichten, Lärchen, Kiefern und Wacholder produzieren Samen, die im Gegensatz zu den Samen der Bedecktsamer »nackt« im Zapfen liegen, wobei derselbe Baum sowohl über männliche als auch über weibliche Zapfen verfügt. Die männlichen Zapfen bestehen aus Achse und Schuppen und tragen die Pollensäcke; die Pollenhörner werden vom Wind verbreitet. Die weiblichen Zapfen sind mit Samenanlagen ausgestattet, aus denen sich ein Embryosack entwickelt. Die Befruchtung findet statt, wenn der Wind den Pollen in die weiblichen Samenanlagen trägt. Der Befruchtungsprozess selbst kann sich sehr lange verzögern – bei Kiefern beispielsweise länger als 12 Monate. Hat sich ein befruchteter Samen im Zapfen gebildet, beginnt die Reifung. Ein reifer weiblicher Zapfen ist im Allgemeinen braun und verholzt, unabhängig von den Unterschieden hinsichtlich Größe, Form und Erscheinung, die zwischen den Gattungen stark schwanken können.

ZAPFENARTEN

Genau genommen sind Zapfenschuppen dicht beieinanderliegende Blätter. Die Größe der Zapfen reicht von knopfgroß – etwa beim Wacholder – bis zu fußballgroß; die Zapfen des Bunyabaums *(Araucaria bidwillii)* z. B. haben einen Durchmesser von bis zu 30 cm und wiegen über 1 kg. Die australischen Ureinwohner schätzten die Samen dieser Pflanze vor allem wegen ihres hohen Stärke- und Eiweißgehalts. Auch die Samen anderer Zapfen, allen voran die Kerne der Pinienzapfen, werden wegen ihres hohen Nährwerts geerntet. Normalerweise verbreiten sich die Samen, wenn der Zapfen zu Boden fällt und aufbricht.

← **Die Schuppenzypresse** *(Actinostrobus arenarius)* gehört einer Gattung an, die ausschließlich in Westaustralien vorkommt. Die kleinen männlichen Zapfen messen nur etwa 5 mm und sitzen an den Spitzen der Zweige. Die weiblichen Zapfen (links) sind etwas größer (10–20 mm) und rund bis eiförmig; die 6 dicken, holzigen Schuppen öffnen sich geringfügig, wenn der Zapfen reif ist.

↑ **Bei diesen unreifen Lärchenzapfen** überlappen sich die Schuppen stark. Die jungen Zapfen sind grün bis violett; ihre Reife erreichen sie erst etwa 5–8 Monate nach der Befruchtung.

→ **Reife Lärchenzapfen** stehen aufrecht. Sie reifen zwar im Sommer, bleiben aber mehrere Monate am Baum – auch dann noch, wenn sich die Nadeln angesichts des nahenden Herbstes gelb oder braun verfärben.

← **Bei allen Nadelgehölzen** läuft die Befruchtung sehr langsam ab, insbesondere jedoch bei Kiefern. Der weibliche Kiefernzapfen braucht 12 Monate und länger, bis er vom unreifen (ganz links) in den reifen Zustand (links) übergeht. Der Pollen dringt in die Samenanlagen ein, wo die Befruchtung stattfindet.

Früchte und Nüsse

Die Frucht ist der samentragende, gereifte Fruchtknoten einer Blütenpflanze. Manchmal ist der Fruchtknoten zusätzlich von Gewebe umgeben. Der Samen bildet sich im weiblichen Teil der Blüte, dem Fruchtblatt. Weist eine Pflanze separate männliche und weibliche Blüten auf, bringt nur die weibliche Blüte Früchte und Samen hervor. Die meisten Pflanzen verlieren die zur Blüte gehörenden Teile wie Kron- und Staubblätter sowie Staubbeutel, wenn sich die Samen bilden; manchmal – z. B. beim Apfel – bleiben Kron- und Kelchblätter aber auch an den sich entwickelnden Früchten erhalten. Bei Scheinfrüchten sind andere Blütenteile im Inneren der Frucht enthalten. Um beim Beispiel des Apfels zu bleiben: Hier schwillt der Blütenboden an und bildet das Fruchtfleisch, in dem sich das Kerngehäuse mit Fruchtblättern und Samen befinden. Bei einer echten Frucht wie der Pflaume oder Kirsche verdickt sich die Fruchtblattwand zur Frucht. Zu den echten Früchten zählen Steinobst und Beeren; letztere enthalten viele Samen und entwickeln sich aus mehreren Fruchtblättern. Interessanterweise muss die Orange korrekt als Beere klassifiziert werden. Der Granatapfel, eine Sammelfrucht, enthält ebenfalls mehrere Samen, die jedoch jeweils von einem Steinkern umschlossen sind. Bei manchen Bäumen entwickelt sich der gesamte Blütenstand zu einem einzelnen Fruchtverband; hierzu zählen Feigen und Maulbeeren.

LÄNGSSCHNITT DURCH EINE FEIGE

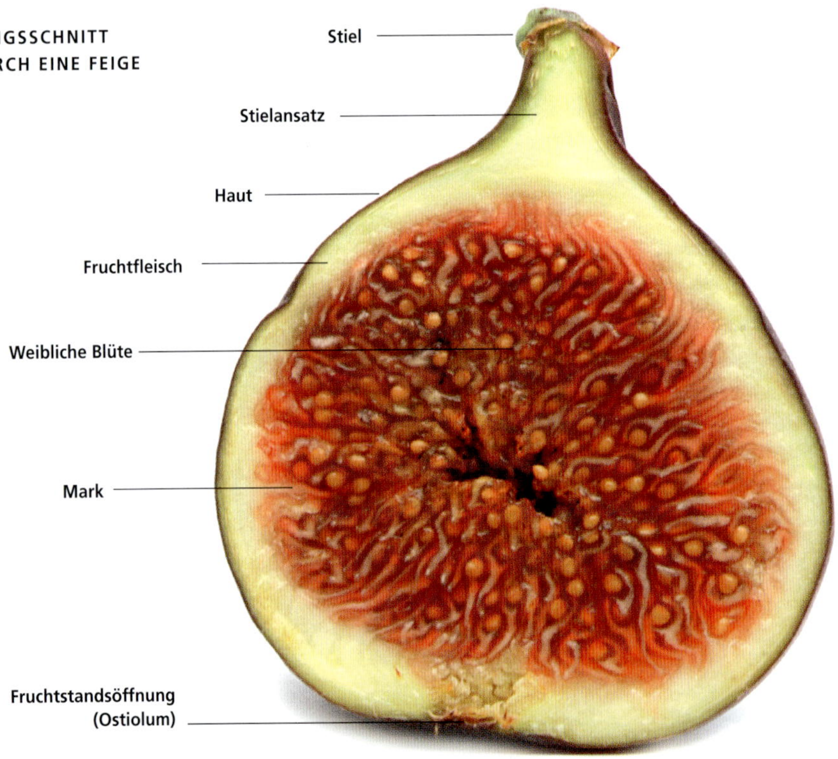

↑ **Die Durian oder Stinkfrucht** des tropischen Durian- oder Zibetbaums *(Durio zibethinus)* hat lange Stacheln und verströmt einen unangenehmen Geruch. Unter der rauen Oberfläche verbergen sich die 5 Kammern des weichen Fruchtfleischs, in das die Samen eingebettet sind.

↗ **Die riesigen, 30 cm langen Schoten** des Kakaobaums *(Theobroma cacao)* werden geerntet, geröstet und zu Kakao und Schokolade weiterverarbeitet.

→ **Die Frucht des Orangenbaums** *(Citrus sinensis)* ist ein Hesperidium – eine Beerenfrucht mit mehreren Samen und einer festen, ledrigen Schale.

→→ **Bei Pflaumen** umgibt ein nahrhaftes, süßes Fruchtfleisch einen harten Stein (Endokarp), der den Samen enthält. Sie gehören zum Steinobst.

← **Feigen** sind ganz ungewöhnliche Früchte. Bei den meisten Früchten liegen die Blüten mit ihren Staubblättern und Griffeln offen, wo Wind und andere Bestäuber sie erreichen können. Nach der Bestäubung bildet sich die Frucht, die Blütenteile sterben ab. Bei den Feigen befinden sich die Blüten jedoch im Inneren der Fruchtstandsachse. Eine Befruchtung kann nur stattfinden, wenn die Feigenwespe in den Blütenstandshohlraum eindringt.

NÜSSE

Die meisten der beliebten Nüsse sind genau genommen getrocknete Früchte, bei denen die Fruchtknotenwand oder Fruchthülle der Blüte eine harte Schicht um die befruchtete Samenanlage herum bildet. Im Gegensatz zu reifen Früchten platzen Nüsse jedoch nicht auf, um ihre Samen zu verbreiten. Zu den kommerziell wichtigen Nüssen gehören Mandel *(Prunus amygdalus)*, Walnuss *(Juglans regia)*, Macadamia *(Macadamia integrifolia)*, Haselnuss *(Corylis avellana)* und Kastanie *(Castanea sativa)*. Der essbare Samen von Nacktsamern wie Nadelgehölzen wird manchmal ebenfalls als Nuss bezeichnet; hierzu gehören Pinienkerne *(Pinus* spp.*)* und Ginkgonüsse *(Ginkgo biloba)*. Nicht alle nussähnlichen Gebilde sind echte Nüsse. Die Erdnuss beispielsweise ist eine Hülsenfrucht, die Kokosnuss eine Steinfrucht, Paranuss und Kakao»bohne« sind eigentlich Samen.

↓ **Mandeln** *(Prunus amygdalus)* sind Steinfrüchte und eng mit Kirschen und Pflaumen verwandt. Statt der fleischigen Hülle verfügen sie jedoch über eine lederartige Fruchtschale.

Samen

Nicht alle Samen sind wie Mangos, Pflaumen oder Äpfel von weichem, essbarem Fruchtfleisch umgeben. Manche Samen befinden sich im Inneren einer harten, holzigen und nicht essbaren Hülle, die jedoch ebenfalls als Frucht bezeichnet wird. In Größe und Form unterscheiden sich die Früchte also teils stark, alle jedoch haben dieselbe Funktion: Sie schützen den Samen, den sie enthalten. Dies sichert das Überleben des Baums, der keimt, wächst und schließlich eigene Blüten und Früchte hervorbringt. Samen sind besonders stärke- und eiweißhaltig und bieten Tieren damit eine ideale Nahrungsquelle. Die holzige oder faserige Hülle einer harten Frucht soll den Samen davor bewahren, gefressen zu werden, bevor er keimen kann. Generell werden die harten Früchte in 3 Hauptgruppen eingeteilt, je nach der Art und Weise, wie der Samen seine holzige Hülle verlässt. Bei der Springfrucht platzt die Hülle auf, entweder explosionsartig wie die Kapseln oder Hülsen einer Akazie oder nur an einer Seite wie die Früchte der Silbereiche *(Grevillea)*. Bei den Schließfrüchten platzt die Hülle nicht auf; sie verrottet langsam und setzt auf diese Weise die Samen frei. Spaltfrüchte schließlich zerfallen nach der Reifung in Teile, die meist jeweils 1 Samen enthalten. Die Größenunterschiede bei den harten Früchten sind enorm; sie reichen von den kleinen Nüssen der Haselnuss bis zu den außergewöhnlich großen Früchten der Seychellen- oder Coco-de-Mer-Palme.

AUFBAU UND ENTWICKLUNG VON SAMEN

Im Samen ist das Keimplasma enthalten, aus dem eine neue Pflanze wächst; er bildet sich, wenn die Samenanlage der Blüte befruchtet wird. In jedem einzelnen Samen ist schon die Struktur der neuen Pflanze erkennbar. Der Samen besitzt eine Samenschale, die den pflanzlichen Embryo (Keimling) umgibt und Nahrung für das Wachstum bereitstellt. Der Embryo selbst umfasst die nach unten wachsende Keimwurzel, die Sprossknospe und die Keimblätter, die nach oben wachsen, dem Sonnenlicht entgegen. Die Größe der Frucht und des Samens hat keinen Einfluss auf die Größe des Baums, der daraus entsteht. Die riesigen Eukalyptusbäume wachsen aus sehr kleinen und feinen Samen, aus den riesigen Coco-de-Mer-Früchten – den größten im Pflanzenreich – wiederum entwickelt sich nur eine mittelhohe Palme.

↓ **Die Frucht des Ahornbaums** (*Acer* spp.) wird auch als Flügelfrucht bezeichnet. Wird der geflügelte Teil vom Wind erfasst, dreht er sich wie ein Propeller, damit er möglichst weit von der Mutterpflanze entfernt keimen kann.

↑ **Der Samen des Rosskastanienbaums** ist von einer stacheligen äußeren Hülle umgeben. Der ungenießbare Panzer schützt den Samen davor, gefressen zu werden. Im Herbst fallen die Früchte zu Boden, platzen auf und geben den nährstoffreichen harten Samen frei.

↑ **Aus den dicht stehenden Blüten des Eukalyptusbaums** entwickeln sich Samenkapseln. Sind sie reif, öffnen sich die Kapseln und geben die Samen frei. In waldbrandgefährdeten Gegenden bleiben die Kapseln so lange geschlossen, bis Feuer oder Rauch sie zum Platzen bringt und das Keimen beginnen kann.

← **Magnolien** gehören zu den ältesten Blüten bildenden Bäumen der Erde. Die Blüte entwickelt sich nach der Befruchtung zu einer ungewöhnlichen Frucht, die viele Monate lang am Baum verbleibt, bevor sie ihre Samen verbreitet.

↓ **Der Samen der Seychellenpalme** *(Lodoicea maldivica)* ist der größte im gesamten Pflanzenreich. Sein Durchmesser beträgt rund 50 cm, und er kann bis zu 30 kg schwer werden.

Wuchsformen

Die Gestalt eines Baumes hängt zum einen vom genetischen Potenzial und zum anderen von seinem Umfeld ab. Bäume können schlank und hoch wachsen wie viele Nadelgehölze oder wie Eichen eher ausladend in die Breite. Die meisten Bäume wachsen erst einmal in die Höhe, wobei Wachstumshormone in den Spitzen das Wachstum an anderen Stellen der Pflanze verhindern oder zumindest verzögern. Das Längenwachstum soll die Versorgung des Baumes mit Sonnenlicht sicherstellen. Dies ist vor allem für Bäume von Bedeutung, die in einem Wald wachsen und denen Raum und Licht damit nur begrenzt zur Verfügung stehen. Bäume mit einer von Natur aus dreieckigen, d. h. konischen oder pyramidalen Wuchsform wachsen weiterhin unter dem Einfluss des sogenannten Vegetationskegels (Apex), d. h. an der Spitze des Sprosses, an dem sich das Längenwachstum vollzieht. Andere Bäume wachsen nach dem Anfangsstadium eher in die Breite und bilden horizontale Äste aus. Wird der in die Länge wachsende Spross beschädigt – beispielsweise durch einen Brand, einen Sturm oder durch Insekten –, stockt der Hormonfluss im Apex, und andere Sprossspitzen werden aktiv. Damit erhält der Baum eine neue, von Umweltfaktoren beeinflusste Wuchsform.

VIELFALT

Ein Baum, der an einer von salzigen Winden gepeitschten Küste in sandigem Boden wächst, hat in der Regel eine niedrige, breite, strauchähnliche Form – man spricht dann auch von Windschur. Wächst dieselbe Art weiter landeinwärts, wo sie weniger dem Wind ausgesetzt ist und fruchtbareren Boden findet, kann sie wesentlich größer und stattlicher werden. Da die Wuchsform eines Baums also stark von seinen Wachstumsbedingungen abhängt, ist sie kein zuverlässiges Bestimmungsmerkmal.

← **Nadelwälder** sind durch Bäume mit einer regelmäßigen Kegelform gekennzeichnet. Die Bäume weisen meist ein starkes Längenwachstum auf, d. h. einen einzigen vertikalen Spross und horizontale Äste.

←← **Palmen** unterscheiden sich durch ihre Wuchsform von den meisten anderen Bäumen. Viele haben keine seitlichen Zweige, sondern tragen die Palmwedel als Krone. Ist die Sprossspitze stark beschädigt, stirbt der Baum. Manchmal besteht eine Palme auch aus mehreren, vom Boden wachsenden Stämmen.

← **Die Schirm- oder Drehfrüchtige Akazie** *(Acacia tortilis)* erhält ihre charakteristische Form erst, wenn sie ausgewachsen ist. Der in der afrikanischen Savanne weit verbreitete Baum spendet mit seiner Krone Mensch und Tier kostbaren Schatten.

←← **Die Trauerweide** verdankt ihren Namen den vielen seitlichen Zweigen, die wie in Trauer herabhängen. »Trauerbäume«, bei denen sämtliche Zweige zur Erde niederwachsen, findet man in vielen Lebensräumen – an feuchten Flussufern ebenso wie in trockeneren, ariden Regionen.

Wachstumsstadien

Jeder Baum durchläuft verschiedene Wachstumsstadien. Das erste Stadium ist die Keimung des Samens, wobei der Keimling mithilfe gespeicherter Nährstoffe einen Spross und Wurzeln entwickelt. Je größer der Vorrat an Nährstoffen ist, desto länger steht dem Samen diese Energiequelle zu Verfügung. Ziehen die jungen Wurzeln Nährstoffe aus dem Boden, beginnt eine neue Phase, die des Sämlings, die mehrere Jahre dauern kann. In dieser Zeit wächst die Pflanze nur wenig in die Höhe, bildet aber ein starkes unterirdisches Wurzelwerk aus; zudem wachsen Stammbasis und Pfahlwurzel. Darauf folgt die schnellste Wachstumsphase des jungen Baumes. In dieser Periode – sie umfasst etwa 8–25 Jahre – erreicht die Pflanze ihre volle Länge; einige schnell wachsende Arten gewinnen jährlich 2–3 m an Höhe. Bei den meisten Bäumen dominiert das Längenwachstum mit starker Spitze und kurzen Seitenzweigen. Andere Arten – vor allem in den Tropen heimische Bäume mit großen Blättern – bilden in dieser Phase gar keine Seitenzweige aus.

1

2

5

REIFE

Erreicht der Baum das Stadium seiner Reife, verlagert er seine Energien darauf, eine breite Krone auszubilden, seine Masse an Holz zu vergrößern und zahlreiche Blüten sowie Früchte (bzw. Zapfen) zu produzieren. Je nach Art des Baums dauert das Stadium der Reife zwischen 10 Jahren (verschiedene Akazienarten) und mehreren Hundert Jahren (Küstenmammutbäume). Danach altert der Baum allmählich: Das Längenwachstum nimmt immer weiter ab, bis es schließlich ganz aufhört, der Abstand zwischen den Jahresringen im Holz verringert sich. Dennoch hört das Wachstum des Holzes und der Triebe nie ganz auf – dann wäre die Pflanze wirklich tot. Ein uralter Baum besteht aus einem verrottenden, hohlen Stamm und toten Ästen. Auch die Phase des Alterns kann sich bei Bäumen sehr lange hinziehen – im Falle der Langlebigen Kiefer *(Pinus longaeva)* mehr als 1000 Jahre.

3

4

← **1. Geschlossene Knospe** mit den Blattanlagen.
2. Reifende Eicheln der Stieleiche *(Quercus robur).* Jede Eichel ist eine von lederartiger Haut umgebene Frucht mit 1 einzigen großen Samen, der auf dem Boden zwischen welkem Laub überwintert. Beim Keimen bedient sich der Sämling der gespeicherten Nährstoffe.
3. Diese junge Eberesche befindet sich in der Phase ihres stärksten Längenwachstums.
4. Ausgewachsene Eiche mit breitem, gesundem Blätterdach, aber nur mäßigem jährlichem Längenwachstum.

6

← **5. Diese Eiche altert bereits:** Die Krone wird lichter, der Stamm ist von Astnarben übersät. Die Spitzen der Äste wachsen zwar weiter, doch neigen sie sich immer mehr zum Boden. Dennoch produziert der Baum noch viele Eicheln.
6. Ein sterbender oder toter Baum stürzt schließlich zu Boden. Nun beginnt die Zersetzung durch Insekten wie Käfer oder Pilze wie Schirmlinge, die mit ihrem Myzel das gesamte Holz des Stamms durchdringen. Beim Verrottungsprozess werden Mineralien und Kohlenstoff freigesetzt, die wieder in den Boden gelangen, sowie Kohlendioxid, das in die Atmosphäre abgegeben wird.

Wachstum

Echtes Holz wird nur von Nadelgehölzen und Zweikeimblättrigen produziert, und dort auch nur von solchen Pflanzen, deren oberirdisches Wachstum unbeschränkt ist, d. h. von Bäumen und Sträuchern. Zu den Merkmalen echten Holzes gehören 2 Arten von teilungsfähigen Zellen: die Kambiumzellen, die im Laufe der Zeit eine regelmäßige konzentrische Struktur im Stamm der Pflanze bilden, und widerstandsfähige verholzte Zellen, die Wasser durch den Stamm nach oben leiten. Letzteres findet jedoch nur in der äußeren Holzschicht, dem Splintholz, statt; sterben die Zellen dort nach einigen Jahren ab, verwandeln sie sich durch Tannin- und andere Ablagerungen in Kernholz. Jahr für Jahr bildet sich eine neue Splintholzschicht, die auf diese Weise mehr oder weniger konstant dick bleibt. Bäume wachsen also auf 2 Arten: durch Verlängerung der Zweigspitzen und Ausbildung von Seitenzweigen, die ebenfalls in die Länge wachsen, und durch das Entstehen neuer Holzschichten im Stamm und in den Ästen. Das Kambium gibt nach innen Holzzellen und nach außen Bastzellen ab.

JAHRESRINGE

Viele Bäume aus tropischen oder subtropischen Gefilden wachsen das ganze Jahr über kontinuierlich – die entstehende Holzschicht ist entsprechend gleichmäßig, die Zellen sind etwa gleich groß. Die Laub abwerfenden und immergrünen Bäume kälterer Regionen hingegen durchlaufen im Winter eine Ruhephase, in der das Wachstum fast gänzlich zum Stillstand kommt. Sinkt die Temperatur gegen Ende des Sommers, werden die Holzzellen kleiner und ihre Wände proportional dicker. Die größeren Zellen aus Spätfrühling und Frühsommer formen das sogenannte Frühholz, die kleineren aus Spätsommer und Herbst das Spätholz. Beide zusammen bilden den Jahresring. Bei manchen Zweikeimblättrigen ist die frühe Wachstumsphase auch durch dichtere und größere Poren gekennzeichnet; dieses Holz nennt man ringporig. Im Gegensatz dazu verfügt das Holz von Nadelbäumen über gar keine Poren, bei anderen Zweikeimblättrigen wiederum sind sie in verschiedenen Mustern im Holz verteilt.

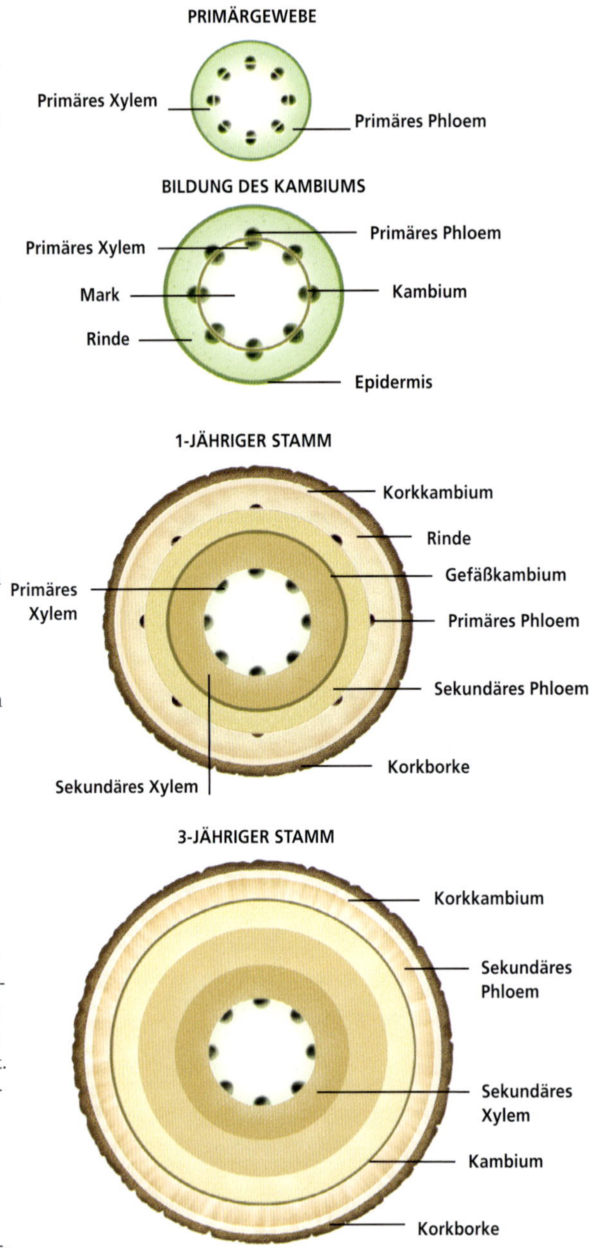

↑ **Die Grafiken** zeigen die Entwicklung des Stamms und sein Wachstum über einen Zeitraum von 3 Jahren. Nach primärem Xylem und Phloem bildet sich allmählich das Kambium, danach das sekundäre Phloem und Xylem sowie die Borke.

↑ **Auf dieser historischen Aufnahme** bestaunen Touristen die Jahresringe eines 996 Jahre alten Mammutbaums.

← **Der Querschnitt durch einen Kiefernstamm** zeigt etwa 50 Jahresringe. Jeder Ring besteht aus einem Streifen helleren Frühholzes und einem schmaleren Streifen dunkleren Spätholzes.

↓ **Querschnitt durch den Jahresring** eines Nadelbaums unter dem Mikroskop. In den unteren vier Fünfteln sieht man das Frühholz mit den größeren, dünnwandigen Zellen, oben das Spätholz. Unten rechts ist ein großer Harzkanal zu erkennen.

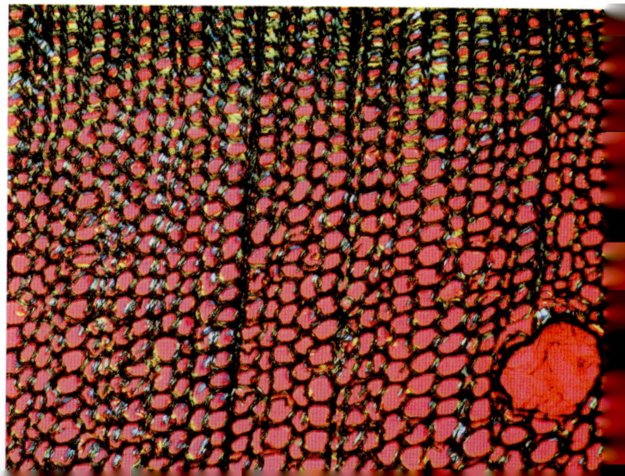

Angriff und Verteidigung

Pflanzen befinden sich am unteren Ende der Nahrungskette; sie sind an einen festen Standort gebunden – und damit in ständiger Gefahr, gefressen zu werden. In Millionen Jahren der Evolution haben sie deshalb Verteidigungsstrategien entwickelt, die sie vor allen möglichen Arten von Angreifern schützen sollen, von Krankheitserregern bis hin zu grasenden Tieren. Manche Bäume verteidigen sich mit Dornen oder Stacheln; Dornen am Stamm beispielsweise halten Tiere davon ab, an ihm emporzuklettern und die Früchte oder Blätter zu fressen. Diese harten, spitzen Abwehrhilfen bestehen aus Holz und finden sich bei Pflanzen wie dem Weißdorn, dem Seidenwollbaum sowie bei Zitrus- und Kapokbäumen. Aber auch andere Teile der Pflanze verfügen über ähnliche Verteidigungsmechanismen. Die Dornen etwa, die man bei manchen Akazienarten findet, sind genau genommen umgebildete Nebenblätter, die am Blattstiel wachsen. Im Gegensatz zu Dornen sind Stacheln Auswüchse des Rindengewebes. Doch ebenso wie Pflanzen Verteidigungsstrategien gegen ihre Feinde entwickelt haben, verfügen auch diese Feinde über Möglichkeiten, diese zu umgehen, um an ihre Nahrung zu gelangen. Vielleicht müssen sie dazu gar nicht klettern oder sind unempfindlich gegen die Stacheln.

→ **Der stachelbewehrte Stamm** dieses hohen Regenwaldbaums, des Florettseidenbaums *(Chorisia speciosa)*, wirkt alles andere als einladend. Nur Vögel, Nachtfalter und Fledermäuse gelangen in die Baumkrone – und sind als Bestäuber willkommen.

→→ **Die Blätter des Eukalyptusbaums** – hier ein elektronenoptisches Bild eines eingefärbten Blattes des Zitroneneukalyptus *(Eucalyptus citriodora)* – enthalten zahlreiche ätherische Öle, die sie für die meisten Tiere ungenießbar machen. Das Öl bedeckt die Blattoberfläche als weißes, kristallines Wachs.

→ **Spitze und scharfe Dornen** – modifizierte Nebenblätter – schützen die in Afrika heimische Schreckliche Akazie *(Acacia karroo)*. In vielen Ländern gilt diese Akazie als aggressives »Unkraut«.

→→ **Harz entsteht** in speziellen, einander überschneidenden Kanälen, genauer gesagt in bestimmten Zellen in den Wänden dieser Kanäle. Ist ein Baum verletzt oder bricht ein Ast ab, tritt Harz aus. Beim Kontakt mit der Luft verfestigt es sich und schließt die Wunde.

→ **Die Stechpalme** ist ein immergrüner Baum, der seine Blätter auch bei sehr niedrigen Temperaturen nicht verliert. Zudem ist er unattraktiv für Fressfeinde: Die scharfkantigen, spitzen Ränder der harten, glänzenden Blätter machen sie ungenießbar.

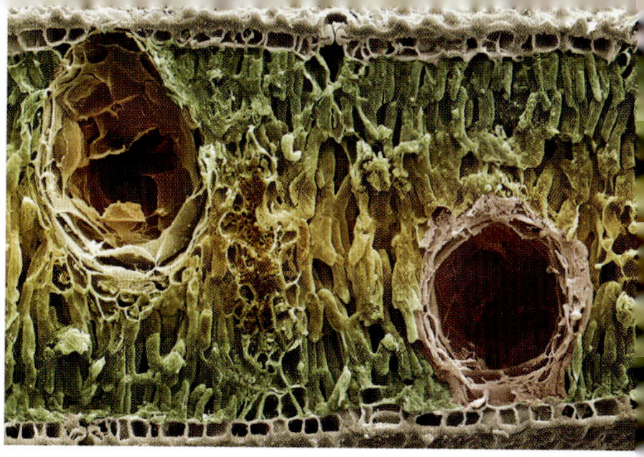

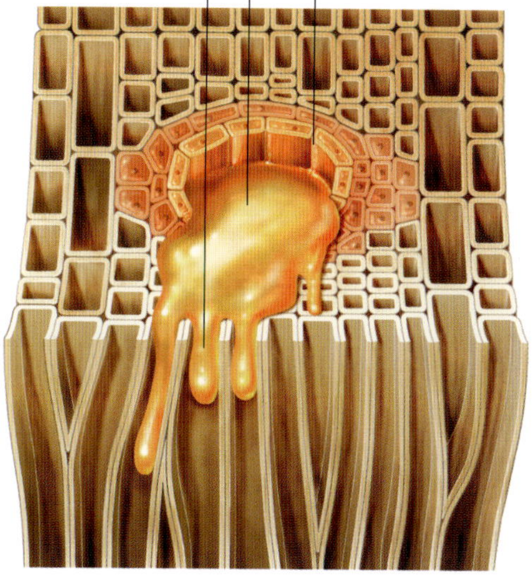

CHEMISCHE VERTEIDIGUNG

Dornen und Stacheln sind weithin sichtbar, doch manche Pflanzen verfügen auch über unsichtbare Abwehrmechanismen, beispielsweise Stoffe, die bei Kontakt oder Verzehr Hautirritationen bzw. Vergiftungen hervorrufen können. Einige Blätter – z. B. die des Eukalyptus – geben ätherische Öle oder Tannine ab, um sich ungenießbar zu machen. Der Talgsumach *(Toxicodendron succedaneum)* löst beim Menschen Dermatitis aus. Auch vor Insekten schützen sich Bäume mit chemischen Stoffen, wobei Exemplare einer Art, die besonders häufig Angriffen ausgesetzt ist, vermehrt Verteidigungsstrategien zu entwickeln scheinen. Studien zufolge werden die neuen Blätter einer Zitruspflanze, die oft von Raupen heimgesucht wird, im Laufe der Zeit immer ungenießbarer.

Angriff und Verteidigung (Forts.)

Bäume sind Angriffen von Insekten und anderen Tieren aller Art und Größen ausgesetzt. Insekten sind zwar klein, können einen Baum aber komplett entlauben sowie Knospen, Triebe und Rinde verwüsten. Einige große laubfressende Tiere wie Elefanten und Giraffen lassen sich auch von Dornen und Stacheln nicht abschrecken. Krankheitserreger wie Pilze, Bakterien und Viren können ebenfalls enormen Schaden anrichten. Manchmal bilden sich aufgrund von Infektionen kleine runde Gallen, wucherndes Pflanzengewebe. Einige Insekten- und Pilzarten ernähren sich von totem oder verrottendem Holz, andere bevorzugen lebendes Gewebe. Welchen Langzeitschaden ein Baum von Insektenbefall o. Ä. davonträgt, hängt auch von seinem Alter, seiner Gesundheit und Widerstandskraft ab. Oft bedeuten solche Angriffe jedoch das Todesurteil. Dringen Insekten ins Splintholz des Baumes ein, können sie den Wasser- und Nährstofftransport im Gefäßsystem der Pflanze unterbinden, die dann keine Überlebenschance mehr hat. Oft kommen zu Insektenbefall weitere Probleme wie Krankheiten hinzu, die drastische Folgen haben können. Auch Sturm-, Blitz- oder Brandschäden können Wunden im Baum hinterlassen, die Bakterien oder Pilzen das Eindringen erleichtern.

→ **Elefanten** sind reine Pflanzenfresser, die pro Tag mehr als 200 kg Nahrung brauchen. Dieser Afrikanische Elefant tut sich an einer Akazie gütlich.

↙ **Die roten Kügelchen** auf den Blättern dieser Platane sind Gallen, die sich durch Parasitenbefall gebildet haben. Auch Bakterien, Pilze, Fadenwürmer, Insekten und Milben rufen solche und ähnliche Gewebewucherungen hervor.

↓ **Der Schuppige Porling** *(Polyporus squamosus)* ist ein Schmarotzer, der seine Wirtspflanze tötet.

↘ **Diese Schmetterlingslarve** *(Malacosoma disstria)* ernährt sich von den Blättern des Amberbaums. Gesunde Bäume wissen sich zu wehren: Sie bilden neues Gewebe oder verteidigen sich chemisch.

ANGRIFFE DURCH ANDERE PFLANZEN

Nicht nur Tiere wie Insekten und Vögel greifen Bäume an, auch andere Pflanzen wie Kletterpflanzen, Parasiten (z. B. die Mistel) oder schlicht Nachbarbäume können zum Problem werden. Kletterpflanzen ersticken die Triebe, an denen sie sich emporranken, mitunter und verringern damit die Photosynthese. Dazu gehören vor allem Arten, die durch Zufall in das Ökosystem Wald gelangten. Wird nichts dagegen unternommen, sterben ganze Teile von Wäldern ab. Einige Kletterpflanzen erwürgen ihren Wirt regelrecht, indem sie den Strom der Nährstoffe und des Wassers im Xylem und Phloem unterbinden. Die Würgefeige z. B. lebt anfangs als kleine Pflanze am Ast ihres Wirts; mit der Zeit wächst sie, ihre Luftwurzeln erreichen den Boden, sie umklammert den Wirt und wächst selbst zu einem riesigen Baum heran. Bei der Mistel durchdringt eine modifizierte Wurzel die Rinde des Wirts und entzieht ihm Wasser sowie andere Nährstoffe. Manchmal stirbt die Wirtspflanze, meist arrangieren sich Parasit und Wirt jedoch. Misteln verbreiten sich durch die Exkremente der Vögel, die sich von ihren Früchten ernähren.

Natürliche Auslese

Auf ihrem Lebensweg müssen Bäume viele Hindernisse überwinden. Schon der junge Sämling muss gegen Unbilden kämpfen, sei es ein zu flacher oder zu steiniger Boden oder zu wenig Niederschlag. Finden die Wurzeln nicht ausreichend Wasser und Nährstoffe, stirbt er. Umgekehrt kann es vorkommen, dass Tausende von Sämlingen auf einem kleinen Fleckchen guter, feuchter Erde in der Nähe der Mutterpflanze zu gedeihen beginnen – und schon nach kürzester Zeit miteinander um Wasser, Nahrung und Licht kämpfen. So werden in einem Wald Bäume verschiedener Arten, aber auch der gleichen Spezies notwendigerweise zu Konkurrenten. »Gewinner« sind diejenigen Bäume, die am schnellsten in die Höhe wachsen, eine breite Krone ausbilden und somit langsameren Artgenossen das Licht rauben. Diese Bäume produzieren die größte Menge an Samen und haben damit auch in puncto Genetik die Nase vorn. Doch Konkurrenzkampf ist nur eine Seite der Medaille; in den meisten Wäldern hat sich eine ganze Bandbreite von Organismen entwickelt, für die der Baum eine Nahrungsquelle darstellt. Zu diesen zählen vor allem Insekten, die die Blätter fressen, den Bäumen den Saft entziehen, Kanäle durch Holz und Bastschicht bohren oder an den Wurzeln nagen. Der Baum muss entweder schneller sein als die Insekten oder sich mit klebrigem Harz, Milchsaft und Tanninen wehren. Und Insekten sind nicht die einzigen Tiere, die Pflanzen fressen.

EXISTENZKAMPF

In bestimmten Wachstumsstadien müssen Bäume auch mit anderen Pflanzen konkurrieren; Unkraut beispielsweise kann den Sämling ersticken oder älteren Bäumen Wasser und Nährstoffe entziehen. Kletterpflanzen können dem Wirt das Licht rauben. Auch Parasiten wie die Mistel sind ernst zu nehmende Nährstoffräuber. Einige Baumarten, etwa die Walnuss, wehren sich, indem sie den umliegenden Boden mit ihrem Laubabfall »vergiften«. Die meisten ausgewachsenen Bäume leben in einem prekären Gleichgewicht mit schädlichen Mikroorganismen wie Pilzen, die das innere Gewebe, vor allem die Wurzeln, schwächen. Nicht zuletzt müssen sich Bäume auch gegen Stürme, Salz in Luft und Boden, Erdrutsche, Brände, Überflutungen, Dürre, Schnee und Frost durchsetzen. Daran haben sie sich im Laufe ihrer Entwicklung angepasst – und die am besten angepassten überleben.

→ **Die Würgefeige** beginnt ihr Leben im Geäst eines anderen Baumes, eines Wirts, wohin sie über Vogelexkremente gelangt. Bald wächst die Jungfeige rasant und streckt ihre Wurzeln bis zum Boden aus; anschließend schlingen sich diese um den Stamm des Wirtsbaumes und »erwürgen« und töten ihn, indem sie seinen Nährstoffstrom unterbrechen.

← **Dieser Wald im Südosten der USA** ist komplett von Kudzuwein *(Pueraria lobata)* überwuchert, einem bohnenartigen Hülsenfrüchtler aus Ostasien, den man ursprünglich zur Erosionsverhütung importiert hatte. Die Kletterpflanze raubt dem Wald nicht nur Licht und Feuchtigkeit, sondern verhindert auch die Regeneration durch Sämlinge. Die einzige Chance der Bäume besteht darin – vielleicht jahrzehntelang – zu warten, bis die Kraft des Parasiten nachlässt, und sich durch die im Boden befindlichen Samen zu regenerieren.

← **Die Luftaufnahme** eines mittelamerikanischen Regenwaldes zeigt, wie eine einzige Pflanzenart über alle anderen im wahrsten Sinne des Wortes hinausgewachsen ist.

Wind und Wetter

Bäume sind Allwetterorganismen. Abgesehen von ihrer Fähigkeit, sich an sommerliche Hitze und winterliche Kälte anzupassen, können mehr oder weniger alle auch starken Winden trotzen. Führt man sich vor Augen, wie schnell ein Schirm oder ein Bootssegel in einem Sturm zerstört wird, ist es fast unglaublich, wie die Blätter eines Baumes solch harten Bedingungen standhalten können. Die innere und äußere Struktur von Blättern, Stängeln, Zweigen und Ästen ist darauf ausgerichtet, größtmögliche Flexibilität zu gewährleisten – sich im Wind zu bewegen, ohne Ermüdungserscheinungen aufzuweisen, die letztlich zum Bruch führen. Das beste Beispiel hierfür sind Palmwedel, etwa die der Kokospalme, die selbst tagelange tropische Stürme praktisch unbeschadet überstehen können. Auch Stamm und Wurzeln tragen zu dieser Flexibilität bei, indem sie den Baum fest im Boden verankern. Als am widerstandsfähigsten gegen Winde erweisen sich natürlich die Bäume, die ihnen am häufigsten ausgesetzt sind, beispielsweise Nadelbäume im Hochgebirge mit ihren sehr elastischen Zweigen und biegsamen Nadeln. Selbst Hagel macht ihnen nicht viel aus, der Bäumen mit breiten Blättern schon schwerer zu schaffen macht. Schnee schließlich führt – wie Förster, Bauern und Gärtner wissen – bei einigen Bäumen dazu, dass ihre Äste unter der schweren Last abbrechen; andere wiederum scheinen durch die Biegsamkeit ihrer Zweige und glatte Blätter perfekt auch an diese klimatische Bedingung angepasst zu sein.

↑ **2 verkrüppelte,** aber zähe Buchen auf einem Berggrat in den Französischen Alpen; ihre Äste und Blätter biegen sich mit dem manchmal orkanartigen Wind.

← **Schwerer Schnee lastet** auf den Ästen dieser Gewöhnlichen Fichten *(Picea abies)*. Wird das Gewicht zu groß, biegen sich die Zweige nach unten, und der Schnee rutscht ab.

→ **Ein Tornado** bricht über einen Wald in den mittleren USA herein. Die Bäume im Herzen des Sturms haben keine Überlebenschance.

↑ **Diese alte Kiefer** wurde von einem Blitz niedergestreckt. Der Stamm zerbarst, als sich das Wasser im Holz explosionsartig in Dampf verwandelte.

BLITZE UND TORNADOS

Blitzschläge kommen in einigen Gegenden der Erde sehr oft vor, und das häufigste Opfer sind Bäume. Meist wird der Baum auf der Stelle getötet, weil die enorme elektrische Spannung den Saftstrom des Baumes aufheizt; verdampft dieser, sind die Folgen fatal. Entweder wird die Rinde abgesprengt oder der ganze Stamm zerschmettert. Meist sind nur einzelne Bäume, nicht ein ganzer Wald betroffen, obwohl Blitzschlag auch zu Waldbränden führen kann. Nicht minder zerstörerisch sind Tornados, die jedoch meist in baumarmen Regionen auftreten. Wahrscheinlich haben sich Bäume bislang so schlecht an Blitze und Tornados angepasst, weil sie insgesamt gesehen doch relativ selten davon betroffen sind.

Brände und Überschwemmungen

Wie gut Bäume daran angepasst sind, Brände zu überleben, ist wenig bekannt. Sie haben vor allem 2 Strategien entwickelt: Entweder schützen sie das innere Gewebe vor Hitze und treiben nach dem Brand wieder Knospen aus; oder sie verfügen über feuerresistente Früchte, die ihre Samen nach dem Brand freigeben. Manchmal beschleunigt das Feuer das Keimen dieser Früchte sogar. Andere Baumarten bilden Knospen vom unterirdischen Wurzelstock, wenn der oberirdische Stamm verbrannt ist. Einige größere Gattungen – etwa Kiefern, Eichen und Eukalyptusbäume – umfassen sowohl feuerempfindliche als auch feuerresistente Arten. Gemeinsames Merkmal aller feuerresistenten Arten ist es, von ruhenden Knospen neu auszutreiben, die tief unter der Rinde verborgen liegen. Einige samentragende Bäume brauchen das Feuer sogar zum Erhalt ihrer Art: Manche Akazien etwa werfen die von einer harten Hülle ummantelten Samen jährlich ab und lassen sie zwischen dem gefallenen Laub ruhen, bis sie vom Feuer versengt werden. Fällt dann Regen, dringt Wasser in die Samenkapsel ein, und die Keimung beginnt. Andere Samen reagieren auch auf chemische Stoffe im Rauch brennenden Holzes.

ÜBERFLUTUNGEN

Große Wassermengen wirken sich auf zweierlei Art auf Bäume aus: Zum einen können starke Strömungen Stamm, Äste und Blätter sowie Wurzeln mechanisch beschädigen; zum anderen erhalten die Wurzeln zu wenig Sauerstoff, wenn die Luft im Boden bei Überschwemmungen durch Wasser ersetzt wird. Bäume, die an Ufern rasch fließender Gewässer wachsen, haben sich in Form von schmalen, widerstandsfähigen Blättern an biegsamen Ästen gegen die Strömung gewappnet. Arten, die in Überschwemmungsgebieten gedeihen, verfügen meist über ein Wurzelwerk, das notfalls tagelang mit weniger Sauerstoff auskommen kann.

← **Die Savannenvegetation** im tropischen Teil Australiens ist gut an Buschfeuer angepasst. In der Trockenzeit treten Waldbrände dort regelmäßig auf und werden von den australischen Ureinwohnern sogar strategisch eingesetzt: Die Aborigines brennen kleine Flächen kontrolliert nieder, um zu verhindern, dass sich größere Brände unkontrolliert ausbreiten (»mosaic burning«). Meist fachen die abgestorbenen Blätter der Gräser, die in der Regenzeit stark gewachsen sind, das Feuer an.

→ **Überschwemmter Wald** im Tal des Mississippi, in der Nähe von Vicksburg, Mississippi.

← **Nach einem Waldbrand treibt diese Myrtenheide** *(Melaleuca)* aus tief unter der Rinde verborgen liegenden Knospen rasch neue Blätter aus. Alle kleineren Äste sind dem Feuer zum Opfer gefallen. An den jungen Trieben werden neue Blätter sprießen, doch Blüten und Früchte wird der Baum erst in einigen Jahren wieder tragen.

↑ **Satellitenaufnahmen von** einem Industriehafen südlich von Banda Aceh im indonesischen Sumatra zeigen den verheerenden Schaden, den der Tsunami im Dezember 2004 im Indischen Ozean angerichtet hat. Auf den Bildern sieht man ein Fabrikgelände, einen Pier und ein Stück Wald – oben vor dem Tsunami, unten nach der katastrophalen Flutwelle. Besonders an der Küste ging ein riesiges Waldgebiet verloren.

Pionierpflanzen

Viele der durchsetzungsfähigsten Baumarten der Erde sind Pionierpflanzen, d. h. sie sind in der Lage, neues Gebiet sehr rasch und in großer Anzahl zu besiedeln. Wie das neue Territorium aussieht, spielt dabei kaum eine Rolle: Es können Dünen sein, Kies- und Sandbänke, Wattland im Mündungsgebiet eines Flusses, Gletschermoränen, von einem Erdrutsch neu geschaffenes Land, von einem Feuer verwüstete Hügel oder eine Landschaft von Menschenhand, wie sie etwa nach dem Abriss eines Hauses zurückbleibt. Wichtigste Voraussetzung für viele Pionierpflanzen ist die effektive Verbreitung ihres Samens, möglichst über große Entfernungen und in großer Anzahl. Zu dieser Kategorie zählen vor allem Bäume nördlicher Gefilde, etwa Birken, Erlen, Espen und Fichten, deren kleine Samen vom Wind über weite Strecken getragen werden und die den neuen Lebensraum in großer Zahl bevölkern. Andere Pionierpflanzen nutzen Wasser zur Verbreitung ihrer Samen oder Hülsen, z. B. der Lederhülsenbaum *(Gleditsia)* sowie viele Mangrovenarten. Wurde ein Gebiet von einem Waldbrand heimgesucht, sind die erfolgreichsten Pionierpflanzen diejenigen, die viele rasch keimende und schnell wachsende Samen in der Erde zurückgelassen haben. Zudem besitzen viele Pionierpflanzen die Fähigkeit, in mineralischer Erde oder Sand sowie in stark salzhaltiger Luft zu gedeihen.

TROPISCHE PIONIERPFLANZEN

In tropischen Regionen entsteht neuer Lebensraum für Pflanzen in erster Linie durch Erdrutsche, die von heftigen Regenfällen ausgelöst werden, durch Verschlammungen großer Flüsse oder vulkanische Ablagerungen, wie sie beispielsweise auf Hawaii, in Indonesien und auf den Philippinen vorkommen. Bei einem Erdrutsch siedeln sich zahlreiche Pflanzen aus Samen benachbarter intakter Wälder an; Pionierpflanzen müssen hier rasch keimen und mit wenig fruchtbarem Boden oder Steinen vorliebnehmen können. Meist wachsen diese Bäume in ihrer Jugend sehr schnell, sind jedoch recht kurzlebig; früher oder später etabliert sich dann wieder langlebigerer Wald. Vulkanischer Boden erstreckt sich im Gegensatz dazu oft über ein sehr großes Gebiet; die Pionierpflanzen müssen also in der Lage sein, ihre Samen weit zu streuen. An erster Stelle stehen hier Farne, deren feine Sporen der Wind Hunderte von Kilometern weit trägt. Nach dem Vulkanausbruch auf der Insel Krakatau im Jahr 1883 siedelten sich binnen 10–20 Jahren zahllose Farne an, teils entstanden auch ganze Baumfarnwälder. Die meisten nachfolgenden Pflanzen gehörten Arten an, die ihre Samen entweder über den Wind oder über das Wasser verbreiten.

↗ **Ein Sämling einer Bankskiefer** *(Pinus banksiana)* wächst nach einem Waldbrand in Minnesota auf der Asche. Diese Kiefernart ist in Kanada sowie an den Großen Seen der USA heimisch und trägt Zapfen, die jahrelang geschlossen bleiben können. Bricht ein Feuer aus, werden Unmengen leichter Flügelsamen freigesetzt, die bevorzugt in abgekühlter Asche keimen.

← **Dieser Wald** steht in Gipfelnähe des Mount St. Helens, Washington, der 1980 durch einen massiven Vulkanausbruch Schlagzeilen machte. Schon bald danach siedelten sich Pionierpflanzen wie Lupinen und Gräser an. Schließlich setzten sich Nadelbäume durch, die niedrigeren Pflanzen das Licht raubten.

→ **Die schnell wachsende, aber kurzlebige Eberesche** *(Sorbus aucuparia)* tritt als Pionierpflanze in fast ganz Europa in Erscheinung; sie kommt – wie wenig andere Bäume – bis 70° nördlicher Breite vor. Der auch Vogelbeere genannte Baum bevorzugt gebirgige und damit eher unzugängliche Standorte.

Formen- und Artenvielfalt

Vorhergehende Doppelseite Der Köcherbaum *(Aloe dichotoma)* – wie dieser im Namib-Nauklaft-Nationalpark in Namibia – besitzt mit spitzen Zähnen besetzte Blätter.

Formen- und Artenvielfalt

Bäume kann man anhand ihrer Evolutionsgeschichte in 3 Gruppen einteilen: die Farnartigen, die Nacktsamer, zu denen Ginkgo, Palmfarne sowie Nadelbäume zählen, und die Bedecktsamer, bei denen man zwischen Einkeimblättrigen und Zweikeimblättrigen unterscheidet. Doch auch verschiedene Kakteen, Sukkulenten und Wassergehölze gehören zur Kategorie Baum.

Baumformen

Bäume lassen sich in verschiedene grobe Kategorien einteilen: Unter geografischen Gesichtspunkten könnte man von amerikanischen, eurasischen und afrikanischen Arten sowie von den Bäumen Australiens und aus dem südwestpazifischen Raum sprechen. Dies ist allerdings nicht immer sinnvoll, gehören manche Arten doch mehreren Kategorien an. Auch die Unterscheidung zwischen immergrün und Laub abwerfend ist von begrenztem Wert. Sinnvoller erscheint die Einteilung nach klimatischen Präferenzen, ob ein Baum also tropische, warm-gemäßigte oder kalt-gemäßigte Bedingungen bevorzugt. In der modernen Biologie hat sich mittlerweile die natürliche Klassifizierung etabliert, bei der Bäume aufgrund ihrer Abstammung in Gruppen eingeteilt werden. Eine solche Klassifizierung ermöglicht es, vom Allgemeinen auf das Besondere zu schließen. Wissen wir beispielsweise, dass ein seltener tropischer Baum zur Familie der Apocynaceae (Hundsgiftgewächse) gehört, verfügt er mit großer Wahrscheinlichkeit auch über Milchsaft und giftige Alkaloide. Die natürliche Klassifizierung umfasst – angefangen mit der evolutionsgeschichtlich ältesten – die folgenden Baumarten: Farne, Ginkgos, Palmfarne, Nadelgehölze und Blüten bildende Bedecktsamer oder Angiospermen, wobei letztere wiederum in primitive Angiospermen, Ein- und Zweikeimblättrige unterteilt werden.

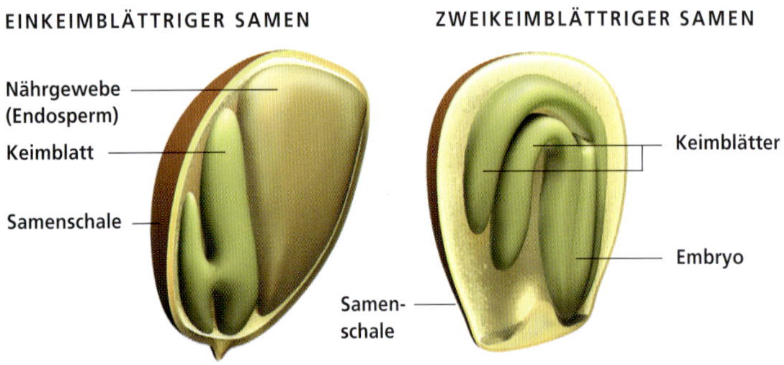

DIE WICHTIGSTEN BAUMGRUPPEN

Auch innerhalb der wichtigsten Baumgruppen gibt es große Unterschiede hinsichtlich Vorkommen, Erscheinungsform, Größe und Organstruktur. Am einen Ende der Skala befindet sich der Ginkgo, der einzige Überlebende der Ginkgogewächse. Zu den Palmfarnen gehören immerhin schon 250 Arten, die sich jedoch nur geringfügig voneinander unterscheiden. Zu den Baumfarnen zählen 500–600 bekannte Arten, insgesamt umfassen sie vermutlich jedoch bis zu 10 000 verschiedene Spezies. Die Zahl der Nadelgehölzarten ist kaum größer, ihre Erscheinungsformen aber vielfältiger; zudem übersteigt ihr Vorkommen das der anderen Baumarten bei Weitem. Am eindrucksvollsten schließlich sind die Bedecktsamer, die seit über 100 Millionen Jahren die Erde besiedeln und es zu einer kaum vorstellbaren botanischen Vielfalt gebracht haben: Es gibt über 300 000 Blüten bildende Pflanzenarten, viele davon werden baumgroß.

↑ **Nacktsamer (oder Gymnospermen)** vermehren sich durch Samen, die im Unterschied zu den Bedecktsamern nicht in einen Fruchtknoten eingeschlossen sind. Sie umfassen Nadelbäume wie Lärchen (oben), Palmfarne und den Ginkgo.

↑ **Bedecktsamer (oder Angiospermen)** vermehren sich durch versteckt liegende Samen. Diese Kategorie umfasst 3 Untergruppen: primitive Angiospermen, Einkeimblättrige (wie den Joshuabaum oben) und Zweikeimblättrige.

↑ **Die meisten Bäume** gehören zu den Bedecktsamern, und davon die meisten zu den Zweikeimblättrigen. Die Vielfalt ihrer Blüten ist enorm, von der klassischen Apfelbaumblüte (oben) bis zu den exotischsten tropischen Blütenformen.

Immergrün und Laub abwerfend

In Gegenden mit kühlem Klima wie beispielsweise Mitteleuropa kann man die Unterscheidung in immergrün und Laub abwerfend fast mit der Unterscheidung in Nadel- und Laubbäume gleichsetzen. Fast – denn es gibt auch einige immergrüne Laubbäume, z. B. die Stechpalme *(Ilex)*, sowie einige Laub abwerfende Nadelbäume, etwa die Lärche *(Larix)*. In den wärmeren Erdteilen sieht es wieder anders aus: Vor allem im tropischen Regenwald und in den Wäldern der Südhalbkugel ist die Mehrheit der Laubbäume immergrün. In tropischen Wäldern ist das Abwerfen des Laubs eine Reaktion auf die Trockenzeit, nicht auf winterlichen Frost. Immergrüne Blätter stellen den »primitiven«, ursprünglichen Zustand dar; er ermöglicht eine ganzjährige Photosynthese und damit ein ganzjähriges Wachstum, was bei entsprechendem Klima ein großer Vorteil für die Pflanze ist. In Gegenden mit sehr kalten oder sehr trockenen Jahreszeiten leitet das Abwerfen des Laubs eine durch die natürlichen Umstände erforderliche Ruhephase ein, in der kaum Photosynthese stattfindet und der Flüssigkeitsverlust auf ein Minimum reduziert ist.

BLÄTTER LAUB ABWERFENDER BÄUME
Blätter Laub abwerfender Bäume weisen 2 Charakteristika auf. Erstens fallen sie an einer ganz bestimmten Stelle der Pflanze ab. Bei dieser sogenannten Abszission entsteht an der Basis des Blattstiels ein Trenngewebe, in dem sich einige Zellen auflösen, andere wiederum zu einer Korkschicht verdicken, um die entstehende Wunde zu schließen. Zweitens verlieren die Blätter ihre grüne Farbe. Im Herbst wird kein Chlorophyll mehr produziert, die anderen Farben kommen zum Vorschein. Die Pigmente Xanthophyll und Karotinoide sind für die Gelb- und Orangetöne verantwortlich, Anthocyanin für Rot und Violett.

↓ **Die Chilenische Araukarie** *(Araucaria araucana)* behält ihre Blätter rund 30 Jahre lang.

← **Mit dem Abwerfen des Laubs** läuten die meisten Bäume ihre Ruhephase ein. Über die Blattoberfläche verliert der Baum durch Verdunstung sehr viel Wasser; ohne diese Verdunstung kann jedoch keine Photosynthese stattfinden.

↙ **Im Gegensatz zu den Blättern** immergrüner Bäume leben die Blätter Laub abwerfender Bäume wie die des Silberahorns *(Acer saccharinum)* nur einige Monate.

↓ **Die grünen, glänzenden Blätter** der Black-Jack- oder Schwarzeiche *(Quercus marilandica)* verfärben sich im Herbst braun, verbleiben in den ersten Wintermonaten jedoch häufig am Baum. Bevor der Baum die Blätter abwirft, entzieht er ihnen noch die letzten Nährstoffe.

Farne

Farne gehören zwar zu den ältesten Gewächsen der Erde, ihre vielfältigen heutigen Gattungen und Arten haben sie jedoch erst in jüngerer Zeit entwickelt. In gewisser Weise sind Farne »primitiver« als Bedeckt- und Nacktsamer, da sie nie die Fähigkeit besaßen, Holz oder Samen zu bilden. Sie verbreiten sich durch winzige Sporen, die keimen und zarte Gametophyten hervorbringen. Die jungen Pflanzen brauchen eine permanent feuchte Umgebung, um sich geschlechtlich zu vermehren und die nächste Generation Sporen tragender Pflanzen zu erzeugen. Man spricht hier auch von Generationswechsel. Die meisten Farne sind keine Bäume im engeren Sinn, doch 2 oder 3 Familien umfassen Arten mit verschieden hohen oberirdischen Stämmen. Die Stämme dieser Baumfarne erreichen meist nur knapp 3 m Höhe, einige können jedoch bis zu 18 m hoch werden. Die größte Gattung ist *Cyathea* mit rund 500 Arten; die Familie der Cyatheaceae reicht bis in den Jura zurück – ebenso die der Dicksoniaceae, die einzige andere Familie, die zahlreiche baumförmige Arten umfasst. Zu dieser Familie gehören die Gattungen *Dicksonia* und *Cibotium;* beide kommen in bestimmten Regionen sehr häufig vor.

WO BAUMFARNE WACHSEN

Baumfarne finden sich überwiegend in den Tropen; ideal sind ganzjähriger Niederschlag und eine hohe Luftfeuchtigkeit, wie sie die Bergregionen Neuguineas, Mittelamerikas oder Hawaiis bieten. Auf der südlichen Erdhalbkugel erstrecken sie sich auf Neuseeland, Tasmanien und in Chile bis in die gemäßigte Zone hinein. Man findet sie in geschützten Schluchten und als nahezu geschlossene Schicht unter höheren Bäumen. Fast alle Baumfarne haben nur einen Stamm mit einer einzigen endständigen Knospe, aus der große einzelne Wedel wachsen. In der Knospe sind die Wedel zunächst fest aufgerollt, entfalten sich dann aber rasch. Eine vollständige Ruhephase kennt die Baumfarnknospe nicht, der Durchmesser des Stamms bleibt konstant.

↓ **Gefäßstruktur eines Farnstamms.** Die äußere Schicht des Stamms ist schuppig und bildet eine stabile, panzerartige Hülle. Der Wedel beherbergt die Sporen bildenden Anlagen.

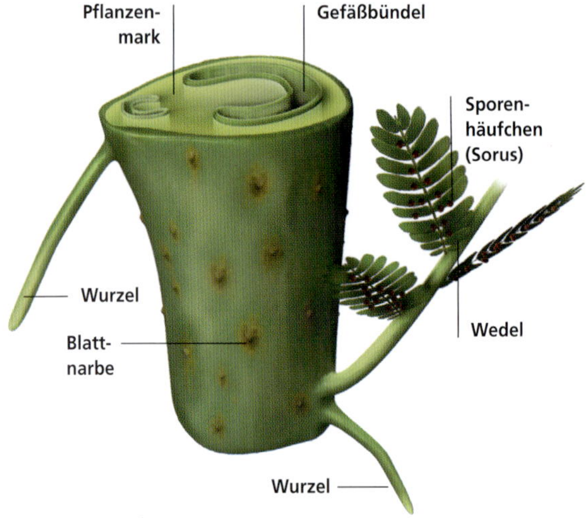

← **Der Baumfarn** *Dicksonia antarctica* ist auf Tasmanien und in Südostaustralien weit verbreitet. Er wird bis zu 10 m hoch, der Stamm erreicht einen Durchmesser von bis zu 1,5 m und ist fast vollständig in Luftwurzeln gehüllt.

↓ **An der Unterseite der Wedel** des Schatullenfarns *(Cibotium glaucum)* sieht man die Sporenhäufchen (Sori), die für die Familie der Dicksoniaceae so charakteristisch sind. Jeder Sorus enthält Hunderte winziger Sporangien, die wiederum Tausende staubähnlicher Sporen enthalten.

← **Der Baumfarn** *Cyathea smithii* kommt in fast ganz Neuseeland vor, auch auf den vorgelagerten Auckland-Inseln.

←← **Ein neuer Baumfarnwedel** – noch in »eingerolltem« Zustand – entwickelt sich aus der Sprossspitze heraus. Dichte Härchen und Schuppen umgeben ihn wie ein Schutzschild.

→ **Die dichten Faserbündel** in diesem Querschnitt durch den Stamm eines neuseeländischen Schwarzen Baumfarns *(Cyathea medullaris)* verleihen dem Stamm seine große Stabilität.

Ginkgo

Die Gattung *Ginkgo* mit ihrer einzigen Art *Ginkgo biloba* ist die letzte Überlebende einer einst vielfältigeren Gruppe von Bäumen. Anhand von Fossilien kann man sie bis in den frühen Jura zurückverfolgen, die Spezies *Ginkgo biloba* stammt aus dem Tertiär vor rund 60 Millionen Jahren. Im Tertiär und während der Kreidezeit war der Ginkgo weit verbreitet, heute kommt er wild nur noch in China vor und hat die letzten tausend Jahre vermutlich nur aufgrund der Kultivierung durch den Menschen überlebt. Aus dem frühen Perm sind Ginkgofossilien erhalten; wahrscheinlich ist die Pflanze mit den Palmfarnen, Nadelgehölzen und Angiospermen verwandt, die vor 300 Millionen Jahren auf der Erde existierten. Alle Ginkgogewächse gehören zur Abteilung der Ginkgophyten und weisen typische Merkmale auf. Der Ginkgo produziert nadelbaumähnliches echtes Holz, das an Umfang stetig zunimmt; er wirft sein Laub ab, die meisten Blätter stehen an Kurztrieben, wie sie auch Zedern *(Cedrus)* und Apfelbäume *(Malus)* aufweisen. Die weiblichen Samenanlagen befinden sich am Ende schmaler Stiele und gabeln sich an der Spitze. Der Pollen wird in kätzchenartigen Blüten produziert, die den Staubblättern von Blüten bildenden Pflanzen ähneln, und vom Wind zu den weiblichen Samenanlagen getragen, wo er »keimt« und eine Samenzelle hervorbringt, die sich in einer speziellen Flüssigkeit mit der Eizelle vereinigt. Die fruchtähnlichen großen Samen verfügen über eine weiche äußere Samenschale.

→ **Auf den ersten Blick** erinnert der Ginkgo mit seiner weit verzweigten Krone und dem Laub, das sich im Herbst verfärbt und abgeworfen wird, an zweikeimblättrige Bäume. Bei näherer Betrachtung hält er diesem Vergleich jedoch nicht stand. Ginkgo ist gut kultivierbar und wenig anfällig für Krankheiten. Er gedeiht in Parks und Gärten überall auf der Welt, von Finnland bis Thailand. Dem Pflanzenextrakt sagt man medizinische Wirkungen nach; so soll er z. B. die Abwehrkräfte stärken.

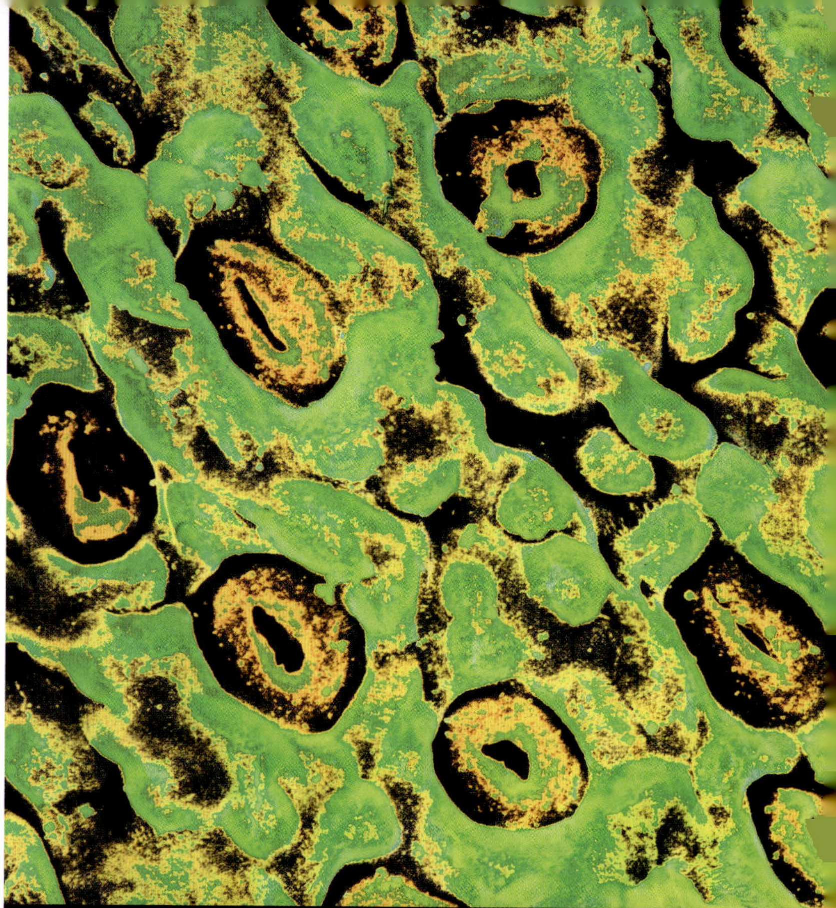

↑ **Die »Früchte« des Ginkgos** sind genau genommen große Samen, die einzeln oder zu 2 am Stiel reifen, und zwar ausschließlich an weiblichen Pflanzen. Abgefallene verrottende Samen verströmen einen unangenehmen Geruch nach Buttersäure. Die härtere Samenschale enthält einen essbaren Kern.

↗ **Starke Vergrößerung der Spaltöffnungen** (Stomata) an der Blattunterseite. Stomata sind für den Gasaustausch zuständig und mit bloßem Auge nur als nadelstichgroße Löcher zu erkennen.

→ **Eine Röntgenaufnahme** zeigt die gelb eingefärbten Adern des Ginkgoblatts. Die gabelnervige Verzweigung der Adern kommt auch bei einigen Farnen und Palmfarnen vor, nicht jedoch bei Nadelgehölzen und Bedecktsamern. Die Ginkgoblätter an Kurztrieben sind nur schwach oder gar nicht gekerbt.

HERKUNFT DES BOTANISCHEN NAMENS

Wie der Ginkgo zu seinem Namen kam, ist bis heute nicht ganz geklärt. Er geht vermutlich auf den japanischen Namen des Baums oder seines Samens zurück, wie ihn der deutsche Naturforscher und Arzt Engelbert Kaempfer auf seiner Japanreise 1689–92 gehört hat. Doch er muss sich verhört haben, da Ginkgo kaum etwas mit dem wirklichen japanischen Namen zu tun hat. Nichtsdestoweniger nahm Carl von Linné ihn als wissenschaftlichen Namen auf und machte ihn damit Kräuterkundigen und Gärtnern gleichermaßen bekannt. Der Artname *biloba* bezieht sich auf die Einkerbung des Blatts, die auch im chinesischen Namen – »Yajiao« = Entenfuß – zum Ausdruck kommt. Von seinen letzten natürlichen Beständen in Südostchina brachte man ihn vor rund 1000 Jahren nach Nordchina, Korea und Japan; nach Europa kam der Ginkgo um 1730.

Palmfarne (Cycadeen)

Palmfarne werden gern als »lebende Fossilien« bezeichnet. Dies ist jedoch ungenau, da die Pflanzen auch in jüngerer Zeit Arten ausgebildet haben und in verschiedenen Gegenden der Welt gedeihen. Doch bevölkerten ihre Urahnen zur Zeit der Dinosaurier die Erde weit zahlreicher als heute. Die Cycadophyten gehören zu den 5 wichtigsten Pflanzengruppen, die von den Lignophyten (Holz produzierende Pflanzen) aus dem Paläozoikum abstammen; ihre Ursprünge reichen 200–300 Mio. Jahre zurück. Die heutigen Palmfarne umfassen eher strauch- als baumähnliche 250 Arten, die selten über 18 m hoch werden – auch ihre Vorfahren waren kaum größer. Die meisten Palmfarne weisen einen dicken, unverzweigten oder nur wenig verzweigten Stamm auf, der von schopfförmig angeordneten, gefiederten Wedeln bekrönt wird. Im Stamm produziert ein Kambiumzylinder wenig Holz mit einem großen Anteil stärkeähnlichen Pflanzenmarks. Eine äußere Korkschicht sowie die Ansätze abgestorbener Wedel verleihen dem Stamm zusätzliche Stabilität. Die Fortpflanzungsorgane befinden sich in großen Zapfen, es gibt männliche und weibliche Pflanzen. Die Zapfen der weiblichen Pflanzen sind mit Samenanlagen ausgestattet, die sich nach der Befruchtung durch den Pollen zu großen Samen entwickeln.

GATTUNGEN UND VERBREITUNG

Palmfarne sind vor allem in tropischen und subtropischen, weniger in trockenen Regionen verbreitet. Die heutigen Arten teilen sich in 3 Familien auf: Cycadaceae mit der einzigen Gattung *Cycas* und rund 90 Arten; Stangeriaceae mit den beiden Gattungen *Stangeria* und *Bowenia* mit jeweils nur 1 bzw. 2 Arten; und Zamiaceae mit den übrigen 9 Gattungen. Die größte Gattungsvielfalt – jeweils 4 Gattungen – findet sich in Ostaustralien und Mittelamerika. In Asien ist nur die Gattung *Cycas* heimisch, ihre zahlreichen Arten sind allerdings von Ostindien bis Südjapan weit verbreitet. Südafrika ist die Heimat einer der seltsamsten Gattungen, *Stangeria* – sie weist kriechende Wurzelstöcke (Rhizome) und steife Wedel mit gabelnervigen Adern auf. Ihre australische Verwandte, die *Bowenia*, ist in den Regenwäldern des nordöstlichen Queensland zu Hause und mit größeren, glänzenden, doppelt gefiederten Wedeln ausgestattet.

↑ **Aufbau eines Palmfarns.** Die kräftigen, fleischigen Wurzeln einiger Arten können sich zusammenziehen und so die Pflanze fester im Erdreich verankern.

← **Junger Palmfarnwedel.** Die Gattung *Cycas* unterscheidet sich von allen anderen Cycadeen – außer *Stangeria* und *Bowenia* – dadurch, dass die Blättchen ihrer Wedel sich ähnlich wie bei Farnwedeln von der Knospe aus entfalten.

↑ **Der Japanische Palmfarn** *(Cycas revoluta)* ist als Sagopalme bekannt, obwohl er weder eine Palme ist noch Sago liefert. Der heute weltweit am meisten angebaute Palmfarn stammt aus Südjapan von den Riukiuinseln, wo er steile Felsabhänge besiedelt.

→ **Viele Palmfarne** produzieren einmal im Jahr einen Kranz neuer Wedel, der aus der Spitze des Stamms wächst. Die Wedel wechseln sich mit vielgestaltigen, schuppenartigen Niederblättern ab, die schützend die Knospe umgeben.

Nadelgehölze

Die lateinische Bezeichnung Coniferae (Koniferen) bedeutet wörtlich »Zapfenträger« und bezieht sich darauf, dass diese Bäume ihre Samen an den Schuppen ihrer Zapfen tragen und nicht in einer Frucht(hülle), die sich aus einer Blüte entwickelt hat. Doch sind Nadelgehölze nicht die einzigen »Zapfenträger«: Palmfarne verfügen über ähnlich konstruierte Zapfen, und einige Nadelgehölze, etwa Eiben und Steineibengewächse, tragen ihre Samen auf Organen, die man kaum Zapfen nennen kann. Zudem sind alle Nadelgehölze mit sogenannten Pollenzapfen ausgestattet, die viel kleiner sind und Staubbeutel tragen, in denen der später vom Wind verbreitete Pollen produziert wird. Nadelgehölze gehören wie Palmfarne und der Ginkgo zu den Nacktsamern – einer Pflanzengruppe, die heute einer älteren Evolutionsstufe zugerechnet wird. Ab der späten Kreidezeit wurden sie von den Bedecktsamern allmählich verdrängt, konnten sich jedoch, insbesondere in kälteren Klimazonen, immer wieder durchsetzen und weiterentwickeln. Im Gegensatz zu Bedecktsamern waren sie jedoch nie in der Lage, krautige Ein- oder Mehrjährige, Zwiebelgewächse und Kletterpflanzen hervorzubringen – wenngleich eine Art aus Neukaledonien sich zum Parasiten entwickelte. Nadelbäume verholzen stark und werden meist recht groß.

MERKMALE VON NADELBÄUMEN

Die Nadelgehölze (Pinophyta) umfassen etwa 600 Arten, die sich auf 64 Gattungen und diese wiederum auf 7 Familien verteilen. Sie verfügen über vielfältige Erscheinungsformen, haben jedoch – zusätzlich zu den ähnlichen Fortpflanzungsorganen – noch weitere Eigenschaften gemeinsam: Ihre Blätter weisen oft Nadelform auf; sind sie breiter und flacher, sind die Blattadern nicht netzartig, sondern parallel angeordnet, die Blätter sind dann dicker und lederartig. Nadeln, Rinde und Holz sind von Kanälen durchzogen, in denen das aromatisch duftende Harz fließt. Die Struktur des Holzes ist einfacher als bei den Bedecktsamern: Es fehlen die großen Gefäße (Poren) und es hat nur kleine Markstrahlen, wodurch es feinkörniger wirkt.

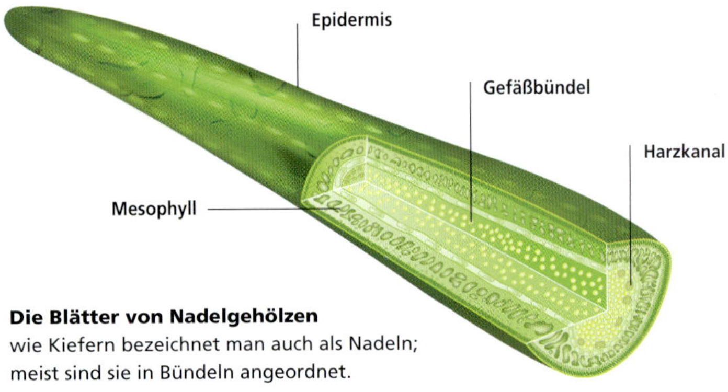

↑ **Die Blätter von Nadelgehölzen** wie Kiefern bezeichnet man auch als Nadeln; meist sind sie in Bündeln angeordnet.

← **Weiblicher Zapfen** der Wollemie *(Wollemia nobilis).* Die Art wurde erst 1994 entdeckt; die Blätter des Baums sind in 4 Reihen angeordnet.

←← **Der Laub abwerfende Urweltmammutbaum** *(Metasequoia glyptostroboides)* verfügt über 2 Blattreihen an Kurztrieben; die Kurztriebe werden im Herbst als Ganzes abgeworfen.

↙ **Die höchsten Bäume der Erde,** die Küstenmammutbäume, können bis zu 90 m erreichen. Sie kommen vor allem im nördlichen Kalifornien vor.

↓ **Wacholder** sind verbreitete Nadelgehölze, wachsen auf der nördlichen Hemisphäre und sind winterhart. Alte Exemplare der Art nehmen oft bizarre Formen an.

Nadelgehölze (Forts.)

Die Familien der Kiefern- (Pinaceae) und Zypressengewächse (Cupressaceae) umfassen fast alle Nadelgehölze, die in den Nadelwäldern der gemäßigten nördlichen Hemisphäre wachsen. Mit 11 Gattungen und rund 230 Arten besiedeln die Kieferngewächse den Großteil der borealen Wälder; die Gattungen Kiefer *(Pinus)*, Lärche *(Larix)* und Fichte *(Picea)* sind mit Millionen Exemplaren, wenn auch nur in wenigen Arten, vertreten. Am Äquator gibt es Kieferngewächse nur auf Sumatra; am vielfältigsten ist die Familie in den mittleren Breiten der Nordhalbkugel, kommt aber auch im tropischen Bergland Mexikos vor. Die Kiefer *(Pinus)* ist mit rund 100 Arten die größte Gattung. Sie zeichnet sich durch unterschiedlich ausgebildete Blattorgane sowie nadelartige, grüne Blätter aus, in denen die Photosynthese stattfindet und die zu kleineren Gruppen zusammengeschlossen sind. Die Anzahl der Nadeln pro Kurztrieb ist bei fast allen Arten festgelegt: Meist sind es 2, 3 oder 5. Die Kurztriebe sind Seitensprosse, die die Fähigkeit zum Weiterwachsen verloren haben.

QUERSCHNITT DURCH EINEN WEIBLICHEN ZAPFEN

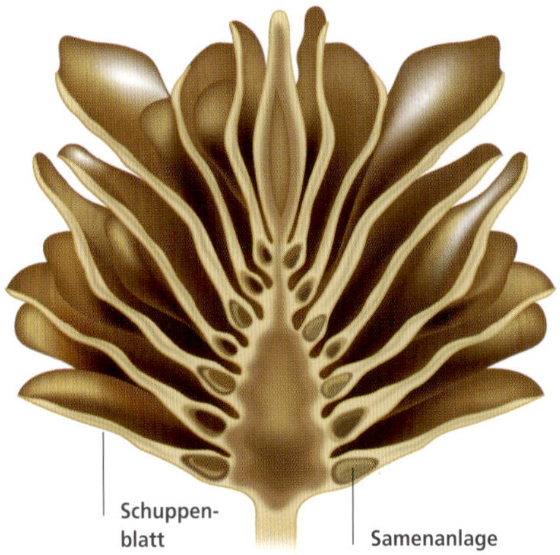

↑ **Zapfen sind** Organe, die Nadelgehölze anstelle von Blüten ausbilden. Jeder Baum verfügt über männliche und weibliche Zapfen. Aus den Staubbeuteln der männlichen Zapfen wird der Pollen durch den Wind zu den weiblichen Zapfen getragen; dort findet die Befruchtung statt.

↑ **Der Hiba-Lebensbaum** *(Thujopsis dolabrata)* weist Schuppenblätter und Zapfen auf – typische Merkmale vieler Gattungen der Zypressengewächse.

← **2 Gewöhnliche Douglasien** *(Pseudotsuga menziesii)* im Bryce-Canyon-Nationalpark im US-amerikanischen Bundesstaat Utah.

ZYPRESSENGEWÄCHSE

Zypressengewächse, eine der vielgestaltigsten Nadelgehölzfamilien, umfassen etwa 140 Arten, die sich auf 25 Gattungen verteilen und sowohl auf der nördlichen als auch auf der südlichen Erdhalbkugel vorkommen. Die meisten Gattungen verfügen nur über 1 oder 2 Arten. Einige Gattungen haben sich gut an trockene Klimata angepasst, so der Wacholder *(Juniperus)* und die Zypresse *(Cupressus)* im Norden sowie die Schmuckzypresse *(Callitris)* in Australien. Die Bäume sind relativ kompakt, die Blätter auf winzige Schuppen reduziert, die dem Zweig anliegen und sich mit einer Wachsschicht vor Wasserverlust schützen.

↗ **Der knorrige Stamm** einer alten Grannenkiefer *(Pinus aristata)* in der Sierra Nevada, Kalifornien.

→ **Die kleinen Nadeln der Atlaszeder** *(Cedrus atlantica)* wachsen rosettig an Kurztrieben.

→→ **Die Hwangshan-Kiefer** *(Pinus hwangshanensis)* mit ihrer abgeflachten Krone wächst an den Hängen der Huangshan-Berge, einer UNESCO-Welterbestätte in der chinesischen Provinz Anhui.

Nadelgehölze (Forts.)

Die Familie der Araukariengewächse (Araucariaceae) gehört zu den wenigen Nadelgehölzen, die fast ausschließlich auf der Südhalbkugel vorkommen. Sie umfasst 3 Gattungen stattlicher, symmetrisch wachsender Bäume: *Araucaria* (19 Arten), *Agathis* (21 Arten) und *Wollemia* (1 Art). *Agathis* ist zwischen Neuseeland und anderen Inseln im südwestlichen Pazifik bis zur Malaiischen Halbinsel verbreitet, *Araucaria* kommt dagegen nur vereinzelt vor: 2 Arten in Südamerika, 13 in Neukaledonien, 1 auf den Norfolkinseln und jeweils 2 in Ostaustralien und Neuguinea. Von der einzigen Art der *Wollemia* sind nur einige Bäume im australischen Neusüdwales bekannt. Araukarienfossilien reichen bis in den Jura zurück. Im Gegensatz dazu finden sich Eibengewächse (Taxaceae) vorwiegend auf der Nordhalbkugel; 1 der 5 Gattungen kommt nur in Neukaledonien vor. Alle 17 Arten verfügen über abgeflachte, schmale Nadeln, die Zapfen sind kleine, seitenständige, geschuppte Gebilde. Die reifen Samen sind von fleischigen Samenmänteln umgeben, die Bäume oder Sträucher lediglich von bescheidener Größe.

↑ **Die sibirische Taiga,** ein borealer Wald, aus der Vogelperspektive. Die Taiga ist der bevorzugte Standort von Nadelgehölzen wie Lärche, Fichte, Tanne und Kiefer.

↓ **Diese alten Zedern** halten sich tapfer an den felsigen Abhängen der North Woods im US-amerikanischen Bundesstaat Minnesota.

STEINEIBENGEWÄCHSE

Steineiben gehören zur Familie der Podocarpaceae. Diese interessante Gruppe kommt am vielfältigsten auf der Südhalbkugel vor, weit verbreitet ist sie aber auch in den feuchten Tropen, einige wenige Arten sind nordwärts bis Japan und Zentralchina heimisch. Früher zählte man nur die 3 Gattungen *Podocarpus, Dacrydium* und *Phyllocladus* zur Familie; heute unterteilt man die ersten beiden in insgesamt 17 Gattungen, während der bizarre *Phyllocladus* bisweilen eine eigene Familie bildet. Am umfangreichsten ist die Gattung *Podocarpus* mit 105 Arten. Sie verfügt über abgeflachte, teils recht große Nadelblätter, die Samenzapfen haben sich zu fleischigen, ja saftigen Achsen entwickelt, die meist nur 1 großen Samen tragen. Als Standort bevorzugen die Bäume den Regenwald. Die Gattung *Dacrydium* hingegen ist mit feinen, federartigen Trieben ausgestattet. Einige ihrer Arten kommen in den moosigen Bergwäldern Südostasiens und der Malaiischen Halbinsel vor.

→ **Auch riesige Nadelbäume** waren einmal winzige Sämlinge. In den weiblichen Zapfen bilden sich Samen, die zu Boden fallen und dort keimen.

↑ **Fichten** (*Picea* spp.) findet man vorwiegend in den nördlichen Wäldern der Erde, hier im Riisitunturi-Nationalpark in der finnischen Provinz Lappland.

↓ **Die auffällig gelben Pollenzapfen** der Weihrauchkiefer *(Pinus taeda).* Die Art ist im Südwesten der USA heimisch und bevorzugt feuchte Standorte.

Blüten bildende Bäume

Sämtliche Blüten bildende Bäume gehören zur Gruppe der Angiospermen oder Bedecktsamer – Samenpflanzen, die die Erde seit etwa 30 Mio. Jahren in großer Zahl bevölkern. Ihre Ursprünge liegen im Dunkeln; vermutlich stammen sie von einer Seitenlinie aus dem Karbon vor 300 Mio. Jahren ab. Fossilienfunde lassen sich allerdings nicht früher als auf den späten Jura datieren, sind also nicht älter als 140 Mio. Jahre. In der Kreidezeit und im frühen Tertiär spielten Angiospermen zwar keine dominante Rolle, zur Mitte der Kreidezeit hatten jedoch die meisten der heute bekannten Familien schon eine beeindruckende Vielfalt entwickelt. Heute gehören die Bedecktsamer zu den vielgestaltigsten im gesamten Pflanzenreich: Sie umfassen 300 000–400 000 Arten. Ein Großteil der Diversifizierung fand in Familien statt, denen kaum oder nur wenige Bäume angehören, etwa bei Gräsern, Orchideen, Korbblütlern und Hülsenfrüchtlern. Doch in den Tropen, z. B. am Amazonas, gibt es überdurchschnittlich viele Angiospermen, die Baumgröße erreichen. Zwar hat kein Botaniker sie je gezählt, doch werden weltweit vermutlich mehr als 20 % aller Blüten bildenden Arten baumgroß.

BLÜTENPFLANZEN UND INSEKTEN

Eines der wichtigsten Merkmale der Bedecktsamer ist, dass ihre Samen von einer Fruchtwand eingeschlossen sind. Darüber hinaus sind sie durch das Hervorbringen von Blüten gekennzeichnet. Zwischen diesen Blüten und den Tieren, vornehmlich Insekten, die sie bestäuben, hat sich im Laufe der Evolution eine enge biologische Wechselbeziehung entwickelt. Ohne Insekten hätten sich die Pflanzen nicht in einem solchen Maße diversifizieren können – und umgekehrt. Blüten sind nur deshalb von so auffälliger Gestalt und Farbe und duften so stark, weil sie dadurch Insekten und Vögel anlocken, die sie zum Bestäuben und damit zum Erhalt ihrer Art brauchen.

↓ **Der japanische Fächerahorn** *(Acer palmatum)* besticht durch atemberaubende herbstliche Laubfärbung und den knorrigen Stamm.

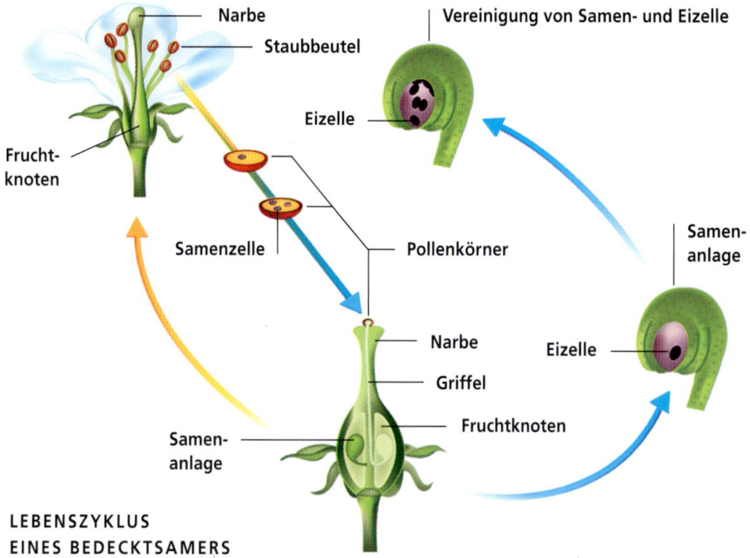

LEBENSZYKLUS
EINES BEDECKTSAMERS

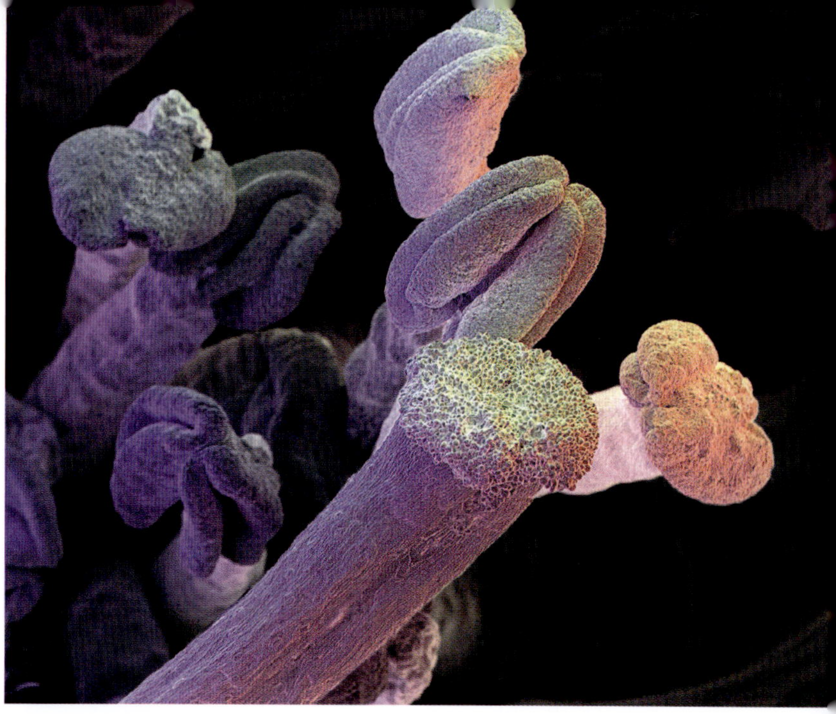

↑ **Die 100-fache Vergrößerung einer Pfirsichblüte** zeigt Narbe und Griffel (weiblich) sowie Staubbeutel (männlich).

↖ **Der Pollen mit den Samenzellen** wird von den Staubbeuteln zur Narbe transportiert. Von dort wächst er in den Fruchtknoten und zur Samenanlage, wo sich eine Samenzelle mit der Eizelle vereint.

← **Auf der nördlichen Erdhalbkugel** gibt es rund 30 Arten der Gattung *Tilia* (Linde).

↓ **Der Holzapfel** ist mit dem Kulturapfel verwandt, jedoch viel kleiner und saurer.

Blüten bildende Bäume (Forts.)

Rund 200 Jahre lang – fast bis zum Jahr 2000 – glaubte man, Blüten bildende Pflanzen sauber in 2 große Gruppen einteilen zu können: in Einkeimblättrige und Zweikeimblättrige. Zur Freude der Biologiestudenten arbeitete man die jeweils spezifischen Merkmale an Blüten, Pollen, Samen, Sprossen, Wurzeln und Blättern heraus, anhand deren eine einfache Klassifizierung vorgenommen werden konnte. Dann jedoch kam die böse Überraschung: Molekularbiologische Studien bewiesen, dass sich eine bestimmte Gruppe von Pflanzenfamilien vor der Aufteilung in Ein- und Zweikeimblättrige vom Hauptzweig der Blütenpflanzen abgespalten haben musste. Um dem taxonomischen Grundsatz gerecht zu werden, dass ein Zweig, eine Gruppe von Lebewesen, die auf einen gemeinsamen Vorfahren zurückgeht, alle Mitglieder dieser Gruppe – und nur diese – umfasst, müssen die oben genannten Pflanzenfamilien ausgeschlossen werden. Taxonomen bezeichnen sie heute deshalb als basale oder »primitive« Angiospermen. Ihre bekanntesten Vertreter sind die Magnolien, doch umfassen sie insgesamt mindestens 25 Familien und mehrere Tausend Arten, ein Großteil davon Bäume, die man vorher den Zweikeimblättrigen zurechnete. Am zahlreichsten sind die Familien der Lorbeer- (ca. 3000 Arten) und der Annonengewächse (ca. 2000 Arten); beide kommen überwiegend im tropischen Regenwald vor.

»PRIMITIVE« ANGIOSPERMEN

Die Bäume, die den basalen Angiospermen zugerechnet werden, zeichnen sich durch Blüten aus, bei denen nicht grundsätzlich zwischen Blüten- und Kelchblättern unterschieden werden kann. Sie verfügen eher über fleischige und manchmal sehr zahlreiche Blütenhüllensegmente. Die Blüten verströmen einen Duft, der Käfer, Nachtfalter und Fledermäuse anlockt. Rinde und Blätter der basalen Angiospermen enthalten eine Vielzahl ätherischer Öle und scharf schmeckender Inhaltsstoffe.

↙ **Der Kampferbaum** *(Cinnamomum camphora)* ist vor allem wegen seines ätherischen Öls bekannt.

↓ **Die Pollenkörner der Einkeimblättrigen** besitzen nur 1 Furche, die Zweikeimblättrigen haben 3.

← **Die Blüten** der zu den Annonengewächsen gehörenden, Laub abwerfenden Dreilappigen Papau *(Asimina triloba)* verströmen einen üblen Geruch. Ihre 6 Blütenhüllblätter erscheinen vor den Blättern. Die grünen Früchte enthalten ein süßes, gelbes Fleisch.

→ **Die Blüten der Immergrünen Magnolie** *(Magnolia grandiflora)* sind typisch für basale Angiospermen: weite, flache Blütenhüllblätter mit vielen Staubblättern. In warmen Gegenden ist sie als Zierpflanze beliebt.

↓ **Der im östlichen Nordamerika heimische Tulpenbaum** *(Liriodendron tulipifera)* gehört zur Familie der Magnoliengewächse. Die Blüten sind mit 9 Blütenhüll- und zahlreichen Staubblättern ausgestattet. Die charakteristischen 3-lappigen Blätter mit breitem, flach eingekerbtem Mittellappen fallen im Herbst ab.

Blüten bildende Bäume (Forts.)

Zu den frühesten Einkeimblättrigen der Kreidezeit scheinen bereits einige Bäume, vor allem Palmen, gehört zu haben. Im mittleren Tertiär setzte bei den Einkeimblättrigen dann ein gewaltiger evolutionärer Entwicklungsschub ein, der zu der heutigen Artenvielfalt der Süßgräser und Orchideen führte. Diese beiden größten Familien bestehen ebenso wie die anderen großen Familien der Einkeimblättrigen (Riedgräser, Binsen und Lilien) fast ausschließlich aus krautigen Pflanzen. Auch die Hälfte der rund 2500 Palmenarten, die wir gemeinhin mit einer Baumform assoziieren, wächst kletterpflanzen- oder strauchartig; dasselbe gilt für Schraubenbäume, Palmlilien, Drachenbäume und andere Gruppen von Einkeimblättrigen, die auch Bäume umfassen. Große und holzige einkeimblättrige Pflanzen könnte man demnach vielleicht als evolutionäre Überbleibsel betrachten; möglicherweise haben sie sich aber auch aus jüngeren niedrig wachsenden Arten entwickelt.

EIN- UND ZWEIKEIMBLÄTTRIGE

Einkeimblättrige Bäume unterscheiden sich grundlegend von zweikeimblättrigen. Die parallelnervigen Blätter sind durch eine Blattscheide mit der Sprossachse verbunden. Die Triebe entspringen großen, endständigen Knospen, die für den Baum oft überlebensnotwendig sind – Palmen mit nur 1 Stamm beispielsweise sterben ab, wenn diese Knospe abgeschnitten wird. Die Leitbahnen sind, eingebettet in ein weicheres Grundgewebe, in Form von zahlreichen Gefäßbündeln über den gesamten Sprossquerschnitt verteilt, wobei jedes Bündel aus widerstandsfähigen Faserzellen sowie Xylem und Phloem besteht. Drachenbäume und Palmlilien bilden im Gegensatz zu Palmen und Schraubenbäumen zwar eine Kambiumschicht rund um den Stamm, diese produziert an ihrer Innenseite jedoch einzelne, isolierte Gefäßbündel und kein Holz, wie dies etwa Nadelgehölze, Zweikeimblättrige oder primitive Angiospermen tun. Im Allgemeinen werden einkeimblättrige Bäume nicht so groß wie zweikeimblättrige, höchstens 15 m; lediglich einige Palmen werden über 30 m hoch.

↑ **Kokospalmen** *(Cocos nucifera)* am Strand von Punta Cana, Dominikanische Republik. Die Verdickung im unteren Teil des Stamms kommt durch Wurzelbildungen, nicht durch eine Kambiumschicht zustande.

← **An den Fruchtständen dieser Dattelpalme** *(Phoenix dactylifera)* hängen grüne, unreife Früchte. Die Pflanze mag es trocken und heiß, braucht jedoch konstante Bodenfeuchtigkeit.

←← **Der Stamm des Köcherbaums** *(Aloe dichotoma)*, einer immergrünen Sukkulente, wird mit zunehmendem Alter durch das Wachstum der Kambiumschicht immer dicker.

↓ **Der Drachenbaum** *(Dracaena cinnabari)* wächst nur auf der Insel Sokotra vor der somalischen Küste. Manchmal trägt der langlebige, langsam wachsende Baum erst nach etwa 20 Jahren Blüten. Die Seitentriebe bilden sich nach der Blüte.

Blüten bildende Bäume (Forts.)

Im Laufe ihrer langen Entwicklungsgeschichte haben die Bedecktsamer unzählige Formen hervorgebracht. Einige kann man gut zurückverfolgen, andere dagegen geben Rätsel auf: Warum z. B. setzen sich Blätter, Blüten und Früchte so oft aus mehreren Teilen zusammen? Warum verfügen Maulbeeren (Gattung: *Morus*) über eine dichte Ähre kleiner weiblicher Blüten, die zu 1 Beere heranreifen, während die äußerlich ähnlichen Brombeeren (Gattung: *Rubus*) sich aus 1 großen Blüte entwickeln? Interessant sind auch die stacheligen, zusammengesetzten »Früchte« des amerikanischen Amberbaums *(Liquidambar)* aus gemäßigten nördlichen Breiten und die der australischen Kasuarine *(Casuarina)*: Erstere bestehen aus verwachsenen Kelchblättern und Kapseln, letztere aus verwachsenen Vorblättern. Beide setzen kleine Flügelsamen frei, die bei der Kasuarine aber genau genommen trockene Früchte sind. Dies alles verdeutlicht das Evolutionsprinzip der Konvergenz: Nicht verwandte Arten entwickeln im Zuge der biologischen Anpassung ähnliche Merkmale, die zwar die gleiche Funktion, aber keinen gemeinsamen Ursprung haben. Warum die Pflanzen sich gerade mit diesen Merkmalen angepasst haben, bleibt nach wie vor ein Rätsel.

↓ **Die Salweide** *(Salix caprea)* ist in Europa und im Nordwesten Afrikas heimisch; ihren lateinischen Namen (Ziegen-Weide) verdankt sie der Tatsache, dass Ziegen gerne ihre Blätter fressen. Charakteristisch sind die sich im Frühjahr entfaltenden weichen Kätzchen.

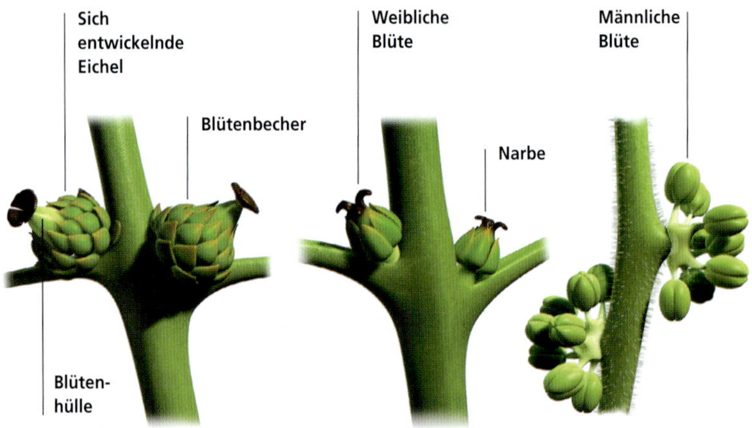

↑ **Früchte und Blüten der Traubeneiche** *(Quercus petraea)*. Die Pflanze ist zwar einhäusig, trägt also männliche und weibliche Blüten an einem Baum, diese sitzen jedoch an getrennten Blütenständen. Die Früchte – Eicheln – reifen im Herbst und enthalten einen einzigen Samen.

↑ **In diesem Buchenwald** wächst ein dichter Teppich aus Hasenglöckchen – im Frühling ein häufiger Anblick im nördlichen Europa.

↗ **Die Amerikanische Espe oder Zitterpappel** *(Populus tremuloides)* verfügt über einen weißen Stamm und Blätter mit abgeflachten Blattstielen, die selbst durch den leichtesten Windstoß in Bewegung geraten – daher der volkstümliche Name.

→ **Die Zierkirsche** stammt ursprünglich aus dem Himalaja und Ostasien. Die großen, rosafarbenen Blüten der Yaezakura-Gruppe sind üppig gefüllt.

NUTZEN FÜR DEN MENSCHEN

Der Mensch spielt bei der Evolution der Blütenpflanzen erst seit kurzem eine Rolle, hat sich mittlerweile die Millionen Jahre alte Diversifizierung der Pflanzen jedoch bestens zunutze gemacht. Wir denken bei Blüten bildenden Bäumen zunächst an Früchte – und tatsächlich hat die Vielfalt der Familien, Gattungen und Arten viel zur Esskultur des Menschen beigetragen. Man vergleiche nur eine Avocado und eine Orange in Duft, Geschmack und Konsistenz – welch ein Unterschied! Doch auch als Nutzholzpflanzen sind Bäume aus unserer Welt nicht mehr wegzudenken. Auch in dieser Hinsicht profitiert der Mensch von der Artenvielfalt, die sich über Millionen von Jahren entwickelte.

Blüten bildende Bäume (Forts.)

In den wärmeren Regionen der Erde kommt die Formenvielfalt der Blüten bildenden Bäume besonders gut zum Ausdruck. Bäume haben sich ebenso wie holzige Lianen und Sträucher – hier kann man nicht klar trennen – auf unzählige Arten und Weisen an die verschiedenen Umweltbedingungen wie Klima, Böden und Standorte angepasst. Auch andere Pflanzen, Tiere und Pilze spielen beim Kampf ums Überleben eine wichtige Rolle. Jede einzelne Art hat ihren eigenen Weg der biologischen Anpassung gefunden. Bei Blüten bildenden Bäumen springt in diesem Zusammenhang immer wieder die schier unglaubliche Formenvielfalt der Blüten und Früchte ins Auge. Sobald sich Tiere wie Vögel und Insekten vermutlich in der späten Kreidezeit als wichtigste Bestäuber und Samenverbreiter etabliert hatten, sorgte die Evolution für so zahlreiche Wechselbeziehungen zwischen Flora und Fauna, dass die Biologen bis heute noch staunend davorstehen.

BEFRUCHTUNG TROPISCHER BÄUME

Genetische Vielfalt innerhalb einer Art kann nur durch den Pollentransfer zwischen verschiedenen Bäumen der gleichen Art sichergestellt werden (Fremdbestäubung); darauf haben sich die Blüten eingestellt. Die auffälligen Blüten der tropischen Arten *Jacaranda* und *Tabebuia* benötigen bestimmte Insekten und Vögel als Bestäuber, die hängenden, nach Früchten duftenden Blüten des Affenbrotbaums *(Adansonia)* ziehen nachtaktive Tiere wie Fledermäuse an. Oft herrscht auch zwischen Nachtfaltern und bestimmten Baumarten eine hohe Spezifizierung. Ebenso wie die Blüte ihren Pollen möglichst weit streuen möchte, ist es das oberste Ziel einer Frucht, ihren Samen zu verbreiten. In den Tropen sind meist größere Tiere dafür zuständig, die die Früchte fressen und den Samen mit dem Kot ausscheiden.

↑ **Keimprozess einer Buche,** vom Hervorbrechen der Keimwurzel über die Entfaltung der Keimblätter bis hin zur Blüte.

↑ **Diese Ameise** sammelt eiweiß- und fettreiche Beltsche Körperchen von den Fiederspitzen der Ameisenakazie *(Acacia collinsii)* als Futter für ihre Larven. Die einzige bekannte Funktion der Beltschen Körperchen ist es, den Ameisen als Futter zu dienen. Im Gegenzug schützt das Tier die Pflanze vor Fressfeinden.

← **Das orange gefärbte Herbstlaub** dieser Buche wird bald abfallen. Es gibt insgesamt 10 Arten der Gattung Buche *(Fagus)*, alle sind in den gemäßigten Regionen Nordamerikas, Asiens und Europas heimisch.

↗ **Blick in die verschränkten Äste einer Würgefeige** (Gattung *Ficus*), die ihren Wirtsbaum erfolgreich verdrängt hat.

→ **Die ungewöhnlich langzottigen Früchte** des Rambutans *(Nephelium lappaceum)* sind vor allem in Südostasien beliebt, wo die Pflanze zuhauf angebaut wird. Die Frucht verfügt über eine lederartige rote Schale, die mit grünlichen, dünnen, weichen Zotten übersät ist.

Blüten bildende Bäume (Forts.)

Eine auffällige Tatsache bei zweikeimblättrigen Bäumen, die in den Wäldern der gemäßigten nördlichen Breiten vorherrschen, ist ihre nahe Verwandtschaft mit Bäumen der südlicheren Regionen, insbesondere mit solchen der äquatornahen Regenwälder oder subtropischen Bergwälder. Fast alle bekannten Gattungen Laub abwerfender Bäume sind mit mehr oder weniger zahlreichen Arten in tropischen Wäldern vertreten, so etwa Ahorn *(Acer)* und Eiche *(Quercus)*. Fast alle dieser tropischen Verwandten sind im Gegensatz zu den europäischen Vertretern immergrün. Dies wird gewöhnlich damit erklärt, dass sich infolge periodischer Warmzeiten im späten Tertiär und Quartär riesige neue Lebensräume auftaten und einige subtropische Gattungen die Gelegenheit nutzten, diese zu besiedeln und dabei neue Formen zu entwickeln, die an das kühlere, gemäßigte Klima angepasst waren. Eine dieser Anpassungen war das Abwerfen des Laubs, eine andere die Pollenübertragung durch den Wind, möglicherweise mangels Insekten. Und Pflanzen, die ihren Pollen mithilfe des Windes verbreiten, brauchen keine auffälligen, duftenden Blüten, sondern Unmengen von Staubblättern und exponierte Narben – was das häufige Vorkommen von Blütenkätzchen bei vielen nördlichen Laub abwerfenden Bäumen erklärt. Dabei verteilen sich die am zahlreichsten vertretenen Bäume im Vergleich mit Bäumen der tropischen und subtropischen Wälder auf erstaunlich wenige Gattungen.

WINDBESTÄUBUNG UND SAMENVERBREITUNG
Weiden (*Salix* sp.) und Pappeln (*Populus* sp.) bilden hoch spezialisierte Kätzchen – weibliche und männliche finden sich an getrennten Bäumen – sowie flaumige Samen, die selbst die leichteste Brise weit trägt. Die Gattung Ulme *(Ulmus)* weist Parallelen zu beiden Gattungen auf, obwohl ihre kleinen, windbestäubten Blüten kaum an Kätzchen erinnern und männliche und weibliche Blüten an einer Pflanze sitzen. Auch verbergen sich die Samen der Ulme in papierartigen Flügelfrüchten, die nur ein stärkerer Wind transportieren kann. Einige Ahorne (*Acer* sp.) haben ähnliche Bestäubungs- und Verbreitungsstrategien wie Eschen (*Fraxinus* sp.). Dennoch stammen die im gemäßigten Norden vorkommenden, Laub abwerfender Bäume von unterschiedlichen Pflanzenfamilien ab und haben ihre nächsten Verwandten in den Tropen.

← **Die Blüten der Frangipani** *(Plumeria rubra)* verströmen am Abend einen schwachen Duft, der nachtaktive Insekten zur Bestäubung anlockt. Obwohl sich in den Blüten kein Nektar befindet, zieht ihr Duft Nachtfalter an, die auf der vergeblichen Suche danach von Blüte zu Blüte flattern und den Pollen verbreiten. Wie der ihr verwandte giftige Oleander verfügt auch die Frangipani über Milchsaft in Stängeln und Blättern.

↞ **Aufgebrochene Bohne** des Kakaobaums *(Theobroma cacao)*. Die Samen sind in das essbare, fettreiche Fruchtfleisch eingebettet.

← **Auffällige Blüten** wie die der südamerikanischen Gattung *Tibouchina* locken bestäubende Insekten auch mit ihrer Farbenpracht an.

→ **Der Schnee-Eukalyptus** *(Eucalyptus pauciflora)* weist einen charakteristischen glatten, weißen Stamm und verdrehte Äste auf. Er gedeiht in den subalpinen Regionen Ostaustraliens, z. B. in den Snowy Mountains.

Palmen

Palmen gehören zur Familie der Arecaceae (Palmengewächse); unter ihnen finden sich die größten einkeimblättrigen Bäume der Welt. Bei Palmen denken die meisten Menschen an lange Palmwedel am Ende eines einzigen Stammes – die typische Kokospalme. Dies vermittelt jedoch ein nur unvollständiges Bild der vielfältigen, hauptsächlich tropischen Familie mit ihren rund 190 Gattungen und 2500 Arten. Palmen weisen sehr unterschiedliche Erscheinungsformen auf: Sie können viele Stämme haben, die sich vom Boden aus verzweigen; es gibt aber auch einige Arten, etwa die ägytische Dumpalme *(Hyphaene thebaica)*, deren Stämme sich hoch über den Boden gabeln – eines der wenigen Beispiele echter dichotomer Verzweigung bei Blütenpflanzen. Viele tropische Palmen haben auch kurze Stämme und riesige aufrechte Wedel, die wie bei der afrikanischen *Raphia* eine Länge von 25 m erreichen können. Jeder Palmwedel ist genau genommen ein einzelnes in Fiedern aufgeteiltes Blatt. Die Ursprünge der Palmen reichen 120 Mio. Jahre bis in die frühe Kreidezeit zurück. Die Stämme, die über 30 m hoch werden können, enthalten kein Holz und nehmen nur an Umfang zu, wenn sich Luft zwischen den Zellen einlagert. Stabilität verleihen ihnen allein die Fasern der Gefäßbündel und der Druck des Pflanzensafts.

NEBENPRODUKTE

Einige Palmenarten sind für den Menschen von besonderem Nutzen, manche sogar von weltweit kommerzieller Bedeutung. Dazu gehören die Kokos-, die Dattel- und die Afrikanische Ölpalme. Von wenigen Ausnahmen abgesehen, sind die Früchte und fettreichen Samen der Palmen essbar, zumindest für viele Tiere. Das Öl von Kokos- und Ölpalmen wird für die unterschiedlichsten Zwecke genutzt, und das Fruchtöl der Ölpalme weist andere Eigenschaften auf als das ihrer Samen. Insbesondere in Südamerika gibt es viele Palmenarten, die aufgrund ihres Öls und anderer Bestandteile geschätzt werden; die Gattung *Euterpe* z. B. liefert köstliche Palmherzen, und aus ihrem Fruchtfleisch wird ein beliebtes Getränk (Açaí) hergestellt.

↑ **Palmen** in einem Überschwemmungsgebiet der Provinz Corrientes in der Nähe von Goya in Argentinien.

← **Eine Dattelpalmenplantage** *(Phoenix dactylifera)* in Südkalifornien. Die reifenden Früchte werden mit Papierhüten vor Regen geschützt.

↗ **Der riesige Samen der Kokospalme** *(Cocos nucifera)* gelangt oft auch über das Meer an einen neuen Ort. Er bleibt im Wasser bis zu 2 Wochen keimfähig.

→→ **Die Copapalme** *(Iriartea deltoidea)* mit ihren charakteristischen Stelzwurzeln ist in Mittel- und Südamerika heimisch.

→ **Im Querschnitt durch einen Palmenstamm** werden Hunderte von wasserleitenden Gefäßbündeln sichtbar.

Kakteen und andere Sukkulenten

Kakteen gehören zu der in Nord- und Südamerika heimischen Familie der Cactaceae; fast alle sind Stammsukkulenten, nur eine Minderheit verfügt über fleischige Blätter. Den Namen führte Carl von Linné ein, der viele Arten in der Gattung *Cactus* zusammenfasste, obwohl sich diese griechische Bezeichnung ursprünglich auf andere, nicht verwandte Pflanzen bezog. Sukkulenten sind Pflanzen mit fleischigem, wasserspeicherndem Gewebe in Stämmen, Blättern oder beidem; zu ihnen gehören Vertreter mehrerer Pflanzenfamilien, u. a. auch die Cactaceae. Viele Sukkulenten haben sich optimal an ein arides Klima angepasst. Fast alle verfügen über einen besonderen Säurestoffwechsel (CAM, Crassulacean Acid Metabolism): Die Spaltöffnungen der Sukkulenten sind nur nachts geöffnet, wenn es kühler und feuchter ist; dann speichern die Pflanzen in ihren Säuren Kohlendioxid und setzen es erst tagsüber zur Photosynthese frei.

↑ **Der Saguarokaktus** *(Carnegiea gigantea)* wächst in der Sonora-Wüste in den südwestlichen USA sowie im benachbarten Mexiko. Die Stammsukkulente ist gut an das Überleben in heißem, trockenem Klima angepasst.

← **Der Querschnitt durch einen Saguaro** zeigt seine ungewöhnliche Struktur mit überwiegend wasserspeicherndem Gewebe und einem Zentralzylinder aus Xylembündeln.

BAUMÄHNLICHE SUKKULENTEN

Ein relativ kleiner Teil sukkulenter Familien und Gattungen umfasst Arten, die zu baumähnlicher Größe heranwachsen können. In Nord- und Südamerika sind dies die Cactaceae mit Säulenkakteen wie dem Saguaro oder dem Orgelpfeifenkaktus. Säulenkakteen kommen außer in den USA überwiegend in Mexiko, der Karibik und in Südamerika vor. Auch in Afrika sind viele Sukkulenten heimisch, darunter viele Baumsukkulenten. Einige Arten der Gattung *Euphorbia* können bis zu 18 m groß werden; sie gedeihen im südlichen und östlichen Afrika, haben ihren Weg aber auch bis nach Arabien und sogar ins tropische Asien gefunden. Ähnlich verhält es sich mit der vornehmlich afrikanischen Gattung *Aloe;* baumgroße *Aloe*-Arten kommen jenseits Südarabiens jedoch nicht vor. Zudem gibt es verschiedene andere Gattungen aus Familien, die Bäume mit dickem fleischigem Stamm umfassen, die man ebenfalls als Stammsukkulenten bezeichnen könnte. Solche Pflanzen findet man auf allen Kontinenten.

↗ **Diese Opuntien oder Feigenkakteen** der Gattung *Cylindropuntia* nennt man Cholla. Die Art *Cylindropuntia bigelovii* wächst unter Joshuabäumen *(Yucca brevifolia)* im Joshua-Tree-Nationalpark in Kalifornien.

→ **Die Kandelaberwolfsmilch** *(Euphorbia ingens)* ist im östlichen Afrika heimisch. Die Stammsukkulente wird bis zu 12 m groß und gehört zu den über 20 Baum-Euphorbien, die in halbariden Gegenden wie der kenianischen Masai Mara vorkommen.

Wassergehölze

Bäume sind von Natur aus keine echten Wasserpflanzen, d. h. im Wasser wachsende oder treibende Gewächse, da diese keinen Stamm benötigen, der sie aufrecht hält. Es gibt jedoch Bäume, die immer oder zumindest den überwiegenden Teil ihres Lebens im Wasser stehen – nicht zu verwechseln allerdings mit Bäumen, die gelegentliche Überschwemmungen tolerieren. »Wasserbäume« können in Süß- oder Salzwasser leben; letztere sind definitionsgemäß Mangroven. Einige Mangroven wachsen jedoch in nur leicht salzigem Brackwasser, beispielsweise in Flussmündungen; manche Süßwasserbäume wiederum vertragen auch etwas Salz. Bäume, die in Süß- oder Brackwasser wie in Flüssen, Seen und Sümpfen gedeihen, weisen weltweit eine größere Artenvielfalt auf; ihre Familien oder sogar Gattungen sind meist charakteristisch für die Flora ihres Heimatlandes. Zu ihnen gehören sowohl Nacktsamer als auch Bedecktsamer. Am bekanntesten unter den im Wasser wachsenden Nadelgehölzen ist die nordamerikanische Sumpfzypresse *(Taxodium distichum)*, die meist 1 m oder tiefer im Wasser steht. Seltener ist das neukaledonische Steineibengewächs *Nageia minor*, ein kleiner Baum mit kegelförmigem Stamm, der oft recht tief in Flüssen wächst.

→ **Der Rote Eukalyptus** *(Eucalyptus camaldulensis)* wächst an Flussufern, auf saisonal überschwemmten Ebenen und an breiten Wasserläufen.

↓ **Die Sumpfzypresse** *(Taxodium distichum)* ist im Südosten der USA heimisch. Sie bevorzugt Süßwassersümpfe und niedrige Flussufer und toleriert auch tiefes Wasser.

↑ **Einige Mangrovenarten,** etwa Weiße oder Graue Mangroven, scheiden Salz direkt über die Blätter aus. Die Wurzeln der Roten Mangroven lassen erst gar kein Salz in die Pflanze eindringen.

↑ **Bei Ebbe** werden die Pneumatophoren der Mangroven sichtbar. Diese Gebilde ragen wie Strohhalme aus dem Boden und ermöglichen der Pflanze die Sauerstoffaufnahme.

ANPASSUNGSFÄHIGKEIT

Ein charakteristisches Merkmal fast aller Bäume, die in Süß- oder Brackwasser stehend wachsen, ist, dass sie gleichermaßen gut – manchmal sogar besser – in Erdreich gedeihen, solange sie nur Zugriff auf ausreichende Bodenfeuchtigkeit haben. Selbst Mangroven pflanzte man erfolgreich in einiger Entfernung von der Gezeitenzone an. Daraus lässt sich schließen, dass solche Bäume das Wachsen im Wasser tolerieren, aber nicht unbedingt brauchen. Da bestimmte physiologische Eigenschaften ihres Wurzel- oder Stammgewebes es ihnen ermöglichten, in einer sauerstoffarmen Umgebung zu überleben, konnten sie entsprechende neue Lebensräume erschließen, an denen andere Bäume – mögliche Konkurrenten – keine Chance haben.

→ **Mangroven und andere Wassergehölze** haben hoch spezialisierte Wurzelsysteme wie Knie-, »Spargel«- und Stelzwurzeln entwickelt.

WURZELSYSTEME DER MANGROVEN

Porträts bemerkenswerter Bäume

Auf den folgenden Seiten finden Sie Porträts von 99 außergewöhnlichen Baumarten der Erde. Mindestens ein Viertel der weltweit vorkommenden rund 300 000 Angiospermen-Arten und mehr als 90 % der 600 bekannten Arten von Nadelgehölzen erreichen Baumgröße. Aus diesem reichen Angebot wurden die folgenden Arten ausgewählt, weil sie für den Menschen in besonderer Weise interessant sind – sei es aus wirtschaftlichen, kulturellen, ästhetischen oder schlicht botanischen Gründen. Dazu gehören einige der größten Bäume der Welt, aber auch solche, die man aufgrund ihrer Größe kaum als Bäume bezeichnen kann.

Viele der hier porträtierten Bäume haben sich mittlerweile zu Touristenattraktionen entwickelt, entweder als einzelne Exemplare oder als ganze Wälder. Dazu zählen der General-Sherman-Mammutbaum *(Sequoiadendron)* in Kalifornien, der »Baum von Tule« *(Taxodium mucronatum)* in Mexiko, die Joshuabaum *(Yucca brevifolia)* in der Nähe von Los Angeles sowie einige der riesigen Kaurifichten *(Agathis australis)* in Neuseeland. Die Zuckerahornwälder *(Acer saccharum)* locken jährlich Tausende von Besuchern nach Neuengland zum spektakulären Indian Summer. Andere ungewöhnliche Bäume sind weniger leicht zugänglich. In diese Kategorie fallen beispielsweise der Rieseneukalyptus *(Eucalyptus regnans)* auf Tasmanien und die erst kürzlich entdeckte Wollemie *(Wollemia nobilis)*.

Jeder Eintrag liefert die wichtigsten Informationen über eine bestimmte Baumart: die maximale Höhe, die er in einem Wald unter natürlichen Bedingungen erreicht, ob es sich um einen immergrünen oder Laub abwerfenden Baum handelt, die bevorzugten Standorte und schließlich die wissenschaftliche Klassifikation (Abteilung und Familie). Interessant ist auch immer die Herkunft des botanischen und volkstümlichen Namens; wenn möglich, wird im Text auch darauf eingegangen. Die Abbildung eines besonderen Merkmals der betreffenden Art rundet das Porträt ab.

Die Silhouettengrafik des Baums zeigt Form und Größe eines typischen Exemplars.

Zum Größenvergleich ist daneben ein 1,80 m großer Mensch abgebildet.

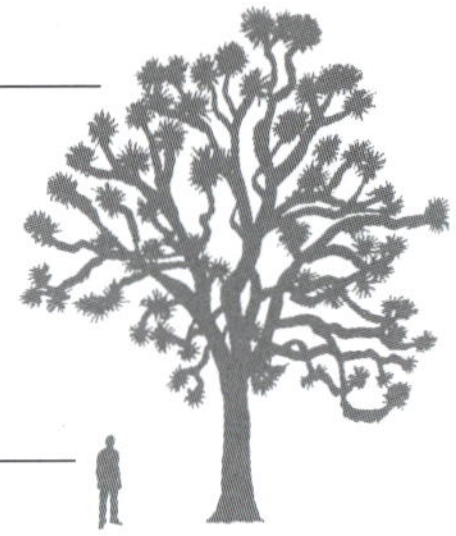

Prächtige Tanne

Abies magnifica

Höhe: bis 70 m
Typus: immergrüner Nadelbaum
Verbreitung: Sierra Nevada und Klamath Mountains, Kalifornien, USA; Cascade Ranges, Oregon, USA
Standort: gemäßigte Nadelwälder auf steilen Berghängen in 1400–2750 m Höhe
Abteilung: Nadelholzgewächse (Pinophyta)
Familie: Kieferngewächse (Pinaceae)

Die echten Tannen – die 51 Arten der Gattung *Abies* – sind die Fürsten unter den Nadelbäumen, die Prächtige Tanne – auch Kalifornische Rottanne – ist der König. Tannen wachsen in den Bergregionen der Nordhalbkugel entweder in Reinbeständen oder in Nadelmischwäldern. Ihre Nadeln sind kurz und steif, sie liegen dicht an dicht an harzreichen Zweigen. Die aufrechten Zapfen tragen geflügelte Samen. Der Haupttrieb weist eine starke Apikaldominanz auf, unterdrückt also das Wachstum von Seitentrieben. Tannen dieser Art können über 600 Jahre alt werden, die Stämme erreichen einen Durchmesser von 2 m. In niedrigeren Höhen wachsen die Wälder schnell, und die Tannen liefern gutes Nutzholz.

Die Prächtige Tanne hat gebogene Nadeln, die zahnbürstenähnlich an den silbrig-blauen Zweigen sitzen. Die bis zu 23 cm langen Zapfen sind die längsten Tannenzapfen, die es gibt.

Gerberakazie

Acacia mearnsii

Höhe: bis 18 m
Typus: immergrüner Laubbaum
Verbreitung: südöstliches Australien (auch Tasmanien), Küste und küstennahe Berge bis 600 m
Standort: gemäßigte Laubwälder; besiedelt gern beschädigte Regionen in immergrünen Eukalyptuswäldern
Abteilung: Bedecktsamer (Angiospermae): Zweikeimblättrige
Familie: Hülsenfrüchtler (Leguminosae)

Die Gerberakazie sticht aufgrund ihres Nutzens in Süd- und Ostafrika sowie in Indien, Brasilien und Chile aus den rund 950 australischen Akazienarten hervor. Sie wächst schnell und begnügt sich mit mageren Böden; ihre dunkelbraune Rinde wird von den gefällten Bäumen geschält, gehäckselt, exportiert und in der Leder- und Klebstoffindustrie verarbeitet. Die Tannine werden zum Gerben von Tierhäuten und als Bindemittel in Sperrholzplatten genutzt. Die Rindenabfälle kommen auf Pferderennbahnen zum Einsatz. Das Holz des Baums findet als Brennholz, Werkzeuggriffe u. Ä. Verwendung.

Die Blätter der Gerberakazie setzen sich aus vielen kleinen Fiederblättchen zusammen. Im Spätfrühling erscheinen zahlreiche kugelförmige, cremefarbene Blüten.

Babul

Acacia nilotica

Höhe: bis 12 m
Typus: in der Trockenzeit Laub abwerfender Laubbaum
Verbreitung: in fast ganz Afrika; Arabien; Südasien östlich von Myanmar
Standort: Savanne und semiarider Busch, meist auf Ebenen, sandige bis lehmige Böden
Abteilung: Bedecktsamer (Angiospermae): Zweikeimblättrige
Familie: Hülsenfrüchtler (Leguminosae)

Die Gattung *Acacia* umfasst nach heutigem Wissen 1350 Arten aus allen wärmeren Teilen der Erde. Am weitesten verbreitet ist der Babul. Der Dornenbaum ist typisch für Savannen und semiarides Buschland, Blätter und Hülsen werden von pflanzenfressenden Tieren wie Giraffen verspeist. Auch der Mensch macht sich den Baum zunutze. Der Milchsaft ist Bestandteil des Gummiarabikum in pharmazeutischen Produkten, Druckertinte und Klebstoffen. Aus dem Holz werden u. a. Werkzeuggriffe und Gartenzäune gefertigt. Rinde und Hülsen dienen dem Gerben von Leder, zudem sollen sie medizinischen Nutzen haben.

An den Zweigen sitzen Dornenpaare, die doppelt gefiederten Blätter bestehen aus winzigen Einzelblättchen. Im Sommer erscheinen goldgelbe Blüten, danach lange, wulstige Hülsen.

Schirmakazie, Drehfrüchtige Akazie

Acacia tortilis

Höhe: bis 15 m
Typus: in der Trockenzeit Laub abwerfender Laubbaum
Verbreitung: Afrika, südlich der Sahara; Arabien; Südwestasien
Standort: Savanne und Busch; auf Ebenen und an ausgetrockneten Flussläufen; bevorzugt Lehmböden
Abteilung: Bedecktsamer (Angiospermae): Zweikeimblättrige
Familie: Hülsenfrüchtler (Leguminosae)

Typisch für das Buschland in Südafrika sind »Dornenbäume« mit flachen Kronen – rund 40 Arten der Gattung *Acacia*. Einige davon, etwa die Schirmakazie, kommen auch andernorts vor. Mit den australischen Akazien sind sie jedoch nicht nahe verwandt, vielen Botanikern zufolge sollten sie sogar einer eigenen Gattung zugestellt werden. Die Schirmakazie hat doppelt gefiederte Blätter, an den Zweigen sitzen Paare langer, gerade Dornen, an jedem Knoten hakenartige Dornen. Im Sommer trägt der Baum Büschel cremefarbener Blüten, danach spiralförmig gebogene Hülsen. Der Baum wächst schnell und verträgt Trockenheit.

Der Name Schirmakazie geht auf die Form der Baumkrone zurück. Die sehr nährstoffreichen Blätter zählen zu den Lieblingsspeisen der Giraffen, die sich an den Dornen nicht weiter stören.

Echter Fächerahorn

Acer palmatum

Höhe: bis 12 m
Typus: im Winter Laub abwerfender Laubbaum
Verbreitung: Japan; Korea; östliches China
Standort: sommergrüne Laubwälder, auf Hügeln und an Berghängen
Abteilung: Bedecktsamer (Angiospermae): Zweikeimblättrige
Familie: Ahorngewächse (Aceraceae)

Der kleine Baum ist in erster Linie aufgrund seiner atemberaubenden Laubfärbung berühmt und als Ziergehölz beliebt. Aus dieser 1 Art züchtete man bislang über 400 Sorten, jedes Jahr erscheinen neue auf dem Markt. Die Sorten haben unterschiedliche Größen und Wuchsformen, sie variieren in Blattform und Farbe, sowohl in der Frühjahrs- als auch in der Herbstfärbung. Bereits Jahrhunderte bevor diese Ahornart 1820 nach Westeuropa eingeführt wurde, gab es zahlreiche Sorten in Japan. Der Artname *palmatum* bezieht sich auf die an eine Handfläche erinnernde Form der Blätter, die sich in 5–7 schmale Lappen aufteilen. Die Sorten werden durch Aufpfropfen auf Sämlingsunterlagen vermehrt.

Diesen prachtvollen alten Fächerahorn mit seinem knorrigen Stamm und der wunderschönen Herbstfärbung kann man im berühmten Shinjuku-Gyoen-Park in Tokio bewundern.

Zuckerahorn

Acer saccharum

Höhe: bis 40 m
Typus: im Winter Laub abwerfender Laubbaum
Verbreitung: östliche und mittlere USA; südöstliches Kanada
Standort: sommergrüne Laubwälder, auf Hügeln oder in Tälern mit feuchten Böden
Abteilung: Bedecktsamer (Angiospermae): Zweikeimblättrige
Familie: Ahorngewächse (Aceraceae)

Der Zuckerahorn ist sicherlich der bekannteste Baum Nordamerikas: Sein Blatt ziert die kanadische Flagge, seine Herbstfärbung lockt jährlich Tausende von Besuchern zum Indian Summer, er liefert den berühmten Ahornsirup, und auch sein Holz ist sehr wertvoll. Die Gattung *Acer* umfasst rund 120 Arten, die sich auf die gemäßigten Regionen der nördlichen Erdhalbkugel verteilen; die meisten gibt es in Ostasien. In Nord- und Südamerika sind nur 12 Arten vertreten, fast alle kleiner als der Zuckerahorn. Alle Ahornspezies verfügen über paarweise gegenständig angeordnete Blätter mit mehreren Lappen, die gezähnt und etwa so breit wie lang sind. Die Blüten sind klein und grünlich, die zweiflügeligen Früchte propellerähnlich.

Im Oktober erreicht der Indian Summer seinen Höhepunkt. Die Blattfärbung variiert von Hellgelb bis Tiefrot. Ahornsirup gewinnt man vom Spätwinter bis zum Frühjahr.

Affenbrotbaum, Baobab

Adansonia digitata

Höhe: bis 22 m
Typus: in der Trockenzeit Laub abwerfender Laubbaum
Verbreitung: afrikanische Tropen; von der Sahara bis nördlich von Johannesburg, Südafrika
Standort: Savanne und arider Busch; in tiefen, sandigen Böden oder auf Felsvorsprüngen
Abteilung: Bedecktsamer (Angiospermae): Zweikeimblättrige
Familie: Malvengewächse (Malvaceae)

Wenn ein Baum typisch für Afrika ist, dann dieser. Der Affenbrotbaum oder Baobab beeindruckt durch seinen Durchmesser (Stamm bis zu 11 m, Krone bis zu 37 m) und durch die Fähigkeit, in seinem schwammartigen Holz bis zu 120 000 Liter Wasser speichern zu können. Elefanten machen sich dies in der Trockenzeit zunutze, indem sie das Holz kauen. Die Blätter und samenreichen Früchte mit dem süßsauren Fruchtfleisch sind auch bei anderen Pflanzenfressern beliebt. Aus den Rindenfasern des Baobabs macht der Mensch Seile. Die Gattung *Adansonia* ist für ihr aufgegliedertes Verbreitungsgebiet bekannt: 1 Art in Afrika, 6 auf Madagaskar, 1 im nordwestlichen Australien.

Erst zu Beginn der Regenzeit treibt der Affenbrotbaum Blätter, die aus 5–9 Fiederblättchen bestehen. Die Blüten hängen an langen Stielen und werden von Fledermäusen bestäubt.

Rosskastanie

Aesculus hippocastanum

Höhe: bis 30 m
Typus: im Winter Laub abwerfender Laubbaum
Verbreitung: Berge des mittleren Balkans und Kaukasus
Standort: Laubwälder der gemäßigten Breiten
Abteilung: Bedecktsamer (Angiospermae): Zweikeimblättrige
Familie: Rosskastaniengewächse (Hippocastanaceae)

Als dieser Baum im frühen 17. Jahrhundert nach Westeuropa kam, erlangte er sofort große Beliebtheit als Ziergehölz für Parks und größere Anwesen. In den folgenden 250 Jahren blieben seine Ursprünge jedoch im Dunkeln, bis man Naturstandorte in abgelegenen Tälern Nordgriechenlands und Albaniens fand. Auch heute noch ist man sich über die genaue Verbreitung im Unklaren, sie erstreckt sich wahrscheinlich jedoch östlich bis zum Nordiran. Europa bildet die Westgrenze des Verbreitungsgebiets der Gattung *Aesculus*, die mit 5 Arten im chinesischen Himalaja und mit 7 in Nordamerika vertreten ist. Die großen braunen Samen mit der lederartigen Schale werden von Kindern gerne zum Basteln verwendet. Früher hat man sie an Pferde verfüttert (Name).

Im späten Frühjahr ist die Baumkrone mit Rispen weißer Blüten übersät; die Staubblätter sind lang, die Kornblätter rosa und gelb gefleckt. Jedes Laubblatt besteht aus 5–7 Einzelblättern.

Neuseeländische Kaurifichte

Agathis australis

Höhe: bis 55 m
Typus: immergrüner Nadelbaum
Verbreitung: nördliche Hälfte der Nordinsel Neuseelands
Standort: subtropischer Regenwald; in tiefen, fruchtbaren, meist sumpfigen Böden
Abteilung: Nadelholzgewächse (Pinophyta)
Familie: Araukariengewächse (Araucariaceae)

Die Kaurifichte ist eines der imposantesten Nadelgehölze der Welt; sie wuchs in den Niederungen der neuseeländischen Nordinsel einst in riesigen Wäldern, die eine Fläche von 1,2 Mio. Hektar bedeckten. Im 19. Jahrhundert beutete man diese Wälder rücksichtslos aus; das widerstandsfähige Holz nutzte man für den Schiffsbau, später für Möbel und für den Hausbau. Man fällte Bäume, deren Stämme 30 m gerade und ohne Äste in die Höhe gewachsen waren und Durchmesser von 3 m erreicht hatten. In den 1880er-Jahren wurden fast die gesamten restlichen Waldbestände durch Brände zerstört. Heute gibt es nur noch kleine und glücklicherweise gut geschützte Kauri-Wälder. Die größten dieser Bäume sind wahre Touristenattraktionen.

Die Gattung *Agathis* trat erstmals im Jura auf, also vor rund 145 Mio. Jahren. Typisch für ihre 20 Arten sind die breiten, lederartigen Nadeln und großen kugelförmigen Zapfen.

Köcherbaum

Aloe dichotoma

Höhe: 5–8 m
Typus: sukkulentes immergrünes Schwertblatt
Verbreitung: Namibia; Nordkap, Südafrika
Standort: Savanne und Busch; auf Kiesebenen und felsigen Hügeln
Abteilung: Bedecktsamer (Angiospermae): Einkeimblättrige
Familie: Affodilgewächse (Asphodelaceae)

Die *Aloe* stellt eine große Gattung sukkulenter Pflanzen dar. Die meisten der rund 400 Arten sind in Afrika heimisch, einige in Arabien, viele auch auf Madagaskar. Sie variieren von winzigen, grasähnlichen Bodendeckern bis zu Sträuchern, Kletterpflanzen und mittelgroßen Bäumen. Baumaloen weisen eine typische, kandelaberähnliche Wuchsform auf; jeder Zweig endet mit einer Rosette fleischiger, stacheliger Schwertblätter. Der Köcherbaum hat einen charakteristisch dicken Stamm mit Platten gelblicher Rinde, die sehr scharfe Ränder haben. Die San-Buschmänner nutzen die ausgehöhlten Äste als Köcher – daher der volkstümliche Name. Im Winter trägt der Baum nektarreiche gelbe Blüten, die Vögel, Insekten und sogar Affen anlocken.

Blickt man am Stamm eines Köcherbaums hinauf, zeigt sich die frühe Entwicklung der typischen, scharfrandigen Rindenplatten, die mit zunehmendem Alter noch mehr hervortreten.

Chilenische Araukarie

Araucaria araucana

Höhe: bis 40 m
Typus: immergrüner Nadelbaum
Verbreitung: Zentralchile und benachbarte Hänge der argentinischen Anden
Standort: gemäßigte Nadelwälder oder immergrüne Laubwälder, meist an steilen Berghängen
Abteilung: Nadelholzgewächse (Pinophyta)
Familie: Araukariengewächse (Araucariaceae)

Die auffällige Chilenische Araukarie gehört einer alten Pflanzenfamilie aus der Kreidezeit an. Die perfekt symmetrische Krone wird im Alter schirmähnlich; sie besteht aus einem Gewirr dicker, gebogener Äste mit überlappenden, spitzen Blättern, die erstaunlich hart sind. Ebenso bemerkenswert ist die Langlebigkeit einzelner Blätter, die – grün und quicklebendig – an der Basis eines 25-jährigen Stamms zu finden sind. Den Baum kannten schon die früher spanischen Siedler in Chile; nach Europa kam er durch den Botaniker und Entdecker Archibald Menzies, der 1795 einige Nüsse des Baums vom festlich gedeckten Tisch des chilenischen Gouverneurs einsteckte und daraus in England 5 Bäume zog.

Der Baum hat sich erstaunlich gut an das englische Klima angepasst; Mitte des 19. Jahrhunderts war er bei britischen Landschaftsgärtnern als Ziergehölz außerordentlich beliebt.

Bunyabaum

Araucaria bidwillii

Höhe: bis 49 m
Typus: immergrüner Nadelbaum
Verbreitung: nord- und südöstliches Queensland, Australien
Standort: tropischer und subtropischer Regenwald, fruchtbare Böden
Abteilung: Nadelholzgewächse (Pinophyta)
Familie: Araukariengewächse (Araucariaceae)

Dass dieser majestätische Nadelbaum nur in 2 relativ kleinen, 1300 km voneinander entfernt liegenden Regenwaldgebieten im australischen Queensland vorkommt, weist darauf hin, dass er ein Überbleibsel einer viel älteren Vegetation ist. Dies belegen auch Fossilienfunde, denen zufolge diese Bäume die einzigen Überlebenden einer fast ausgestorbenen *Araucaria*-Gattung sind, die im Jura in weiten Teilen der Erde verbreitet war. Heute umfasst die Gattung *Araucaria* 18 Arten; die meisten kommen in Neukaledonien vor, jeweils 2 aber auch in Australien und Südamerika. Bei den Aborigines im südöstlichen Queensland ist der Baum als Bunya Bunya bekannt; jedes Jahr legten sie weite Strecken zurück, um die großen, nahrhaften Nüsse des Baums zu ernten.

Am üppigsten gedeiht der Bunyabaum in den Bunya Mountains, die nach der Art benannt sind. In der Rinde einiger älterer Exemplare sieht man Klettereinkerbungen der Aborigines.

Pazifischer Erdbeerbaum

Arbutus menziesii

Höhe: bis 30 m
Typus: immergrüner Laubbaum
Verbreitung: Westküste Nordamerikas, vom südwestlichen British Columbia, Kanada, bis zur Baja California, Mexiko
Standort: Nadelwälder bis immergrünes Waldland
Abteilung: Bedecktsamer (Angiospermae): Zweikeimblättrige
Familie: Heidekrautgewächse (Ericaceae)

Den frühen spanischen Siedlern in Nordamerika fiel die Ähnlichkeit dieses hübschen Baums mit dem im Mittelmeerraum verbreiteten »Madroño« *(A. unedo)* auf, der auf Deutsch den Namen Westlicher Erdbeerbaum trägt. In Amerika ist der Erdbeerbaum in Nordkalifornien, von der Küste bis zur Sierra, weit verbreitet; er bevorzugt felsigen Waldboden. Auffälligstes Merkmal ist seine glatte, tieforangefarbene bis braune Rinde, die sich im Sommer abschält und den Blick auf die grünliche, kühle und feuchte junge Rinde darunter freigibt. Die Gattung *Arbutus* umfasst 8 Arten in Nordamerika und am Mittelmeer; alle tragen im Frühling weiß-rosafarbene, glockenförmige Blüten und im Herbst essbare, aber sehr saure Früchte.

Der Erdbeerbaum ist ein wahrer Überlebenskünstler: Er verträgt exponierte Standorte, karge Böden und sogar Waldbrände. Oft wächst er in der Nähe von Gelbkiefern *(Pinus ponderosa)*.

Niembaum

Azadirachta indica

Höhe: bis 18 m
Typus: in der Trockenzeit Laub abwerfender Laubbaum
Verbreitung: tropisches und subtropisches Asien; Herkunft unbekannt, möglicherweise Birma
Standort: tropische Laubwälder, auf mittelfruchtbarem bis fruchtbarem Boden
Abteilung: Bedecktsamer (Angiospermae): Zweikeimblättrige
Familie: Mahagonigewächse (Meliaceae)

Der Niembaum wird oft als Wunderbaum bezeichnet, da er über eine bemerkenswerte Vielfalt von Anwendungsmöglichkeiten verfügt, die man erstmals in Indien entdeckte, wo der Baum seit Langem kultiviert und geschätzt wird. Der botanische Name stammt vom persischen »azad-dirakht« ab, der volkstümliche geht möglicherweise aus einer Verwechslung mit dem persischen Paternosterbaum *(Melia azedarach)* hervor; »Neem« (oder »Nim«) ist der Urdu- bzw. Hindi-Name. Den verbreitetsten Nutzen findet der Baum als Pestizid: Blätter und ätherisches Öl (mit dem Wirkstoff Azadirachtin) sind für viele Insekten giftig, u. a. auch für Schädlinge wie Zecken und Fadenwürmer.

Der Niembaum hat gefiederte Blätter mit gebogenen Einzelblättchen. Die weißen Blüten entwickeln sich zu gelben Steinfrüchten mit ölhaltigen Kernen.

Papierbirke

Betula papyrifera

Höhe: bis 25 m
Typus: im Winter Laub abwerfender Laubbaum
Verbreitung: nördliche USA (auch Alaska) und Kanada, bis zum nördlichen Polarkreis
Standort: sommergrüne Laubwälder und boreale Wälder
Abteilung: Bedecktsamer (Angiospermae): Zweikeimblättrige
Familie: Birkengewächse (Betulaceae)

Die Gattung Birke *(Betula)* umfasst rund 35 Arten, darunter auch die nördlichsten aller Laubbäume. Birken waren die ersten Pionierpflanzen, die den nackten, felsigen Boden besiedelten, nachdem die kontinentalen Eisplatten nach der letzten Eiszeit vor etwa 10 000 Jahren abschmolzen. Ihre schnelle Verbreitung verdanken sie u. a. ihren unzähligen, federleichten und vom Wind weit getragenen Samen. Der ebenfalls vom Wind transportierte Pollen bedarf zur Bestäubung der Blüten keiner Insekten – ein weiterer Vorteil. Die Papierbirke, eine der im nördlicheren Amerika verbreiteten Arten, verfügt über eine papierähnliche Rinde, die man für Kanus, Dächer und Trinkgefäße verwendet. Die saftreiche Bastschicht dient Elchen und Rotwild im Winter als Futter.

Die Rinde der Papierbirke entwickelt sich schichtweise. Die äußere schält sich ab, die farblich variierende darunter tritt hervor. Sie enthält den wasserabweisenden Inhaltsstoff Suberin.

Arabischer Weihrauchbaum

Boswellia sacra

Höhe: bis 6 m
Typus: in der Trockenzeit Laub abwerfender Laubbaum
Verbreitung: Jemen und Oman, südliche Arabische Halbinsel; Somalia: Horn von Afrika
Standort: semiarides Buschland, auf felsigen Hügeln
Abteilung: Bedecktsamer (Angiospermae): Zweikeimblättrige
Familie: Balsambaumgewächse (Burseraceae)

Das getrocknete Gummiharz dieses Baums ist viel bekannter als der Baum selbst. Der alte lateinische Name für Weihrauch, »olibanum«, leitet sich vom arabischen Wort für Milch, »al-luban«, ab und verweist auf den Milchsaft des Baums, den man getrocknet als Räucherwerk verwendet. Auf Handelswegen gelangte das ausgesprochen wertvolle Produkt seit der Antike nach Europa, seine Quelle war jedoch weitgehend unbekannt. Erst 1867 veröffentlichte der Schweizer Pharmazeut Friedrich Flückiger den botanischen Namen des kleinen, harzreichen Baums aus den felsigen Hügeln des südlichen Arabien. Er ordnete ihn der Gattung *Boswellia* zu, die nach dem schottischen Schriftsteller und Rechtsanwalt James Boswell benannt ist.

In der Trockenzeit trägt der Weihrauchbaum keine Blätter. In Afrika und dem südlichen Asien gibt es rund 20 *Boswellia*-Arten. Sie haben Fiederblätter mit stumpf gezähnten Blättchen.

Papiermaulbeerbaum

Broussonetia papyrifera

Höhe: bis 15 m
Typus: im Winter Laub abwerfender Laubbaum
Verbreitung: China; im Hügelland Südostasiens; seit Langem kultiviert auf den pazifischen Inseln
Standort: Laub- und Regenwälder, in Tälern und Schluchten
Abteilung: Bedecktsamer (Angiospermae): Zweikeimblättrige
Familie: Maulbeergewächse (Moraceae)

Der Baum wird schon so lange in China und Südostasien angebaut, dass man seine Herkunft nicht mehr genau bestimmen kann. Der ausladende Baum ist anspruchslos – mancherorts gilt er sogar als »Unkraut«. Auf einigen pazifischen Inseln wird aus seinem Bast ein Stoff, Tapa, hergestellt, der in Kunst und Kunsthandwerk Verwendung findet; dafür wird die Bastschicht mit einer hölzernen Keule weich geklopft. In Ostasien verarbeitet man die Faser schon viel länger zu Tauen und Papier – vermutlich der Grund, warum polynesische Seefahrer die Pflanze mit in ihre Heimat nahmen. Der an viele Klimata angepasste Baum gedeiht in den kalten Steppen Nordchinas ebenso wie auf den tropischen Fidschi-Inseln.

Die großen, bei jungen Pflanzen oft gelappten Blätter haben eine raue Oberfläche. Der Baum ist zweihäusig; die abgebildeten Blüten- und Fruchtstände sind weiblich.

Chinesische Kamelie

Camellia reticulata

Höhe: bis 15 m
Typus: immergrüner Laubbaum
Verbreitung: Bergland von Yunnan, im Südwesten der Provinzen Sichuan und Guizhou, im südwestlichen China
Standort: Laubwälder
Abteilung: Bedecktsamer (Angiospermae): Zweikeimblättrige
Familie: Teestrauchgewächse (Theaceae)

Dieser Baum ist nicht nur eine der größten der rund 120 *Camellia*-Arten, von denen fast 100 aus China stammen, er trägt auch die größten und auffälligsten Blüten – zumindest bei den für den Garten gezüchteten Pflanzen. Diese Zuchttradition reicht bis ins 10. Jahrhundert und früher zurück, die Pflanze war schon damals bei den buddhistischen Mönchen der Provinz Yunnan als Zierstrauch beliebt. Einige Riesenexemplare sind über 500 Jahre alt, etwa die »Kamelie der Zehntausend Blüten« in einem Kloster in der Nähe von Lijiang. Im Westen bekannt wurde die Pflanze durch Captain Rawes von der East India Company, der 1820 eine Sorte aus Kanton nach London brachte. Sie blühte erstmals 1826 und ist noch heute unter dem Sortennamen 'Captain Rawes' erhältlich.

Die Sorten der Chinesischen Kamelie haben gefüllte, bis zu 23 cm große Blüten; die kleineren Wildformen weisen nur Blüten mit 5–7 Kronblättern auf.

Ylang-Ylang

Cananga odorata

Höhe: bis 15 m
Typus: immergrüner Laubbaum
Verbreitung: tropisches Südostasien bis Nordaustralien
Standort: tropische Tieflandregenwälder und Kletterpflanzendickichte
Abteilung: Bedecktsamer (Angiospermae): Zweikeimblättrige
Familie: Annonengewächse (Annonaceae)

Die Ylang-Ylang gehört zur großen Familie der Annonengewächse, die tropische Bäume und Kletterpflanzen umfasst und vor allem für den angenehm süßen Duft ihrer Blüten berühmt ist. Das ätherische Öl der Pflanze ist Bestandteil einiger der teuersten Parfüms der Welt, u. a. von Chanel No. 5, das Ernest Beaux um 1920 kreierte. Das Öl ist ausgesprochen wertvoll, 1 ml wird aus 500 g frischer, handverlesener Blüten destilliert. Der exotisch klingende Name »Ylang-Ylang« ist die Bezeichnung des Baumes in der philippinischen Sprache Tagalog; in dieser Gegend wurde das Öl erstmals gewonnen. Zur Gattung gehören nur 2 Arten; in den Tropen ist der Baum auch ein beliebtes Ziergehölz.

Einige Merkmale der Blüte verweisen auf ihr frühes Auftauchen unter den Bedecktsamern. Ihr Duft lockt Käfer zur Bestäubung an, die ebenfalls eine lange Evolutionsgeschichte haben.

Saguarokaktus

Carnegiea gigantea

Höhe: bis 15 m
Typus: blattlose Sukkulente
Verbreitung: südliches Kalifornien und Arizona, USA; Sonora-Wüste, Mexiko
Standort: arides Buschland, auf Ebenen und niedrigen felsigen Hügeln
Abteilung: Bedecktsamer (Angiospermae): Zweikeimblättrige
Familie: Kakteengewächse (Cactaceae)

Der Kaktus mit den nach oben weisenden »Armen« ist zum Symbol der Wüsten Arizonas geworden. Er gehört zu den größeren Mitgliedern der Kaktusfamilie, wiegt bis zu 2 t und erreicht einen Stammdurchmesser von 1 m. Er ist jedoch nur eine von vielen Baumkakteen aus Mexiko und Südamerika; einige werden noch größer und bilden noch mehr Äste aus. Wie die meisten anderen Kakteen hat auch der Saguaro keine Blätter, die Photosynthese findet in dem grünen Stamm statt. Er ist die einzige Art der Gattung *Carnegiea*, die 1908 zu Ehren des Philanthropen Andrew Carnegie so benannt wurde. Ihren volkstümlichen Namen (suh-wah-ru gesprochen) erhielt die Pflanze von den amerikanischen Ureinwohnern bzw. den frühen spanischen Siedlern.

Der Stamm des Saguaro ist durch mehrere Rippen geprägt. Sie können sich akkordeonähnlich zusammenziehen und verringern so den Stammdurchmesser in Dürreperioden.

Schuppenrindenhickory

Carya ovata

Höhe: bis 30 m
Typus: im Winter Laub abwerfender Laubbaum
Verbreitung: USA, östlich von Kansas; äußerster Südosten Kanadas
Standort: Laubwälder, auf Alluvialböden in Niederungen und an den Ufern großer Ströme
Abteilung: Bedecktsamer (Angiospermae): Zweikeimblättrige
Familie: Walnussgewächse (Juglandaceae)

Hickorys, Erdkastanien und Pekannüsse sind nahe Verwandte der Walnuss (Gattung *Juglans*) und bilden ihrerseits die Gattung *Carya*. Die 17 Arten sind hauptsächlich in Nordamerika heimisch, einige stammen auch aus dem östlichen Asien. Ihre Nüsse sind – ähnlich wie Walnüsse – sehr ölhaltig, nahrhaft und manchmal bitter. Die Blätter sind gefiedert und bei den kräftigen jungen Schösslingen meist sehr groß. Hickoryholz schätzt man aus 2 Gründen: Es ist stabil genug, um zu Werkzeuggriffen verarbeitet zu werden, und sein Rauch verleiht geräuchertem Fleisch ein charakteristisches Aroma. Die Borke der Schuppenrindenhickory ist ebenfalls sehr auffällig: Sie schält sich in langen, dicken Platten ab und hinterlässt einen »gerupft« aussehenden Stamm.

Der Baum würde aufgrund seiner Herbstfärbung auch gut in Parks und Gärten passen, wächst aber sehr langsam und lässt sich nur schwer verpflanzen. Die Nüsse schmecken süß.

Kasuarine

Casuarina equisetifolia

Höhe: bis 25 m
Typus: immergrüner Laubbaum
Verbreitung: tropisches Australien; südliches Asien; Inseln im Pazifik und Indischen Ozean
Standort: an Stränden und in Wäldern hinter Stränden, vornehmlich auf Sandböden
Abteilung: Bedecktsamer (Angiospermae): Zweikeimblättrige
Familie: Kasuarinengewächse (Casuarinaceae)

Die Kasuarine ist nur im botanischen Sinn ein Laubbaum – auf den ersten Blick sieht sie wie ein Nadelbaum aus: Sie hat Nadeln, keine offensichtlichen Blüten und Samen in Zapfen. Doch die »Nadeln« sind in Wahrheit Zweige mit winzigen Blättchen. Die eingeschlechtigen Blüten werden vom Wind bestäubt. Die »Zapfen« bestehen aus kleinen, holzigen Deckblättern, die aufbrechen, wenn sie reif sind, und Flügelfrüchte freisetzen. Neuen Forschungen zufolge sind Kasuarinen am engsten mit den Birken und Erlen der nördlichen Erdhalbkugel verwandt; wie bei den Erlen verbinden sich auch die Wurzeln der Kasuarine mit dem Aktinobakterium *Frankia,* das Stickstoff aus der Luft binden kann.

Die Kasuarine wird in den Tropen und Subtropen als Brennholzlieferant angepflanzt; zudem schützt sie vor Bodenerosion. In Florida ist der Baum als »Australische Kiefer« bekannt.

Libanonzeder

Cedrus libani

Höhe: bis 45 m
Typus: immergrüner Nadelbaum
Verbreitung: Libanon; Syrien; südliche Türkei
Standort: gemäßigte Nadelwälder, an Berghängen auf 1200–2200 m
Abteilung: Nadelholzgewächse (Pinophyta)
Familie: Kieferngewächse (Pinaceae)

Die majestätische Konifere ist sogar aus der Bibel bekannt und als Silhouette auf der Nationalflagge nach wie vor ein Symbol des Libanon. Ihr natürliches Vorkommen dort hat jedoch drastisch abgenommen – obwohl es noch mehr als nur ein paar Bäume im Libanon-Gebirge gibt, wie manchmal behauptet wird. Am häufigsten kommt sie im türkischen Taurus-Gebirge vor. Zudem findet man die Gattung *Cedrus,* eine nahe Verwandte der Tannen (*Abies* sp.), vereinzelt im westlichen Himalaja sowie in Marokko, Algerien, Syrien und auf Zypern. Bislang unterschied man 4 Arten; neuere Studien regen an, 3 davon unter dem Namen *C. libani* zusammenzufassen. Demzufolge bliebe die Himalaja-Zeder *(C. deodara)* als einzige weitere Art.

Die Verzweigung beginnt weit unten am Stamm, die Äste wachsen spitzwinkelig nach oben. Um 1650 gelangte die Art nach England, wo es jahrhundertealte Exemplare gibt.

Kapokbaum

Ceiba pentandra

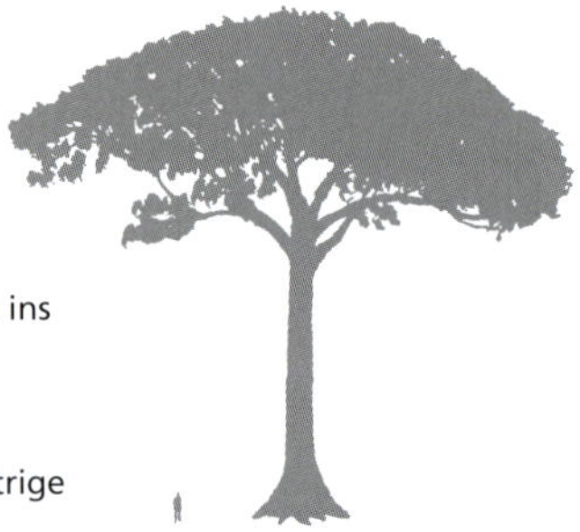

Höhe: bis 70 m
Typus: in der Trockenzeit Laub abwerfender Laubbaum
Verbreitung: tropisches Afrika und Amerika; eingeführt ins tropische Asien
Standort: tropischer Regenwald und Kletterpflanzendickichte, meist in Talsohlen auf fruchtbarem Boden
Abteilung: Bedecktsamer (Angiospermae): Zweikeimblättrige
Familie: Malvengewächse (Malvaceae)

Dieser Tropenbaum ist vor allem als Quelle der baumwollähnlichen Kapokfasern bekannt, die mittlerweile jedoch weitgehend von synthetischen Fasern verdrängt wurden. Möglicherweise ist der Kapok auch der höchste in Afrika heimische Baum. Vermutlich gelangte er vor rund 1500 Jahren aufgrund seiner nützlichen Fasern und essbaren jungen Früchte und Triebe über Madagaskar nach Indonesien und ins restliche Asien. Heute verwendet man Kapok als Füllmittel für Matratzen, Kissen, Schwimmwesten und als Kühlschrankisolation. Die Fasern sind die Härchen auf den ölhaltigen Samen, die aus der Frucht herausplatzen, wenn sie reif sind.

Der Kapokbaum mit seinem geraden, glatten Stamm wächst schnell. In der Trockenzeit trägt er cremefarbene Blüten. Dann entwickeln sich lange, hängende Früchte.

Gewöhnlicher Judasbaum

Cercis siliquastrum

Höhe: bis 12 m
Typus: im Winter Laub abwerfender Laubbaum
Verbreitung: östlicher Mittelmeerraum; Mittlerer Osten
Standort: sommergrüne Laubwälder und semiarides Buschland
Abteilung: Bedecktsamer (Angiospermae): Zweikeimblättrige
Familie: Hülsenfrüchtler (Leguminosae)

Wie der Name vermuten lässt, stammt der Gewöhnliche Judasbaum aus der Nähe von Jerusalem; der Legende nach soll sich Judas an einem solchen Baum erhängt haben. Die Gattung *Cercis* ist botanisch sehr interessant: Fossilienfunde lassen sich auf fast 40 Mio. Jahre zurückdatieren. Zudem belegen molekularbiologische Studien, dass sie zu einer kleinen Gruppe von Gattungen gehört, die sich schon früh vom Hauptzweig der Hülsenfrüchtler abgespalten haben – bevor sich die heute bekannten Unterfamilien Schmetterlingsblütler (Faboideae), Mimosen- (Mimosoideae) und Johannisbrotgewächse (Caesalpinioideae) entwickelten. Die meisten Arten der Gattung *Cercis* sind in Nordamerika und Ostasien heimisch.

Die Blüten erscheinen zur Mitte des Frühlings an den nackten Zweigen. Äußerlich ähneln sie Schmetterlingsblüten, sind jedoch anders aufgebaut.

Florettseidenbaum

Chorisia speciosa

Höhe: bis 30 m
Typus: in der Trockenzeit Laub abwerfender Laubbaum
Verbreitung: südwestliches Brasilien; nördliches Argentinien; Paraguay; Bolivien; südliches Peru
Standort: Savanne und trockene Hügelwälder, vorwiegend unter 900 m
Abteilung: Bedecktsamer (Angiospermae): Zweikeimblättrige
Familie: Malvengewächse (Malvaceae)

Der Florettseidenbaum ist einer der schönsten tropischen Bäume: Ab der frühen Trockenzeit bzw. vom Frühherbst bis zum Frühwinter trägt er unzählige, 10–15 cm große, rosafarbene Blüten. Sie öffnen sich mit dem Fallen der letzten Blätter und verbleiben an den blattlosen Zweigen. Jedes der 5 großen Kronblätter hat eine cremefarbene Basis mit violett-braunen Streifen, die am äußeren Rand ins hell Rosafarbene changieren. Die Frucht des Baums ist birnenförmig, bis 20 cm lang und enthält in Kapok eingebettete Samen – ähnlich wie bei der Gattung *Ceiba,* weshalb die moderne Biologie davon ausgeht, dass es sich gar nicht um getrennte Gattungen handelt.

Der Stamms des jungen Baums ist mit Stacheln übersät. In warm-gemäßigten Gegenden wie Kalifornien und Ostaustralien ist der Florettseidenbaum als Zierpflanze beliebt.

Echter Zimtbaum

Cinnamomum verum

Höhe: bis 12 m
Typus: immergrüner Laubbaum
Verbreitung: Südindien; Sri Lanka
Standort: tropischer Regenwald; in Gegenden mit hohen Niederschlägen kultiviert, auf fruchtbarem Boden
Abteilung: Bedecktsamer (Angiospermae): Zweikeimblättrige
Familie: Lorbeergewächse (Lauraceae)

Die Gattung *Cinnamomum* umfasst zahlreiche Arten, deren Rinde Verwendung findet; am wertvollsten ist jedoch die des Echten Zimtbaums. Schon die alten Griechen kannten das berühmte Gewürz, vermutlich erhielten sie es von phönizischen Händlern – botanischer und geografischer Ursprung des Zimts dürfte beiden kaum bekannt gewesen sein. Der Gattungsname leitet sich vom griechischen »kinnamon« ab, das seinerseits wahrscheinlich aus dem semitischen Sprachraum stammt. In ihren Herkunftsländern wird die Pflanze schon seit Jahrtausenden genutzt, etwa in der Gewürzmischung Garam Masala. Der Baum gehört der vornehmlich tropischen Familie der Lorbeergewächse an, deren Rinde und Blätter fast alle über aromatische ätherische Öle verfügen.

Auf Plantagen schneidet man die Bäume zurück, um das Wachstum der Stämme anzuregen. Die Schicht zwischen Borke und Mittelrinde kommt getrocknet als Zimtstangen auf den Markt.

Kokospalme

Cocos nucifera

Höhe: bis 30 m
Typus: Fiederpalme
Verbreitung: tropisches Indien und pazifische Inseln; ursprüngliche Heimat unbekannt
Standort: sandige Küsten, aber in den Niederungen der Tropen überall kultiviert
Abteilung: Bedecktsamer (Angiospermae): Einkeimblättrige
Familie: Palmengewächse (Arecaceae)

Die Kokospalme, bekannt als Werbeklischee für Strandhotels, ist eine der wichtigsten Nutzpflanzen der Tropen. Sie gedeiht, wo sonst kaum etwas anderes wächst, beispielsweise auf hurrikangebeutelten Atollen. Fast alle Teile der Pflanze werden genutzt: die endständigen Knospen als Palmherzen im Salat, die Stämme älterer Bäume für den Hausbau. Die ganzjährig getragene Frucht birgt das berühmte Fruchtfleisch unter ihrer dicken, fasrigen Schale, das ebenso wie die Milch aus der feinen asiatischen Küche nicht wegzudenken ist. Auch Öl und Fasergarn (Coir) werden weltweit gehandelt.

Die Samen der an entlegenen Stränden wachsenden Palmen wurden oft vom Meer angespült. Im salzigen Meerwasser bleiben sie bis zu 2 Wochen lang keimfähig.

Talipotpalme

Corypha umbraculifera

Höhe: bis 18 m
Typus: Fächerpalme
Verbreitung: tropisches Festland Asiens; genauer Ursprung aufgrund der Verbreitung durch den Menschen unbekannt
Standort: geschädigte Wälder und Busch auf Alluvialböden, in Talsohlen und auf Ebenen
Abteilung: Bedecktsamer (Angiospermae): Einkeimblättrige
Familie: Palmengewächse (Arecaceae)

Am beeindruckendsten an der Talipotpalme sind ihre riesigen Wedel und ihre Art zu blühen: Nach 20–40 Jahren Wachstum bringt sie 1 riesige endständige Rispe hervor, an der rund 1 Mio. Blüten hängen. Während die nachfolgenden, 4 cm großen Früchte heranreifen, stirbt die Palme langsam ab. Die Talipotpalme ist zwar nicht die einzige Palme, die so wächst, aber die größte. Frühe europäische Indien-Reisende berichteten davon, wie die Einheimischen einzelne Palmwedel, die einen Durchmesser von bis zu 3 m erlangen können, als Sonnenschirme verwendeten, unter denen 15–20 Menschen Platz fanden.

Im späten Blütestadium sterben die Wedel unter der riesigen Rispe langsam ab. Der Palmenstamm liefert Stärke für Sago, Blattsegmente dienen als Schreibmaterial.

Kanonenkugelbaum

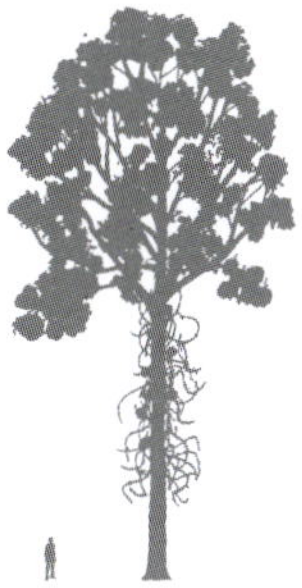

Couroupita guianensis

Höhe: bis 35 m
Typus: immergrüner Laubbaum
Verbreitung: Südamerika, von Panama bis zum Amazonas
Standort: Tieflandregenwald, auf tiefgründigen Alluvialböden
Abteilung: Bedecktsamer (Angiospermae): Zweikeimblättrige
Familie: Topffruchtbaumgewächse (Lecythidaceae)

Warum der Baum Kanonenkugelbaum heißt, sieht man auf den ersten Blick: Die harten und holzigen Früchte haben einen Durchmesser von ca. 20 cm, sie umschließen ein unangenehm riechendes Mark, in das die Kerne eingebettet sind. Blühende Zweige, die direkt aus dem unteren Teil des Stamms wachsen und jedes Jahr länger werden, produzieren stetig farbenprächtige und große Blüten. Diese Art der Stammblütigkeit bezeichnet man auch als Kauliflorie. Der Baum gehört derselben Pflanzenfamilie an wie die ebenfalls am Amazonas gedeihende Paranuss. Die Familie ist u. a. durch große, komplex aufgebaute Blüten mit zahlreichen Staubblättern gekennzeichnet, die von Käfern oder Fledermäusen bestäubt werden.

In tropischen Gärten zieht der Kanonenkugelbaum immer wieder die Aufmerksamkeit auf sich. Das Fruchtmark ist vor allem bei Halsbandpekaris beliebt, die die Samen verbreiten.

Kalebassenbaum

Crescentia cujete

Höhe: bis 10 m
Typus: in der Trockenzeit Laub abwerfender Laubbaum
Verbreitung: Westindische Inseln; Mittel- und Südamerika
Standort: Savanne, Kletterpflanzendickichte und geschädigte Wälder
Abteilung: Bedecktsamer (Angiospermae): Zweikeimblättrige
Familie: Trompetenbaumgewächse (Bignoniaceae)

Der Name Kalebassenbaum ist zweideutig: Er kann sich auf diesen kleinen Baum der Trompetenbaumfamilie oder auf den Flaschenkürbis *(Lagenaria siceraria)* beziehen. Die Musikinstrumente werden vorwiegend aus letzterem gefertigt. Die Früchte des Kalebassenbaums haben eine harte Schale, einen Durchmesser von 15–30 cm und enthalten ein essbares, süßsaures Fruchtfleisch, in das zahlreiche Samen eingebettet sind. Die duftenden Blüten sind trompetenförmig, creme- bis rosafarben bräunlich und wachsen augenscheinlich direkt aus den dicken unteren Zweigen. Vielleicht werden sie deshalb von Fledermäusen bevorzugt, die ihren Nektar trinken und sie bestäuben – durch die Position der Blüten können diese sie mittels Echolot leichter aufspüren.

Der Kalebassenbaum ist stammblütig. Die getrockneten, ausgehöhlten Früchte finden vielerlei Verwendung: als Ess- und Trinkschalen, Ziergegenstände und Musikinstrumente.

Echte Zypresse, Mittelmeerzypresse

Cupressus sempervirens

Höhe: bis 34 m
Typus: immergrüner Nadelbaum
Verbreitung: südliches Griechenland; südliche Türkei; Libyen; Zypern; Syrien; nördlicher Iran
Standort: gemäßigte Nadelwälder, Buschland, an felsigen Berghängen und in Schluchten
Abteilung: Nadelholzgewächse (Pinophyta)
Familie: Zypressengewächse (Cupressaceae)

Dieser Baum ist auch als Trauerzypresse oder Italienische Zypresse bekannt, da man ihn seit langem mit Friedhofsbepflanzungen und italienischen Landschaften assoziiert. Wahrscheinlich liegen seine Ursprünge jedoch weiter östlich. Seine schmale, säulenähnliche Form ist nicht genetisch fixiert, sondern wurde über Jahrhunderte hinweg gezüchtet. Die »Urform« ist breiter, mit eher horizontal wachsenden Zweigen. Die Mittelmeerzypresse ist der einzige europäische Vertreter der 20 *Cupressus*-Arten; die Hälfte davon ist in den westlichen USA und Mexiko heimisch, die übrigen im östlichen Asien, im Himalaja und im Mittelmeerraum.

Schon im alten Rom war die Mittelmeerzypresse bei der Landschaftsgestaltung beliebt. Sie wurde auch aufgrund ihres heute nur schwer erhältlichen widerstandsfähigen Holzes geschätzt.

Schwarzer Baumfarn

Cyathea medullaris

Höhe: bis 18 m
Typus: Baumfarn
Verbreitung: Neuseeland; Fidschi; Tahiti; Marquesas und andere Südseeinseln
Standort: tropischer und subtropischer Regenwald und Buschland, oft in ökologisch geschädigten Gebieten
Abteilung: Gefäßsporenpflanzen (Pteridophyta): Farne (Pteridopsida) **Familie:** Becherfarngewächse (Cyatheaceae)

Der Schwarze Baumfarn gehört zu den größten Baumfarnen der Welt und wächst in fast ganz Neuseeland. Die Farnwedel können bis zu 6 m lang und 2 m breit werden, am Stamm finden sich an den Stellen, an denen alte Wedel abgestorben sind, tiefe Narben. Der Baum produziert wie alle Baumfarne kein Holz; in dem weichen, saftreichen Speichergewebe findet sich lediglich ein Gerippe widerstandsfähiger, lederartiger Faserstränge. Unter Druck verleihen die Fasern der Pflanze Stabilität, das Speichergewebe sorgt für Flexibilität. Der untere Teil des Stamms ist von einer dichten Schicht nach außen hin abgestorbener Luftwurzeln umgeben, die die Pflanze zusätzlich stützen.

Die Unterseite der Wedel ist mit Sporenhäufchen übersät, die die staubähnlichen Sporen freisetzen – bei jedem Farn Millionen von Sporen, die vom Wind verbreitet werden.

Taschentuchbaum, Taubenbaum

Davidia involucrata

Höhe: bis 24 m
Typus: im Winter Laub abwerfender Laubbaum
Verbreitung: Gebirge in Zentralchina
Standort: sommergrüne Laubwälder, an steilen Berghängen
Abteilung: Bedecktsamer (Angiospermae): Zweikeimblättrige
Familie: Tupelogewächse (Nyssaceae)

Kaum ein anderer Baum aus China hat so viel Aufsehen erregt wie der Taschentuchbaum, als er um 1900 erstmals nach Westeuropa gelangte. Die weißen, bis zu 20 cm langen Deckblätter, die im späten Frühjahr die hängenden, kopfig gedrängten Blütenstände umschließen, bieten einen spektakulären Anblick. Entdeckt wurde die Art 1869 von dem französischen Missionar und Naturforscher Armand David; die Exemplare, die er nach Paris sandte, stufte man als neue Gattung ein und benannte sie ihm zu Ehren. Samen der Pflanze konnten jedoch erst gegen Ende des 19. Jahrhunderts nach Frankreich geschickt werden, und nur 1 Sämling der ersten Tranche überlebte. Nach und nach gelang es jedoch, Pflanzen erfolgreich in Frankreich und England aufzuziehen.

Die Blütenstände umfassen viele dunkelviolette männliche Blüten und meist nur 1 grüne weibliche Blüte. Die Deckblätter dienen bestäubenden Insekten vermutlich zur Orientierung.

Flammenbaum

Delonix regia

Höhe: bis 18 m
Typus: in der Trockenzeit Laub abwerfender Laubbaum
Verbreitung: westliches Madagaskar; in den Tropen weit verbreitet
Standort: tropische Laubwälder, Savanne und Buschland an felsigen Berghängen
Abteilung: Bedecktsamer (Angiospermae): Zweikeimblättrige
Familie: Hülsenfrüchtler (Leguminosae)

Der Flammenbaum gehört zu den am auffälligsten blühenden Bäumen der Tropen. Bekannt ist er auch als Poinciana, da er früher der Gattung gleichen Namens zugeordnet wurde; in Indien nennt man ihn »gul mohur« (goldene Blume). In seiner Heimat Madagaskar gehört er inzwischen zu den bedrohten Arten, da sein Lebensraum ständig abnimmt und sein Holz als Holzkohle verwendet wird. In anderen Ländern gedeiht er dagegen recht gut. Der Baum trägt große und zahlreiche Blüten mit 4 scharlachroten Kronblättern und 1 etwas längeren mit weißen, orange- und lilafarbenen Streifen.

Die schirmartige Krone des Flammenbaums trägt am Ende der tropischen Trockenzeit bis in die Regenzeit hinein leuchtend scharlachrote Blüten. Danach entfaltet sich gefiedertes Laub.

Drachenbaum

Dracaena draco

Höhe: bis 12 m
Typus: immergrünes halbsukkulentes Schwertblatt
Verbreitung: Kanarische Inseln; Madeira; Kapverdische Inseln; westliches Marokko
Standort: semiarides Buschland, Berghänge und Wasserläufe
Abteilung: Bedecktsamer (Angiospermae): Einkeimblättrige
Familie: Mäusedorngewächse (Ruscaceae)

Den Namen Drachenbaum verdankt diese Pflanze nicht ihrer Form, sondern dem dunkelroten, kristallinen Harz, das austritt, wenn man Stamm oder Äste einkerbt. Dieses »Drachenblut« war einst aufgrund seiner medizinischen Eigenschaften hoch geschätzt. Hauptquelle des vielseitigen Harzes sind jedoch eine Palme aus dem tropischen Asien sowie andere *Dracaena*-Arten aus dem nordöstlichen Afrika. Sehr nah verwandte Drachenbaumarten findet man generell im ganzen tropischen Afrika und Asien. Der langlebige Baum wächst langsam; manchmal dauert es bis zu 20 Jahre, bevor die erste Blütenrispe an der Spitze des Stamms erscheint. Seitentriebe bilden sich erst nach der Blüte; von diesen braucht jeder wiederum etwa 10 Jahre, bevor er selbst Blüten trägt.

An den unteren Ästen alter Drachenbäume kann man dunkle Flecken getrockneten Harzes erkennen. Die teilungsfähigen Zellen im Stamm produzieren kein echtes Holz.

Durianbaum

Durio zibethinus

Höhe: bis 30 m
Typus: immergrüner Laubbaum
Verbreitung: westliches Malaysia und Indonesien; genauer Ursprung aufgrund der Verbreitung durch den Menschen unbekannt
Standort: tropische Regenwälder, in Flusstälern, in Gegenden mit mehr als 1500 mm Niederschlag pro Jahr
Abteilung: Bedecktsamer (Angiospermae): Zweikeimblättrige
Familie: Malvengewächse (Malvaceae)

Der Durianbaum war bei europäischen Reisenden in Südostasien berüchtigt – der ausgesprochen unangenehme Geruch der Frucht, die man sehr plastisch auch als Stinkfrucht bezeichnet, kostete schon einige Überwindung, bevor man sie aufgrund ihres guten Geschmacks schätzen lernen konnte. Doch nicht alle Durianfrüchte stinken nach alter Seife und Käse; es hängt von der Sorte und vom Reifegrad ab. Das Fruchtfleisch umschließt einzelne große Samen und schmeckt – wie erwähnt – überraschend köstlich. Auf einigen Märkten Sumatras probieren Kenner verschiedene Früchte und diskutieren die jeweiligen Geschmacksnuancen. Der Durianbaum gedeiht nur im tropischen Flachland.

Die Frucht hat eine harte, holzige Schale mit Stacheln, die sie offenbar vor Orang-Utans und Bären schützen soll. Die süß duftenden Blüten werden von Fledermäusen bestäubt.

Roter Eukalyptus

Eucalyptus camaldulensis

Höhe: bis 45 m
Typus: immergrüner Laubbaum
Verbreitung: Australien; weit verbreitet außer auf Tasmanien
Standort: an Flussufern, saisonal überschwemmten Ebenen und in Flussbetten, in denen nur zeitweilig Wasser fließt
Abteilung: Bedecktsamer (Angiospermae): Zweikeimblättrige
Familie: Myrtengewächse (Myrtaceae)

Dieser Baum zählt aus 2 Gründen zu den wichtigsten der über 800 Eukalyptusarten, die fast ausschließlich in Australien vorkommen. Zum einen ist er überall in Australien heimisch. Zum anderen ist er der weltweit am häufigsten in Plantagen angepflanzte Baum der Tropen und Subtropen – zumindest unter den Bäumen, die nicht als Nahrungsquelle kultiviert werden. Der Rote Eukalyptus wächst schnell und hat in seiner Jugend keine großen Äste; sein Holz dient als Brennholz ebenso wie zum Bau von Häusern, Zäunen und Gerüsten. In Brasilien werden große Mengen des Holzes zur Stromerzeugung verbrannt. Innerhalb der Art herrscht eine riesige genetische Vielfalt; einige Eukalyptusbäume sind bestens an Dürre, Hitze und karge Böden angepasst.

In Australien kann man riesige alte, weit ausladende Rote-Eukalyptus-Bäume sehen; als Forstgehölz ist er eher von schlankem Wuchs.

Rieseneukalyptus

Eucalyptus regnans

Höhe: bis 98 m
Typus: immergrüner Laubbaum
Verbreitung: Tasmanien und südliches Victoria, Australien
Standort: hohe Eukalyptuswälder, am Fuße regenreicher Berge sowie in niedrigeren Höhen im Gebirge
Abteilung: Bedecktsamer (Angiospermae): Zweikeimblättrige
Familie: Myrtengewächse (Myrtaceae)

Der Rieseneukalyptus ist nicht nur die größte *Eucalyptus*-Art und der am höchsten werdende Baum Australiens, sondern auch der höchste Nicht-Nadelbaum der Welt. Größere Höhe erreichen nur Exemplare des nordamerikanischen Küstenmammutbaums *(Sequoia sempervirens)* und der Douglasie *(Pseudotsuga menziesii)*. Einige vor über 100 Jahren in Australien gefällte Rieseneukalyptusbäume sollen sogar noch größer gewesen sein und eine Höhe von über 120 m erreicht haben – damit wären sie höher gewesen als alle heute existierenden Küstenmammutbäume. Das Holz des Baums ist hell und ähnelt dem der Esche (Gattung *Fraxinus*); mit der europäischen Eberesche (Gattung *Sorbus*) weist der Rieseneukalyptus dagegen keine Ähnlichkeit auf.

Nach einem Waldbrand keimen die Samen des Rieseneukalyptus schnell wieder und wachsen rasch zu Wäldern heran. Absterbende Äste hinterlassen einen glatten Stamm.

Kandelaberwolfsmilch

Euphorbia ingens

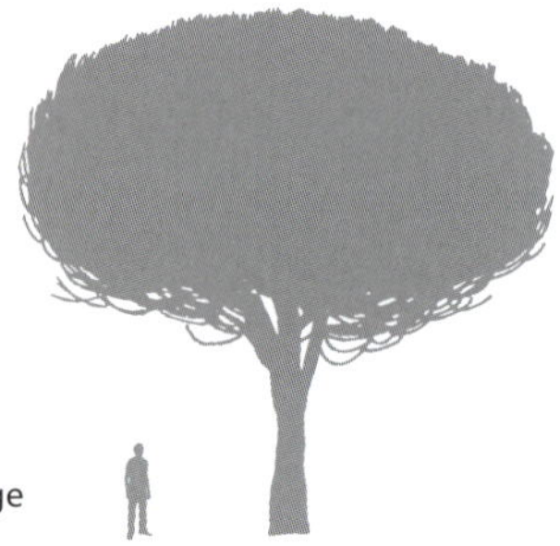

Höhe: bis 12 m
Typus: blattlose Sukkulente
Verbreitung: tropisches und subtropisches östliches Afrika, von Kenia bis Südafrika
Standort: semiarides Buschland und Savanne; auf tiefen, sandigen Böden oder felsigen Hügeln
Abteilung: Bedecktsamer (Angiospermae): Zweikeimblättrige
Familie: Wolfsmilchgewächse (Euphorbiaceae)

Mit rund 2000 Arten ist die Gattung *Euphorbia* möglicherweise die größte und vielfältigste unter den Bedecktsamern. Sie findet sich in fast allen Teilen der Welt und umfasst winzige, niederliegende einjährige Pflanzen ebenso wie große Bäume. Gemeinsam sind allen ein zähflüssiger, beißender Milchsaft und die Anordnung der kleinen, kronblattlosen Blüten zu Scheinblüten (Cyathien). Etwa 850 *Euphorbia*-Arten haben sich zu überwiegend blattlosen Sukkulenten mit dickem, häufig stachelbewehrtem Stamm entwickelt. Die meisten davon sind in Afrika heimisch. Allein in Südafrika gibt es um die 20 *Euphorbia*-Baumarten, die bis 18 m groß werden können.

Die Kandelaberwolfsmilch ist eine der größten Baumeuphorbien. An den 4–5 »Armen« des Stamms sitzen kurze Stacheln. Im Alter entwickelt der Baum eine kandelaberähnliche Form.

Rotbuche

Fagus sylvatica

Höhe: bis 40 m
Typus: im Winter Laub abwerfender Laubbaum
Verbreitung: in ganz Europa außer Großbritannien; westliche Türkei
Standort: sommergrüne Laubwälder, meist in Tälern oder auf niedrigen Hügeln, auf gut feuchten Böden
Abteilung: Bedecktsamer (Angiospermae): Zweikeimblättrige
Familie: Buchengewächse (Fagaceae)

Die Rotbuche ist bei den Engländern sehr beliebt – ein natürliches Vorkommen hat sie in Großbritannien jedoch nicht. Wahrscheinlich führten schon steinzeitliche Völker den Baum dort ein und nutzen die Bucheckern als Nahrungsquelle. Sie ist eine von etwa 10 *Fagus*-Arten, die auf der Nordhalbkugel in Europa, Asien und Amerika heimisch sind. In ihren botanischen Merkmalen unterscheiden sie sich kaum voneinander, eher schon in Größe und Form. Die Rotbuche wächst schnell und ist verglichen mit Eichen (Gattung *Quercus*) kurzlebig, ihr Stamm erreicht jedoch einen Durchmesser von 2 m. Das feinkörnige Holz lässt sich leicht bearbeiten und eignet sich somit für Möbel.

Buchen weisen schlanke Stämme mit glatter grauer Rinde und dünne, glänzende Blätter auf, die sich sanft im Wind wiegen. Im Herbst nehmen die Blätter eine rötlichbraune Färbung an.

Banyanfeige, Banyanbaum

Ficus benghalensis

Höhe: bis 25 m
Typus: immergrüner Laubbaum
Verbreitung: Indien; Pakistan; Nepal; in niedrigeren Höhen
Standort: tropische Regenwälder und Kletterpflanzendickichte, auf tiefgründigem, fruchtbarem Boden
Abteilung: Bedecktsamer (Angiospermae): Zweikeimblättrige
Familie: Maulbeergewächse (Moraceae)

Die Banyanfeige ist vor allem dafür bekannt, dass ihre Luftwurzeln von dicken, ausladenden Ästen eines Wirtsbaumes zum Boden wachsen, um zusätzliche Stämme zu bilden. Mit der Zeit kann ein einzelner Baum so zu einem ganzen »Wald« werden, auf denen ein einziges Blätterdach ruht. Einige berühmte Exemplare in Indien und auf Sri Lanka erstrecken sich über mehrere Quadratmeter und sind jahrhundertealt. Zwar bilden viele der weltweit rund 800 Feigenarten (Gattung *Ficus*) ein System weit verzweigter Luftwurzeln aus – doch wenige tun es dem Banyan gleich. Der Baum ist von kultureller und sozialer Bedeutung; so versammeln sich traditionell die Dorfbewohner unter dem dichten, Schatten spendenden Blätterdach, um Handel zu treiben und Neuigkeiten auszutauschen.

Der zuerst ausgebildete Stamm ist von Stützwurzeln umschlossen und deutlich größer als die Nebenstämme. Bei älteren Bäumen kann er sogar allmählich verrotten.

Würgefeige

Ficus virens

Höhe: bis 40 m
Typus: in der Trockenzeit Laub abwerfender Laubbaum
Verbreitung: tropisches und subtropisches Asien; Indien; Japan; Ostaustralien; Fidschi-Inseln
Standort: tropische und subtropische Regenwälder und Kletterpflanzendickichte, meist in Tälern und Schluchten
Abteilung: Bedecktsamer (Angiospermae): Zweikeimblättrige
Familie: Maulbeergewächse (Moraceae)

Ficus virens ist nur eine von Hunderten von *Ficus*-Arten, die man als Würgefeigen bezeichnet. Der Samen der Würgefeige gelangt in Vogelkot in die Astgabeln anderer Bäume, wo er bei ausreichend Sonnenlicht, Feuchtigkeit und Luftzufuhr zu keimen beginnt. Schon bald entwickelt der Sämling Luftwurzeln, die zum Boden wachsen, sich verdicken, einander umschlingen und bald ein dichtes Netz um den Stamm des Wirtsbaums bilden. Das sich ausbreitende Wurzelsystem behindert den Saftstrom des Wirts und tötet ihn schließlich ab. Der Vorteil für die Würgefeige besteht darin, in der Baumkrone des Wirts bereits in einem sehr frühen Entwicklungsstadium das Sonnenlicht nutzen zu können.

Diese Kaskade von Luftwurzeln stammt von einer großen Würgefeige, die ihren zur Seite geneigten Wirt umschlungen hat. Jede Würgefeige bildet ein anderes Muster aus Wurzeln.

Alerce, Patagonische Zypresse

Fitzroya cupressoides

Höhe: bis 70 m
Typus: immergrüner Nadelbaum
Verbreitung: südliches Chile und Argentinien, zwischen 40 und 43 Grad südlicher Breite
Standort: »Nadelbaum-Regenwälder«, in tiefen Lagen in Regionen mit sehr hohem jährlichem Niederschlag
Abteilung: Nadelholzgewächse (Pinophyta)
Familie: Zypressengewächse (Cupressaceae)

Dieser majestätische Nadelbaum soll größer werden als jeder andere südamerikanische Baum. Mit Sicherheit wird er jedoch älter: Ein Exemplar konnte man anhand seiner Jahresringe auf über 3600 Jahre schätzen. Die spanischen Siedler in Chile nannten den Baum aufgrund seiner Wuchsform und des weichen, und doch widerstandsfähigen Holzes »alerce« (= spanisch Lärche). Erst 1851 ordnete man ihn einer eigenen Gattung zu, die ihren Namen zu Ehren des Kapitäns der Beagle erhielt – Captain Fitzroy war ein Begleiter Darwins. 1834 sichtete er in Chile mehrere Bäume dieser Art mit einen Stammdurchmesser von über 9 m. Der Bestand an Patagonischen Zypressen ist durch Abholzung bedroht.

Die Alerce wächst in Wäldern mit einem jährlichen Niederschlag von über 3000 mm. Das Klima kann mild oder kühl sein, Temperaturen unter null sollten jedoch nicht vorkommen.

Boojum-Baum

Fouquieria columnaris

Höhe: bis 18 m
Typus: sukkulenter, in der Trockenzeit Laub abwerfender Laubbaum
Verbreitung: mittlere Baja California und küstennahe Sonora-Wüste, Mexiko
Standort: sehr heißes, arides Buschland, auf felsigen Hügeln
Abteilung: Bedecktsamer (Angiospermae): Zweikeimblättrige
Familie: Ocotillogewächse (Fouquieriaceae)

In ihrer Heimat, dem nordwestlichen Mexiko, ist die Pflanze als »cirio« (= spanisch Wachskerze) bekannt; den Namen Boojum erhielt sie von den englischsprachigen Einwohnern nördlich der Grenze – er stammt aus Lewis Carrolls Geschichte »Die Jagd nach dem Schnatz«. Auffällig ist die unverzweigte Wuchsform, ein genauer Blick auf Blüten und Blätter enthüllt die Verwandtschaft mit anderen Bedecktsamern. Die 11 *Fouquieria*-Arten beschränkten sich alle auf diese Region in Nordamerika und sind die einzigen Mitglieder der Ocotillogewächse. Diese wiederum sind mit der größeren Familie der Himmelsleitergewächse (Polemoniaceae) verwandt, zu denen auch die Flammenblumen der Gattung *Phlox* gehören.

In der Region Catavina auf der Halbinsel Baja California bilden die Boojum-Bäume mit ihren dornartig verkümmerten Seitentrieben eine surreale Landschaft.

Franklinie

Franklinia alatamaha

Höhe: bis 6 m
Typus: im Winter Laub abwerfender Laubbaum
Verbreitung: Georgia, USA; kein natürliches Vorkommen mehr
Standort: Wälder oder Buschland an sumpfigen Wasserläufen und auf küstennahen Ebenen
Abteilung: Bedecktsamer (Angiospermae): Zweikeimblättrige
Familie: Teestrauchgewächse (Theaceae)

Dieser kleine Baum ist vielleicht das berühmteste Beispiel einer Zierpflanze, die kein natürliches Vorkommen mehr hat, sondern nur aufgrund der Kultivierung durch den Menschen überleben konnte. Die frühen Pflanzenforscher John und William Bartram entdeckten sie 1765 im sandigen Mündungsdelta des Altamaha River in Georgia. Später kehrten sie dorthin zurück, um Samen der Pflanze zu sammeln, die sie in ihrem Garten in Philadelphia aussäten. 1785 nannte ihr Cousin, Humphrey Marshall, die neue Gattung *Franklinia*, zu Ehren von Benjamin Franklin. Die letzte natürlich vorkommende Pflanze der Art sichtete man 1803. Möglicherweise hat die Baumwollzucht zu ihrer Ausrottung in freier Wildbahn geführt. In Gärten hat die Art bis heute überlebt.

Die Blüte der Franklinie ähnelt der der Kamelie. Der Baum blüht im Spätsommer und Frühherbst. Zu dieser Zeit verfärben sich auch die Blätter orange bis weinrot.

Ginkgo

Ginkgo biloba

Höhe: bis 40 m
Typus: Laub abwerfender Nacktsamer
Verbreitung: Zentral- und Ostchina; vermutlich kein natürliches Vorkommen mehr
Standort: gemäßigte Laubwälder, an steilen Berghängen
Abteilung: Ginkgoartige (Ginkgophyta)
Familie: Ginkgogewächse (Ginkgoaceae)

Ein modernes Märchen berichtet davon, dass der Ginkgo in freier Natur ausgerottet war und 1000 Jahre lang nur überleben konnte, weil man einige Exemplare an Tempeln und Klöstern angepflanzt hatte. Doch je besser man die Flora Chinas erforscht, desto wahrscheinlicher wird es, dass es noch einige natürliche Wälder dieser bemerkenswerten Pflanze gibt. Zudem kultivierte man den Baum über Jahrhunderte hinweg der essbaren Samen wegen auch in Japan und Korea. Am erstaunlichsten ist sicherlich, dass sich der Ginkgo seit dem Jura kaum verändert hat; die Pflanzenfamilie geht sogar auf das Perm zurück, ist also fast 270 Mio. Jahre alt. Fossilienfunden zufolge war der Ginkgo bis zum Tertiär auf allen Kontinenten weit verbreitet.

Der Ginkgo ist anspruchslos und langlebig. Im Herbst färben sich seine Blätter goldgelb. Weibliche Bäume tragen große, nackte Samen; die äußere Samenschale riecht unangenehm.

Bago

Gnetum gnemon

Höhe: bis 18 m
Typus: immergrüner Nacktsamer
Verbreitung: Südostasien; westlicher Pazifik vom östlichen Indien bis zu den Fidschi-Inseln
Standort: tropische Regenwälder, meist in der Nähe von Flüssen
Abteilung: Gnetophyta **Familie:** Gnetaceae

Interessant an diesem kleinen, unauffälligen Baum ist der Platz, den seine Gattung, *Gnetum*, in der Evolutionsgeschichte einnimmt. Von dieser Gattung gibt es keinerlei Fossilienfunde. Molekularbiologische Studien zeigen jedoch eine Verwandtschaft mit 2 völlig anders aussehenden Gattungen: der *Welwitschia* aus der namibischen Wüste und der auf der nördlichen Hemisphäre heimischen *Ephedra* (Meerträubel). Alle 3 zusammen bilden die Abteilung der Gnetophyten, die am nächsten noch mit den Nadelholzgewächsen verwandt ist. Die Pflanzen sind echte Nacktsamer und bilden weibliche und männliche Kätzchen aus, manchmal an verschiedenen Bäumen. Die großen Samen einiger Arten sind essbar. Insgesamt gibt es 28 Arten, der Bago ist jedoch der einzige Baum.

Die Vergrößerung eines Bago-Kätzchens zeigt männliche (cremefarbene) und weibliche (grüne) Organe. Die Blätter erinnern an die der nicht verwandten Bedecktsamer.

Australische Silbereiche

Grevillea robusta

Höhe: bis 40 m
Typus: teilweise Laub abwerfender Laubbaum
Verbreitung: südöstliches Queensland und nordöstliches Neusüdwales, Australien
Standort: trockenere subtropische Regenwälder, auf fruchtbaren Böden
Abteilung: Bedecktsamer (Angiospermae): Zweikeimblättrige
Familie: Silberbaumgewächse (Proteaceae)

Die *Grevillea* ist die größte Gattung der Silberbaumgewächse, findet sich fast ausschließlich auf der Südhalbkugel und ist für ihre dekorativen Blütenstände bekannt. Die Mehrheit der Silberbaumgewächse sind immergrüne Sträucher, so auch die meisten *Grevillea*-Arten. Die Strauchform entwickelte sich wahrscheinlich erst vor Kurzem, Bäume wie die Silbereiche stellen die Urform dar. 357 der 362 *Grevillea*-Arten sind in Australien heimisch; die übrigen 5 finden sich in Neukaledonien, Neuguinea und Sulawesi. Die Silbereiche ist die größte Art ihrer Gattung; das Holz ist hochgeschätzt und erinnert mit seinen Markstrahlen an Eichen der Gattung *Quercus*. Sie verleihen dem Holz eine silbrig schimmernde Oberfläche – daher der volkstümliche Name.

Die Blüten öffnen sich erst im Spätfrühling, nach dem Abwerfen der Blätter, und liefern Vögeln und Käfern nahrhaften Nektar. In wärmeren Klimazonen wird die Silbereiche häufig kultiviert.

Kautschukbaum

Hevea brasiliensis

Höhe: bis 30 m
Typus: immergrüner Laubbaum
Verbreitung: Amazonasbecken: hauptsächlich Brasilien, aber auch benachbarte Länder
Standort: mittlere Baumschicht tropischer Regenwälder
Abteilung: Bedecktsamer (Angiospermae): Zweikeimblättrige
Familie: Wolfsmilchgewächse (Euphorbiaceae)

Mit der Erfindung des Vulkanisierverfahrens im 19. Jahrhundert wurde Kautschuk als Rohstoff interessant. Mitte des 19. Jahrhunderts kam der begehrteste Kautschuk aus dem brasilianischen Bundesstaat Parà; eine ganze Armee von Arbeitern »molk« die Kautschukbäume. 1875 schmuggelten die Briten Samen des Baums aus Brasilien und pflanzten sie auf Sri Lanka sowie in Singapur an; und schon bald kam von den Plantagen der Malaiischen Halbinsel viel billigerer Kautschuk. Um ihn vom Gummibaum *(Ficus elastica)* und von anderen einst vielversprechenden Kautschuklieferanten zu unterscheiden, nannte man den Baum auch Para-Kautschukbaum; die Art gehört zur großen und vielfältigen Familie der Wolfsmilchgewächse, die fast alle weißen Milchsaft produzieren.

Auf dieser Kautschukplantage in Südostasien wird jeden Morgen eine neue Kerbe in die Rinde der Bäume geschlagen. Der Milchsaft fließt dann in die Auffangbehälter.

Palisanderbaum

Jacaranda mimosifolia

Höhe: bis 25 m
Typus: in der Trockenzeit Laub abwerfender Laubbaum
Verbreitung: südliches Brasilien; Bolivien; Paraguay; nördliches Argentinien
Standort: tropische und subtropische Laubwälder, auf Hochebenen
Abteilung: Bedecktsamer (Angiospermae): Zweikeimblättrige
Familie: Trompetenbaumgewächse (Bignoniaceae)

Der Palisanderbaum gehört zu den wenigen Bäumen, die fast blau blühen – genau genommen changieren die Blüten ins Violette und setzen sich malerisch gegen das Blau des Himmels ab. Meist wird der Baum als tropisch angesehen, gedeiht jedoch am besten in subtropischen Regionen wie Südkalifornien, Ostaustralien und Südafrika sowie im tropischen Hochland Ostafrikas, Mittelamerikas und des nördlichen Südamerika. Der Palisanderbaum ist eine von 35 Arten der Gattung. Einige davon fühlen sich in tropischen Niederungen wohler, manche liefern wertvolles Nutzholz. »Jacaranda«, der Gattungsname kommt aus dem Brasilianischen und wird für mehrere Holzarten verwendet.

Seine farnähnlichen, doppelt gefiederten Blätter verliert der Palisanderbaum im Spätwinter, zu blühen beginnt er im Spätfrühling. Die Blüten werden von Bienen bestäubt.

Schwarznuss

Juglans nigra

Höhe: bis 43 m
Typus: im Winter Laub abwerfender Laubbaum
Verbreitung: östlicher Teil der USA
Standort: gemäßigte Laubwälder, auf tiefgründigen Alluvialböden, an Flüssen und auf Schwemmland
Abteilung: Bedecktsamer (Angiospermae): Zweikeimblättrige
Familie: Walnussgewächse (Juglandaceae)

Die Schwarznuss ist ein vielseitig nutzbarer Baum. Die Nüsse sind zwar kleiner als die der Echten Walnuss *(J. regia)*, schmecken aber genauso gut. Die harte Schale wird gemahlen in der Industrie verwendet, etwa zum Schmirgeln von Metall oder als Füllmaterial für Sprengstoff. Das feinkörnige Holz wird zu Möbeln, Täfelungen und Gewehrschäften verarbeitet, die Fruchthüllen liefern einen gelblichbraunen Farbstoff. Die Schwarznuss lässt sich auf tiefgründigem, fruchtbarem Boden gut in Plantagen anpflanzen. Alle Teile des Baums enthalten den Wirkstoff Juglon, der mit absterbenden Pflanzenteilen in den Boden gelangt und andere, konkurrierende Pflanzen tötet.

Ein ausgewachsener Schwarznussbaum trägt eine ausladende Krone, die Fiederblätter färben sich im Herbst tief gold-orange. Die Schwarznuss produziert viele hartschalige Früchte.

Utah-Wacholder

Juniperus osteosperma

Höhe: bis 12 m
Typus: immergrüner Nadelbaum
Verbreitung: westliche USA, von Kalifornien nordöstlich bis nach Montana und südöstlich bis nach Neumexiko
Standort: semiaride Pinyonkiefern-Wacholder-Wälder und Buschland in 900–2500 m Höhe
Abteilung: Nadelholzgewächse (Pinophyta)
Familie: Zypressengewächse (Cupressaceae)

Diese Pflanze ist typisch für eine Gruppe von Wacholderarten, die riesige Freilandflächen im westlichen Nordamerika besiedeln. Sehr zahlreich ist sie auf den Hochplateaus vertreten, insbesondere in Utah. Sie kommt häufig zusammen mit Pinyonkiefern (*Pinus edulis* und *P. monophylla*) sowie mit mehreren kleinen, immergrünen Eichen vor. Auf der nördlichen Hemisphäre gibt es rund 60 *Juniperus*-Arten, darunter viele extrem winterharte Bäume oder Sträucher. Sie alle sind echte Nadelbäume, die allerdings ungewöhnliche Zapfen bilden. Die Zapfen ähneln kleinen Beeren, da die weichen Schuppen miteinander verwachsen sind. Bei den meisten Arten erinnern die Blätter an Zypressen.

Dieser knorrige Utah-Wacholder wächst am Rand eines Abhangs am Utah National Monument. Die Hopi und die Navajo schätzten ihn u. a. wegen seiner medizinischen Eigenschaften.

Huonkiefer

Lagarostrobos franklinii

Höhe: bis 30 m
Typus: immergrüner Nadelbaum
Verbreitung: südwestliches Tasmanien, Australien
Standort: Flussufer und Sumpfgebiete in kühl-gemäßigten Regenwäldern, in denen vorwiegend Scheinbuchen (*Nothofagus*) wachsen
Abteilung: Nadelholzgewächse (Pinophyta)
Familie: Steineibengewächse (Podocarpaceae)

Die Huonkiefer ist die einzige Art der Gattung *Lagarostrobos,* die – ebenso wie mehrere andere Nadelbaumarten – ausschließlich auf Tasmanien vorkommt. Sie alle weisen zahlreiche Gemeinsamkeiten mit Nadelbäumen aus anderen kühleren Gegenden der Südhalbkugel, vor allem Neuseeland und Chile, auf. Der volkstümliche Name ist irreführend, denn die Huonkiefer gehört eben nicht zur Gattung *Pinus,* sondern zu den Steineibengewächsen, einer alten Nadelbaumfamilie, die in hohen südlichen Breiten bis nach Mexiko und Zentralchina sowie auch im tropischen Regenwald vorkommt. Die Huonkiefer zählt zu den langlebigsten Bäumen der Welt – einige Exemplare sollen über 2500 Jahre alt sein. Die Art steht heute unter Naturschutz.

Diese moosbewachsenen Huonkiefern sind vermutlich über 1000 Jahre alt; der Stamm nimmt jährlich nur etwa 1 mm an Umfang zu. Das Holz ist leicht, hart und widerstandsfähig.

Tulpenbaum

Liriodendron tulipifera

Höhe: bis 55 m
Typus: im Winter Laub abwerfender Laubbaum
Verbreitung: östliche USA, von den Großen Seen bis zum nördlichen Florida
Standort: sommergrüne Laubwälder, an geschützten Berghängen, meist in niedrigeren Höhen
Abteilung: Bedecktsamer (Angiospermae): Zweikeimblättrige
Familie: Magnoliengewächse (Magnoliaceae)

Aufgrund seines schnellen Wachstums und der allgemeinen Nutzbarkeit seines Holzes gehört der Tulpenbaum zu den meistgeschätzten Nutzbäumen der USA. Das Holz kommt dort unter dem Namen »Yellow Poplar« (Gelbpappel) in den Handel, doch ist der Baum nicht mit den Pappeln (*Populus* sp.), sondern mit der Gattung *Magnolia* verwandt. Die einzige andere *Liriodendron*-Art kommt in China vor; Fossilienfunde beweisen allerdings, dass die Gattung im Tertiär eine weite Verbreitung hatte. Seinem botanischen und volkstümlichen Namen gemäß, erinnern die Blüten des Baums an Tulpen. Von den Magnolien unterscheidet er sich durch seine papierartigen Flügelsamen.

Der Tulpenbaum ist als Ziergehölz in Parks und größeren Gärten beliebt. Im Sommer trägt er 5–7,5 cm große, grüne und orangefarbene Blüten, im Herbst buttergelbes Laub.

Immergrüne Magnolie

Magnolia grandiflora

Höhe: bis 37 m
Typus: immergrüner Laubbaum
Verbreitung: südöstliche USA vom östlichen Texas bis zum nördlichen Florida
Standort: sommergrüne Laub- und Kiefernwälder, auf fruchtbaren Alluvialböden in küstennahem Flachland
Abteilung: Bedecktsamer (Angiospermae): Zweikeimblättrige
Familie: Magnoliengewächse (Magnoliaceae)

Nach neuesten molekularbiologischen Erkenntnissen umfasst die Gattung *Magnolia* heute über 220 Arten, die in Amerika und Asien, nicht jedoch in Europa, Afrika und Australien vertreten sind. Die Pflanzenfamilie ist schon sehr alt und spaltete sich als »primitive« Familie von urtümlichen Bedecktsamern ab, bevor diese sich in Ein- und Zweikeimblättrige differenzierten. Die Immergrüne Magnolie gehört zu den größten in gemäßigten Breiten vorkommenden Magnolienarten; sie dient fast ausschließlich als Ziergehölz und ist in warm-gemäßigten Parks und Gärten der ganzen Welt zu sehen.

Die Immergrüne Magnolie verfügt über die größten Blüten ihrer Gattung. Sie erscheinen den ganzen Sommer hindurch bis in den Herbst hinein zwischen den glänzenden Blättern und duften würzig.

Kajeputbaum

Melaleuca leucadendra

Höhe: bis 40 m
Typus: immergrüner Laubbaum
Verbreitung: tropisches Australien; Neuguinea; Molukken
Standort: ufernahe Wälder, an Kanälen, auf Dünen und in Sümpfen
Abteilung: Bedecktsamer (Angiospermae): Zweikeimblättrige
Familie: Myrtengewächse (Myrtaceae)

Die Gattung Myrtenheide *(Melaleuca)* umfasst über 220 Arten, von denen bis auf 10 alle in Australien heimisch sind und meist nur strauchhoch werden. Die Blätter sind hart und rau, die flaschenbürstenartigen Blütenähren bestehen aus Blüten mit zahlreichen auffälligen weißen, rosafarbenen oder roten Staubblättern. An ihrer Basis verschmelzen sie zu 5 Bündeln – ein Merkmal der Gattung. Der Kajeputbaum gehört zu den größeren *Melaleuca*-Arten mit dicker, weißlicher Rinde, die sich papierähnlich abblättern lässt. Einige Arten kommen über Australien hinaus bis nach Neukaledonien, Neuguinea und Indonesien, eine *(M. cajuputi)* sogar auf dem südostasiatischen Festland vor. Ein weiteres australisches Mitglied der Gruppe *(M. quinquenervia)* war als Ziergehölz einst sehr beliebt.

An den Ufern und auf dem Schwemmland Nordaustraliens wächst der majestätische Kajeputbaum. Vor Bildung der winzigen Samenkapseln erscheinen weiße Blütenähren.

Urweltmammutbaum

Metasequoia glyptostroboides

Höhe: bis 50 m
Typus: Laub abwerfender Nadelbaum
Verbreitung: Grenzregion von Sichuan, Hubei und Hunan, Zentralchina
Standort: flussnahe Wälder, auf tiefgründigen Alluvialböden
Abteilung: Nadelholzgewächse (Pinophyta)
Familie: Zypressengewächse (Cupressaceae)

Dieser seltene chinesische Baum gilt – ebenso wie der Ginkgo – als lebendes Fossil. Die Fossilienfunde des Urweltmammutbaums sind jedoch nur halb so alt wie die des Ginkgos und damit nicht älter als viele andere Nadelgehölze und sogar einige Blütenpflanzen. Wissenschaftlich bekannt wurde die Gattung durch Fossilien aus Japan, Sibirien und Nordamerika, den Namen *Metasequoia* (= über Sequoia hinaus) für die vermeintlich ausgestorbene Gattung prägte ein japanischer Paläobotaniker 1941. 1944 entdeckte der Botaniker Zhan Wang einige seltsame Bäume in einem Dorf in Sichuan; man identifizierte sie als zur Gattung *Metasequoia* gehörend und taufte sie 1948 *M. glyptostroboides.* Heute wird der Baum auf der ganzen Welt kultiviert.

Sein natürliches Vorkommen ist mittlerweile stark dezimiert, in Gärten ist der Urweltmammutbaum jedoch sehr beliebt. Im Herbst verliert der Baum seine Nadeln mitsamt der Kurztriebe.

Eisenholzbaum

Metrosideros excelsa

Höhe: bis 18 m
Typus: immergrüner Laubbaum
Verbreitung: nördliche Hälfte der Nordinsel Neuseelands
Standort: immergrüne Küstenwälder und Buschland, auf Felsvorsprüngen und Sanddünen
Abteilung: Bedecktsamer (Angiospermae): Zweikeimblättrige
Familie: Myrtengewächse (Myrtaceae)

Der Eisenholzbaum ist einer der am farbenprächtigsten blühenden Bäume Neuseelands. Im Frühsommer erscheinen zahlreiche leuchtend rote Blüten, die dem Baum in seiner Heimat auch den Namen »Weihnachtsbaum« einbrachten. Die Pflanze bevorzugt steile Küstenhänge wie etwa die Bay of Islands. Ähnlich wie bei den Gattungen *Eucalyptus* und *Callistemon,* die beide ebenfalls zu den Myrtengewächsen gehören, mit der Gattung *Metrosideros* aber nicht näher verwandt sind, rührt die auffällige Form der Blüten vor allem von den langen Staubblättern her, die Vögel und Insekten zur Bestäubung anlocken. Die Gattung umfasst rund 50 Arten, die hauptsächlich auf den pazifischen Inseln vorkommen. Die feinen Samen werden vom Wind verbreitet.

In exponierten Lagen wie auf Klippen erreicht der Eisenholzbaum nur Strauchhöhe. An den Küsten frostfreier gemäßigter Zonen ist der Baum als Ziergehölz beliebt.

Meerrettichbaum

Moringa oleifera

Höhe: bis 30 m
Typus: in der Trockenzeit Laub abwerfender Laubbaum
Verbreitung: Indien; genaue Herkunft durch Verbreitung durch den Menschen unbekannt, möglicherweise aus dem Himalaja
Standort: tropische Laubwälder und Kletterpflanzendickichte, auf trockenen Hügeln
Abteilung: Bedecktsamer (Angiospermae): Zweikeimblättrige
Familie: Bennussgewächse (Moringaceae)

Ein weiterer »Wunderbaum«, der den Entwicklungsländern in den trockeneren Tropen sehr gute Dienste leisten könnte. Der Meerrettichbaum hat viele Vorzüge: Er kommt mit Dürre und kargem Boden zurecht, junge Triebe, Blüten und Früchte sind essbar und nahrhaft, das Öl der Samen ist vielseitig verwendbar. Die Gattung *Moringa* umfasst 13 Arten kleinerer Bäume und Sträucher, die in den trockeneren Gegenden Ostafrikas und Südwestasiens vorkommen. Sie stellt die einzige Gattung der Bennussgewächse dar, die ihrerseits zur Ordnung (Brassicales) gehören. Die meisten Brassicales enthalten Senfölglykoside, die Kohl, Meerrettich und Senf das scharfe Aroma verleihen.

Der Stamm des Meerrettichbaums ist kurz, die Zweige sind lang, die Blätter groß. Die Blüten erscheinen mit den neuen Blättern vor den langen, essbaren Früchten.

Muskatnussbaum

Myristica fragrans

Höhe: bis 18 m
Typus: immergrüner Laubbaum
Verbreitung: östliches Indonesien; Ursprung möglicherweise auf der Molukkeninsel Banda
Standort: tropische Regenwälder
Abteilung: Bedecktsamer (Angiospermae): Zweikeimblättrige
Familie: Muskatnussgewächse (Myristicaceae)

Die Nuss dieses Baums gehörte zu den wertvollsten Gewürzen, die bereits im Altertum auf dem Handelsweg über Asien nach Europa kamen. Ihre Ursprünge auf den winzigen fernöstlichen Inseln lagen im Dunkeln, in das erst die portugiesischen Händler Licht brachten. In den folgenden Jahrhunderten stritten sich mehrere Nationen um die lukrative Ware. Die große, hartschalige Muskatnuss ist in eine fleischige Hülle eingebettet, die sich in zwei Hälften teilt. Der Samen ist von einem hellroten Samenmantel umgeben, der das andere Gewürz des Baumes liefert: die Muskatblüte. Schon wenige Gramm haben eine halluzinogene Wirkung; in höheren Dosen kann Muskatnuss schwere Leberschäden verursachen.

Die Früchte des Baums platzen auf und enthüllen hellrote Samenmäntel. Die Gattung *Myristica* gehört zu einer Familie, die sich schon früh von anderen Blütenpflanzen abspaltete.

Balsabaum

Ochroma pyramidale

Höhe: bis 30 m
Typus: immergrüner Laubbaum
Verbreitung: südliches Mexiko; Mittelamerika; in den Anden Südamerikas bis Bolivien
Standort: sekundäre Regenwälder, die sich in geschädigten Regionen entwickeln, etwa in von Erdrutschen oder Hurrikans verwüsteten Gebieten, meist auf kargen Böden
Abteilung: Bedecktsamer (Angiospermae): Zweikeimblättrige
Familie: Malvengewächse (Malvaceae)

Der Balsabaum ist vor allem für sein leichtes Holz bekannt. Die spezifische Dichte nach dem Trocknen beträgt meist nicht mehr als 0,1 – ein Zehntel der Dichte von Wasser. Balsaholz kommt überall dort zum Einsatz, wo leichtes und doch festes Holz gefragt ist. Heute wird es vielerorts durch synthetische Materialien ersetzt. Hauptproduzent ist Ecuador, wo die Stämme auf Flößen die Flüsse hinabtransportiert werden (»balsa« ist spanisch für Floß). Das berühmteste Balsa-Floß war Thor Heyerdahls Kon-Tiki, das er 1947 nach dem Vorbild prähistorischer ecuadorianischer Flöße baute.

Die großen, cremefarbenen, nektarreichen Blüten des Balsabaums öffnen sich am Abend und werden von Fledermäusen bestäubt. Die fast runden Blätter werden bis zu 30 cm groß.

Ölbaum

Olea europaea

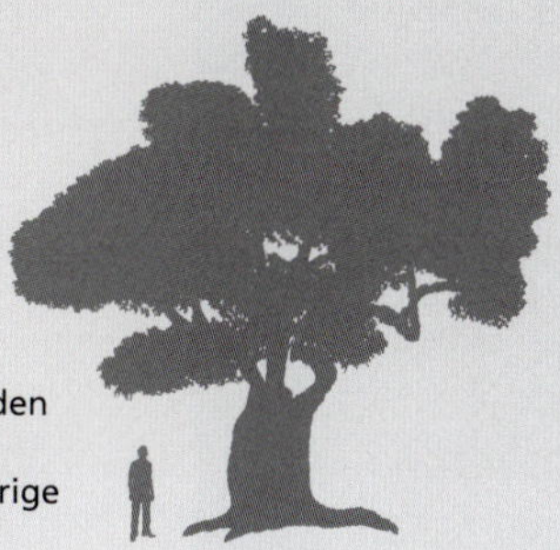

Höhe: bis 12 m
Typus: immergrüner Laubbaum
Verbreitung: Herkunft unbekannt, vielleicht Nordafrika oder Südwestasien
Standort: immergrüne Wälder und Busch, auf flachen Böden an felsigen Abhängen
Abteilung: Bedecktsamer (Angiospermae): Zweikeimblättrige
Familie: Ölbaumgewächse (Oleaceae)

Die Mittelmeerküche basiert auf 3 Pflanzen: Feige, Olive und Traube. Alle werden seit Jahrtausenden angepflanzt und sind durch den Menschen so stark verändert worden, dass sich ihre Vorfahren nicht mehr leicht identifizieren lassen. Kerne der Olivenfrucht fand man an den Ausgrabungsstätten 6000 Jahre alter Behausungen in Palästina. Zur Gattung *Olea* gehören rund 30 Arten, meist breitblättrigere Bäume in Asien und Afrika. Die nächsten wild wachsenden Verwandten der *O. europaea* haben viel kleinere Früchte und Samen. Olivenöl war zu Zeiten der alten Griechen und Römer eine wichtige Handelsware. Sein gesundheitsfördernder Effekt ist mittlerweile wissenschaftlich erwiesen.

Ein alter Olivenbaum auf dem rauen, felsigen Terrain des Mittelmeerraums. Die meisten Plantagen sind auf tiefgründigeren Böden und mit Bewässerungssystemen angelegt.

Elefantenbaum

Pachycormus discolor

Höhe: bis 9 m
Typus: in der Trockenzeit Laub abwerfender Laubbaum
Verbreitung: Baja California; nordwestliches Mexiko
Standort: heißes, arides Buschland und Steppen, auf felsigen Hügeln und Hochebenen
Abteilung: Bedecktsamer (Angiospermae): Zweikeimblättrige
Familie: Sumachgewächse (Anacardiaceae)

Der Elefantenbaum ist das Bilderbuchbeispiel eines Baums mit dickem, fleischigem Stamm, einer Wuchsform, die pachycaul genannt wird und für Pflanzenfamilien in arider Umgebung typisch ist. Zu dieser Gruppe gehören u. a. der Affenbrot- *(Adansonia digitata)* und der Boojum-Baum *(Fouquieria columnaris)* – letzterer wächst sogar oft in der Nähe von Elefantenbäumen. Charakteristischerweise ist der untere Teil des Stamms stark verdickt, Zweige, Blätter und Blüten weisen jedoch die typischen Familienmerkmale auf. Normalerweise wirft der Baum seine Blätter in der Trockenzeit ab. Auch viele Sträucher und Kletterpflanzen haben sich pachycaul entwickelt und vor allem unter den Kakteenfreunden viele Anhänger. Die Gattung umfasst nur 1 Art und ist mit der Gattung *Rhus* verwandt.

Der Stamm des Baums wird bis zu 90 cm dick, meist jedoch nur etwa 6 m hoch. Die Rinde schält sich in dünnen Schichten ab. Die Photosynthese findet in der Bastschicht statt.

Küstenschraubenbaum

Pandanus tectorius

Höhe: bis 9 m
Typus: immergrünes Schwertblatt
Verbreitung: tropische Pazifikküsten und Indischer Ozean, von Hawaii westlich bis nach Sri Lanka
Standort: Küsten, hinter Stränden und an felsigen Abhängen, auf Landzungen mit salzhaltiger Luft
Abteilung: Bedecktsamer (Angiospermae): Einkeimblättrige
Familie: Schraubenbaumgewächse (Pandanaceae)

Die Gattung *Pandanus* umfasst über 700 Arten; von wenigen Ausnahmen abgesehen wachsen alle in eng umgrenzten tropischen Gegenden der Alten Welt, vor allem auf der Malaiischen Halbinsel und Madagaskar. Der Schraubenbaum selbst ist sehr weit verbreitet. Die Gattung weist typische Merkmale auf. Die langen, scharf gezähnten, unterseits mit Stacheln besetzten Blätter sind schraubenförmig an den Stämmen angeordnet. Viele Arten verfügen über Stelzwurzeln, die Bäume sind zweihäusig, d. h., männliche und weibliche Blüten befinden sich an verschiedenen Pflanzen. Jeder Stamm verzweigt sich nach der Blüte, was sich in Abständen wiederholt – daher die gabelförmige Wuchsform.

Dieser alte Schraubenbaum wächst an der hawaiianischen Küste. Hawaii ist der nordöstlichste Außenposten der Pflanze. In Polynesien wird der Baum »hala« oder »fara« genannt.

Blauglockenbaum

Paulownia tomentosa

Höhe: bis 18 m
Typus: im Winter Laub abwerfender Laubbaum
Verbreitung: nördliches und östliches China
Standort: sommergrüne Laubwälder, in Tälern, auf tiefgründigen Böden
Abteilung: Bedecktsamer (Angiospermae): Zweikeimblättrige
Familie: Blauglockenbaumgewächse (Paulowniaceae)

Paulownia ist eine bemerkenswerte Gattung mit 6 Arten, von denen die meisten nur in China vorkommen. Der Blauglockenbaum war die erste im Westen bekannte Spezies. Zu Ehren der russischen Prinzessin Anna Pawlowna benannte man sie 1835 *Paulownia imperialis*, musste sie jedoch wegen eines bereits existierenden älteren Namens *(Bignonia tomentosa)* umbenennen. Alle Paulownien haben große, einfache, paarweise angeordnete, gegenständige Blätter. Bei jungen Pflanzen können die Blätter bis zu 45 cm breit sein. Im Sommer wächst der Baum sehr schnell; deshalb und aufgrund seines widerstandsfähigen, aber leichten Holzes schätzt man ihn in China schon seit Langem. Seit einiger Zeit gibt es auch Blauglockenbaumplantagen in den USA.

Der Blauglockenbaum hat die farbenprächtigsten Blüten aller Paulownien; zur Mitte des Frühlings sind sie hellviolett. Sie entwickeln sich aus rostbraunen Blütenknospen.

Echte Dattelpalme

Phoenix dactylifera

Höhe: bis 25 m
Typus: Fiederpalme
Verbreitung: natürliche Herkunft aufgrund der Verbreitung durch den Menschen unsicher; möglicherweise Ägypten oder Sudan
Standort: Flussschwemmland und Flussbetten, die nicht ständig Wasser führen
Abteilung: Bedecktsamer (Angiospermae): Einkeimblättrige
Familie: Palmengewächse (Arecaceae)

Für die heißen und trockenen Länder Nordafrikas und des Nahen Ostens ist die Dattelpalme von großer kulinarischer und kultureller Bedeutung. Die frischen Früchte schmecken köstlich; Trockendatteln sind wahre Nährstoffbomben, die den Nomaden beim Durchqueren der Wüste das Überleben sichern. Dattelpalmen vertragen sengende Hitze, brauchen jedoch eine konstante Bodenfeuchtigkeit; sie werden deshalb am Nil, in Oasen und in Wadis, wo Grundwasser vorhanden ist, angepflanzt. Um die Fruchtbildung sicherzustellen, werden die weiblichen Blütenrispen mit Pollen männlicher Blütenstände (die an getrennten Pflanzen wachsen) von Hand bestäubt.

Um zuckerreiche Früchte hervorzubringen, braucht die Dattelpalme lange, heiße Sommer und trockene Luft. Außerhalb ihrer Heimat fühlt sie sich im südlichen Kalifornien sehr wohl.

Ombubaum

Phytolacca dioica

Höhe: bis 18 m
Typus: immergrüner Laubbaum
Verbreitung: nördliches Argentinien; südliches Brasilien; Uruguay; Paraguay; Bolivien
Standort: subtropische Wälder und Savannen, meist auf Hochplateaus
Abteilung: Bedecktsamer (Angiospermae): Zweikeimblättrige
Familie: Kermesbeerengewächse (Phytolaccaceae)

Auffälligstes Merkmal des Ombubaums ist die stark verbreiterte Stammbasis, die in Bodennähe einen Durchmesser von 6 m erreicht, auch wenn der Baum selbst nicht höher als 9 m wird. Wie der Elefantenbaum *(Pachycormus discolor)* ist auch er pachycaul. Dies stellt jedoch weniger eine Anpassung an das aride Klima dar; vielmehr hat der dicke, unverzweigte Stamm eine Stützfunktion für das schwere Blätterdach. Die Gattung *Phytolacca* besteht überwiegend aus krautigen Pflanzen, die möglicherweise von Natur aus kein normales Holz produzieren können. Der Stamm des Ombubaums verdickt sich mit jeder neuen Kambiumschicht und bildet so ein weniger festes, fleischiges Gewebe.

Blätter, Blüten und Früchte des Ombubaums ähneln denen anderer Arten der Gattung *Phytolacca,* etwa der Amerikanischen Kermesbeere *(P. americana).* Der Ombubaum ist zweihäusig.

Sitkafichte

Picea sitchensis

Höhe: bis 100 m
Typus: immergrüner Nadelbaum
Verbreitung: Westküste Nordamerikas, vom nordwestlichen Kalifornien bis zum südwestlichen Alaska
Standort: »Koniferenregenwälder« in Mündungsgebieten, Küstentälern und auf Hügeln bis 600 m
Abteilung: Nadelholzgewächse (Pinophyta)
Familie: Kieferngewächse (Pinaceae)

Die Sitkafichte ist die höchste und kräftigste der 33 Fichtenarten (*Picea* spp.). Die Gattung ist in kühleren Gegenden der nördlichen Hemisphäre verbreitet, zu ihr gehören die nördlichsten Nadelgehölze Eurasiens und Nordamerikas, die in der Taiga vorkommen. Im Gegensatz dazu beschränkt sich die Sitkafichte auf küstennahe »Regenwälder«, wo es im Winter selten kälter als –18 °C wird und der jährliche Niederschlag bis zu 4000 mm beträgt. Der Baum liefert sehr wertvolles Nutzholz: Es ist stabil und trotzdem leicht und wird bevorzugt zum Bau von Musikinstrumenten und Schiffen verwendet. Aus diesem Grund sind viele Sitkafichtenwälder mittlerweile großflächig abgeholzt.

Die Sitkafichte wächst in moosüberwucherten Wäldern auf recht sumpfigem Boden mit einer dicken Schicht abgestorbener Pflanzen – und nie weiter als 150 km vom Meer entfernt.

Grannenkiefer

Pinus aristata

Höhe: bis 18 m
Typus: immergrüner Nadelbaum
Verbreitung: Utah, Nevada und östliches Kalifornien von den Rockies zu den White Mountains, USA
Standort: Nadelwälder, auf felsigen Hügeln und an Berghängen in 2000–3500 m Höhe, meist auf kargen Böden
Abteilung: Nadelholzgewächse (Pinophyta)
Familie: Kieferngewächse (Pinaceae)

Die Kiefern, die in den rauesten Bergregionen überleben, gehören auch zu den ältesten lebenden Bäumen der Welt; ihren Jahresringen zufolge sind sie bis zu 4700 Jahre alt. Oft besteht fast der ganze Baum aus Totholz, nur schmale Streifen lebender Rinde versorgen die Blätter mit Nährstoffen. Der botanische Name *Pinus aristata* wird hier auch für diese sehr alten Bäume verwendet, die seit 1970 einer eigenen Art, der *P. longaeva*, zugeordnet werden. Die Unterschiede zwischen den beiden Arten sind jedoch geringfügig. Selbst nach dem Absterben des Baums kann die Grannenkiefer noch mehrere Hundert Jahre stehen.

Diese uralte Grannenkiefer kann noch viele Jahre leben. Sie produziert nach wie vor Samen, denen der Kiefernhäher zum Keimen verhilft, indem er sie unter Steinen versteckt.

Bungeskiefer

Pinus bungeana

Höhe: bis 30 m
Typus: immergrüner Nadelbaum
Verbreitung: nördliches und mittleres China
Standort: Nadel- und Laubmischwälder, auf felsigen Hügeln und Bergen bis 1900 m Höhe
Abteilung: Nadelholzgewächse (Pinophyta)
Familie: Kieferngewächse (Pinaceae)

Dank ihrer eleganten Form und ihrer gesprenkelten Borke ist die Bungeskiefer eine der schönsten der 111 *Pinus*-Arten. Selbst das Kaiserhaus von China schätzte sie sehr und ließ sie u.a. in den Gärten der Verbotenen Stadt anpflanzen. Das berühmteste Exemplar ist die sogenannte Neun-Drachen-Kiefer im Jie-Tai-Tempel, deren Stamm sich in 9 Äste teilt. Sie soll über 900 Jahre alt sein; angeblich nahm der russische Botaniker Alexander Bunge 1831 einen Ableger davon mit zurück in seine Heimat. Der Name *Pinus bungeana* wurde erstmals 1847 in Deutschland veröffentlicht. Die Nadeln der Bungeskiefer sind kurz, glänzend und dunkelgrün. Die kleinen Zapfen haben nur wenige lederartige Schuppen und große Samen, die in China als Lebensmittel dienen.

Bei alten Bungeskiefern liegt eine weißliche Schicht über der grün-braun-grau gesprenkelten Borke, was Stamm und Ästen einen silbrig schimmernden Effekt verleiht.

Gelbkiefer

Pinus ponderosa

Höhe: bis 70 m
Typus: immergrüner Nadelbaum
Verbreitung: westliche Hälfte der USA, östlich bis nach Nebraska; südwestliches Kanada
Standort: gemäßigte Nadelwälder, vor allem auf Hügeln und Hochebenen, auf mäßig fruchtbaren Böden
Abteilung: Nadelholzgewächse (Pinophyta)
Familie: Kieferngewächse (Pinaceae)

Die Gelbkiefer ist die am weitesten verbreitete Kiefer in Nordamerika und die dort wichtigste Nutzholzquelle. Den botanischen Artnamen *ponderosa* verlieh ihr der Entdecker David Douglas, der sie 1826 fand; er bedeutet schwergewichtig und bezieht sich auf das vergleichsweise dichte Holz. Unter günstigen Bedingungen wächst die Gelbkiefer zu majestätischer Größe heran. Der schlanke Stamm ist im unteren Bereich völlig astfrei, die schmale Krone trägt Rosetten langer Nadeln. Die orangebraune Rinde ist in breite Platten unterteilt. Jede einzelne Schuppe der Zapfen ist auf der Rückseite mit einem spitzen Stachel besetzt ausgestattet. Die Gelbkiefer überlebt sogar Waldbrände.

In Gelbkiefernwäldern fehlt das Unterholz; sie bieten Säugetieren wie Rotwild einen Lebensraum. Die Samen werden von Eichhörnchen und Vögeln gefressen.

Montereykiefer

Pinus radiata

Höhe: bis 61 m
Typus: immergrüner Nadelbaum
Verbreitung: mittleres, küstennahes Kalifornien, USA; Inseln vor der nördlichen Baja California, Mexiko
Standort: Nadelwälder auf küstennahen Hügeln unter 300 m auf dem Festland und bis 1100 m auf den Inseln
Abteilung: Nadelholzgewächse (Pinophyta)
Familie: Kieferngewächse (Pinaceae)

In ihrer Heimat Kalifornien spielt die Montereykiefer eine untergeordnete Rolle, als Forstgehölz in anderen Ländern – etwa in Neuseeland, Australien, Chile und Südafrika – ist sie von erheblich größerer Bedeutung. Die Wachstumsbedingungen in Neuseeland und dem Südosten Australiens sind sogar so gut, dass die Bäume dort größer werden als ihre kalifornischen Artgenossen. Dies wird sicherlich durch fehlende natürliche Feinde und Krankheiten begünstigt – ein Grund, der umgekehrt auch für den australischen Eukalyptus gilt. Das Holz der Montereykiefer, das in riesigen Mengen auf Plantagen produziert wird, kommt u. a. bei der Herstellung von Möbeln, Häusern und Papier zum Einsatz.

Die Montereykiefer gehört zu einer Gruppe kalifornischer Kiefernarten, deren Samen jahrelang in den Zapfen ruhen – vermutlich eine Anpassung an Waldbrände.

Weymouthskiefer

Pinus strobus

Höhe: bis 60 m
Typus: immergrüner Nadelbaum
Verbreitung: nordöstliche USA; südöstliches Kanada und USA von Neufundland bis Georgia; südliches Mexiko; Guatemala
Standort: Nadelwälder, im Norden auf Meereshöhe, im Süden bis 1500 m; bis 2500 m in Mexiko
Abteilung: Nadelholzgewächse (Pinophyta)
Familie: Kieferngewächse (Pinaceae)

Aus diesen Kiefern bestand der Wald, den James Fenimore Cooper in seinem Roman »Der letzte Mohikaner« beschrieb. Er spielt Mitte des 18. Jahrhunderts, als von der Ostküste aus die Kiefernwälder, die die Appalachen bedeckten, noch endlos, aber auch düster und undurchdringlich erschienen. Doch auch damals schon wurden sie großflächig abgeholzt, 100 Jahre später war kaum mehr etwas davon übrig. Diese Art ist jedoch noch weit verbreitet. Sie ist ein typischer Vertreter der Untergattung der »weichnadeligen Kiefern«: Ihr Holz ist weich und weißlich; die blaugrünen, in Fünferbündeln angeordneten Nadeln haben weiße Spaltöffnungsstreifen; die Zapfen sind schmal mit dünnen Schuppen.

Weymouthskiefernwäldchen an einem Fluss. In manchen Gegenden ist die Kiefernart vom Blasenrost befallen, saurer Regen schadet ihr zusätzlich.

Morgenländische Platane

Platanus orientalis

Höhe: bis 40 m
Typus: im Winter Laub abwerfender Laubbaum
Verbreitung: Himalaja westlich von Kaschmir; Iran; Türkei; Balkan
Standort: sommergrüne Laubwälder, an felsigen Abhängen und in Schluchten
Abteilung: Bedecktsamer (Angiospermae): Zweikeimblättrige
Familie: Platanengewächse (Platanaceae)

Platanen sind uns aus Straßen und Parks so vertraut, dass ihre botanische Einzigartigkeit umso mehr überrascht. Die Geschichte ihrer Pflanzenfamilie lässt sich mithilfe von Fossilien mehr als 110 Mio. Jahre zurückverfolgen; nahe Verwandte haben sie keine. Am nächsten stehen ihnen molekularbiologischen Studien zufolge noch die Silberbaumgewächse (Proteaceae) der südlichen Hemisphäre sowie die Lotosgewächse (Nelumbonaceae). Es gibt 10 *Platanus*-Arten; 8 sind in Mexiko und Nordamerika heimisch, 1 wenig bekannte immergrüne Spezies stammt aus Laos/Vietnam. Zudem gibt es noch einen Bastard von *P. orientalis* mit der amerikanischen Platane, *P. occidentalis*, die häufig angepflanzte Ahornblättrige Platane *P.* × *acerifolia*.

Die Morgenländische Platane hat ausladende Äste und eine geschuppte Rinde. Sie spendet viel Schatten; Hippokrates soll seine Schüler unter einem solchen Baum unterrichtet haben.

Kanadische Schwarzpappel

Populus deltoides

Höhe: bis 50 m
Typus: im Winter Laub abwerfender Laubbaum
Verbreitung: südliches Kanada; östliche und mittlere USA; nördliches Mexiko
Standort: Laubwälder an Flüssen, Auenwälder und auf tiefgründigen Alluvialböden
Abteilung: Bedecktsamer (Angiospermae): Zweikeimblättrige
Familie: Weidengewächse (Salicaceae)

Die Kanadische Schwarzpappel wird von allen Pappelarten am größten; am weitesten verbreitet ist sie in Nordamerika und wird dort als wichtiger Nutzholzlieferant geschätzt. Unter idealen Bedingungen ist sie starkwüchsig – in südlichen Forsten wurde von einem Wachstum von 30 m in 9 Jahren berichtet. Das weißliche, wenig dichte Holz findet vielseitig Verwendung, von Streichhölzern über Wäscheklammern bis hin zu Maschinengehäusen. Der englische Name des Baums – Cottonwood – bezieht sich im weiteren Sinn auf mehrere amerikanische Arten der Untergattungen Schwarzpappel und Balsampappel. Die Art *P. deltoides* lässt sich in die 3 Unterarten *deltoides*, *monilifera* und *wislizenii* gliedern.

Diese Kanadischen Schwarzpappeln weisen die typisch ausladende Form der Unterart *monilifera* auf, die westlich bis zur nordamerikanischen Kontinentalscheide zu finden ist.

Douglasie

Pseudotsuga menziesii

Höhe: bis 100 m
Typus: immergrüner Nadelbaum
Verbreitung: westliches Nordamerika vom mittleren British Columbia südostwärts bis Utah und südlich bis Zentralmexiko
Standort: Nadelwälder in Küstentälern mit hohem Niederschlag und am Fuß von Hügeln, trockenere Nadelwälder im Gebirge bis 3000 m
Abteilung: Nadelholzgewächse (Pinophyta)
Familie: Kieferngewächse (Pinaceae)

Die Douglasie ist ein bemerkenswerter Baum. Sie ist das zweithöchste Nadelgehölz nach dem Küstenmammutbaum *(Sequoia sempervirens)* und der größte Baum der Familie Pinaceae. Ihr Vorkommen umfasst mehr Breitengrade als beinahe jeder andere amerikanische Nadelbaum. Und schließlich gehört sie zu den weltweit wichtigsten Nutzholzlieferanten. Die Gattung *Pseudotsuga* ist durch kurze Nadeln und Zapfenschuppen gekennzeichnet, die von 3-lappigen Deckschuppen überragt werden. Die Art *P. menziesii* teilt sich in 2 Unterarten auf: Die Subspezies *menziesii* wird sehr groß und kommt hauptsächlich im pazifischen »Regenwald«-Gürtel vor, die Subspezies *glauca* findet man in den trockeneren Gebirgen des Binnenlands.

Die Douglasie wächst schnell, und ihre Jahresringe beweisen, dass sie bis zu 1300 Jahre alt werden kann. Alte Bestände im Tiefland sind inzwischen weitgehend abgeholzt.

Stieleiche

Quercus robur

Höhe: bis 40 m
Typus: im Winter Laub abwerfender Laubbaum
Verbreitung: fast ganz Europa bis nach Russland; Kaukasus; Türkei; nordwestliches Afrika
Standort: sommergrüne Laubwälder, auf mäßig fruchtbaren Böden
Abteilung: Bedecktsamer (Angiospermae): Zweikeimblättrige
Familie: Buchengewächse (Fagaceae)

Die Gattung der Eichen *(Quercus)* umfasst mehr als 400 Arten. Die meisten davon sind immergrün, die größte Vielfalt erreichen sie in den Tropen sowie in den gemäßigten Zonen der nördlichen Hemisphäre. Die Stieleiche kommt u. a. in Deutschland und Frankreich vor, wo mit ihr immer noch nachhaltige Forstwirtschaft zur Nutzholzgewinnung betrieben wird. Für England ist der Baum von geschichtsträchtiger Bedeutung: Die Schiffe, die dem Land seine Vormachtstellung zur See einbrachten, waren aus Eichenholz gebaut. Im späten 17. Jahrhundert waren die Wälder jedoch derart stark abgeholzt, dass man sich Nachschub aus den baltischen Staaten besorgen musste.

Die Stieleiche hat einen relativ kurzen Stamm und eine breite Krone. Die kurzstieligen Blätter sind gelappt, die Eicheln haben längere Stiele. Einige Exemplare sind über 1000 Jahre alt.

Korkeiche

Quercus suber

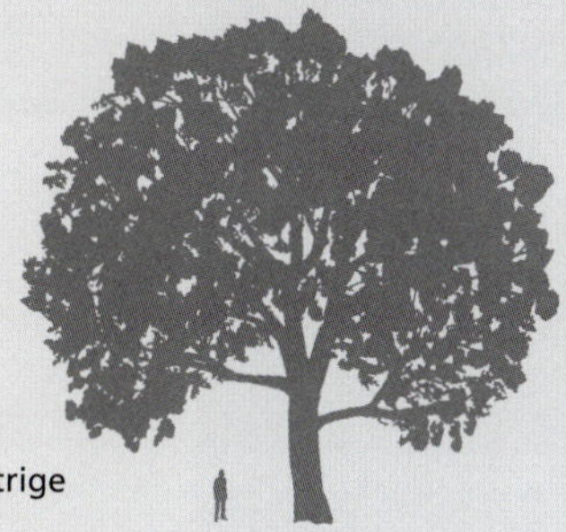

Höhe: bis 20 m
Typus: immergrüner Laubbaum
Verbreitung: westlicher Mittelmeerraum; europäische und nordwestafrikanische Atlantikküsten
Standort: immergrüne Eichen- und Kiefernwälder sowie Buschland, meist auf felsigen Hügeln
Abteilung: Bedecktsamer (Angiospermae): Zweikeimblättrige
Familie: Buchengewächse (Fagaceae)

Die Korkeiche ist eine von vielen kleinblättrigen immergrünen Eichenarten, die in Südchina, Japan, Mexiko und Kalifornien gedeihen, wo sie vornehmlich in Gebüschen auf Hügeln wachsen. Das Besondere an diesem Baum ist seine dicke Rinde. Neben der Herstellung von Korken für Weinflaschen wird sie noch anderweitig vielfältig genutzt. Der Baum war auch den alten Römern bekannt, der Artname *suber* bezieht sich sowohl auf den Baum als auch auf das Material Kork und stammt vielleicht vom griechischen »syphar«, runzlig, ab. Der wasserabweisende Inhaltsstoff Suberin findet sich zwar in der Borke vieler Bäume – in der Korkeiche kommt er jedoch in seiner reinsten Form vor.

Die Korkeiche hat eine runzlige Borke und kleine Blätter. Die Borke kann alle 10 Jahre geerntet werden, ohne dem Baum zu schaden. Portugal ist der weltweit größte Korkproduzent.

Rote Mangrove

Rhizophora mangle

Höhe: bis 25 m
Typus: immergrüner Laubbaum
Verbreitung: tropisches und subtropisches Amerika, nördlich bis zum südlichen Florida
Standort: Gezeitenbereich in Buchten, Flussmündungen und an Flüssen; auf Sand- oder Schlammablagerungen
Abteilung: Bedecktsamer (Angiospermae): Zweikeimblättrige
Familie: Rhizophoragewächse (Rhizophoraceae)

Der botanische Artname *mangle* ist gleichzeitig das spanische Wort für diesen Baum und stammt aus dem Taino, der heute fast ausgestorbenen Sprache, die in der Karibik einst weit verbreitet war. Auch das Wort Mangrove leitet sich davon ab, womit zahlreiche Bäume aus nicht verwandten Pflanzenfamilien gemeint sind, die alle an einen hohen Salzgehalt im Wasser angepasst sind. *Rhizophora* ist eine der Hauptmangrovengattungen in den Tropen. Wie bei einigen anderen Mangroven auch keimen die Samen noch innerhalb der Frucht am Elternbaum. Anschließend fallen die länglichen Embryonen ins Wasser und treiben so lange umher, bis sie sich im Schlamm oder Sand verankern.

Die Rote Mangrove ist die größte amerikanische Mangrovenart. Ihre spektakulären Stelzwurzeln verankern den Baum in sandigem Untergrund und versorgen ihn mit Sauerstoff.

Baumalpenrose

Rhododendron arboreum

Höhe: bis 30 m
Typus: immergrüner Laubbaum
Verbreitung: Himalaja, von Kaschmir bis zum südwestlichen China und nördlichen Vietnam; Südindien; Sri Lanka
Standort: Nadel- und Laubwälder (immergrüne Eichenwälder), an steilen Berghängen
Abteilung: Bedecktsamer (Angiospermae): Zweikeimblättrige
Familie: Heidekrautgewächse (Ericaceae)

Nach den Rosen ist der Rhododendron das beliebteste Ziergehölz der gemäßigten Breiten; die vielen Hybriden stammen jedoch aus viel mehr Arten als die Rosen. Zur Gattung *Rhododendron* gehören über 1000 Arten, u. a. die Azaleen; sie ist vom nordöstlichen Australien bis über den nördlichen Polarkreis hinaus verbreitet. In Amerika gibt es nur etwa 30 Arten. Die meisten Rhododendronarten finden sich im östlichen Asien, am weitesten verbreitet dort ist *R. arboreum*, der sich in 5 Unterarten gliedert. Die Baumalpenrose war die erste *Rhododendron*-Art aus dem Himalaja, die man nach Europa brachte (1826); Kreuzungen mit amerikanischen und kaukasischen Arten ergaben winterharte Hybriden.

Die Baumalpenrose wird in Gärten kaum größer als 8 m, in natürlichen Wäldern erreicht sie Baumhöhe. Viele Bestände sind inzwischen durch weidende Tiere und Abholzung gefährdet.

Trauerweide

Salix babylonica

Höhe: bis 18 m
Typus: im Winter Laub abwerfender Laubbaum
Verbreitung: Nord- und Zentralchina
Standort: Flussufer und Sandbänke, in geschädigten Wäldern und Buschland, auf Alluvialböden
Abteilung: Bedecktsamer (Angiospermae): Zweikeimblättrige
Familie: Weidengewächse (Salicaceae)

Die Trauerweide ist eher untypisch für die große Gattung *Salix*, lange Zeit war ihre Herkunft unsicher und ihre Klassifizierung schwierig. Nach Europa kam sie erst im Jahr 1700; man hielt sie für ein Gehölz aus dem Nahen Osten. Ihren botanischen Artnamen erhielt sie 1753 von Carl von Linné, der sie fälschlicherweise mit dem biblischen Baum identifizierte, unter dem die hebräischen Sklaven weinten, als sie an ihre verlorene Heimat dachten. Dabei handelt es sich jedoch um die Euphratpappel *(Populus euphratica)* – der Name Weide basiert auf einem Übersetzungsfehler. Heute hält man *S. babylonica* für eine Form der Art *S. matsudana*, die vielleicht über die Seidenstraße aus Nordchina zu uns gelangte. Eine weitere bekannte Form ist die Korkenzieherweide (Sorte ›Tortuosa‹).

Trauerweiden wachsen schnell, ihre volle Größe erreichen sie nach etwa 20 Jahren. Sie bevorzugen warme, trockene Sommer und feuchte Standorte wie beispielsweise Flussufer.

Schirmtanne

Sciadopitys verticillata

Höhe: bis 35 m
Typus: immergrüner Nadelbaum
Verbreitung: südliches Honshu, Shikoku und Kyushu, Japan
Standort: Nadel- und Laubmischwälder, in Bergregionen mit hohem Niederschlag auf 600–1500 m
Abteilung: Nadelholzgewächse (Pinophyta)
Familie: Schirmtannengewächse (Sciadopityaceae)

Seit dieser erstaunliche Nadelbaum der Wissenschaft bekannt ist, streitet man sich aufgrund seiner einzigartigen Morphologie um die Klassifizierung. Heute ist man sich einig, dass es sich bei der Schirmtanne um ein uraltes Relikt handelt. Fossilienfunde aus dem Trias (vor rund 160 Mio. Jahren) zeigen nur wenige Abweichungen von lebenden Exemplaren; damals war die Pflanze auf der Nordhalbkugel weit verbreitet. Molekularbiologische Studien beweisen auch ihre Einzigartigkeit: Sie ist kaum mit anderen Nadelgehölzen verwandt. Am beeindruckendsten sind ihre stumpfen, bis 10 cm langen Nadeln. Deren Anordnung ist noch immer ein Rätsel: Handelt es sich um miteinander verschmolzene Paare echter Blätter oder modifizierte fotosynthetisch aktive Zweige?

Der botanische Name der Schirmtanne leitet sich vom griechischen *skiadeion* (»Schirm«) und *pitys* (»Kiefer«) ab. In Japan gibt es einige uralte Vertreter dieser einzigartigen Spezies.

Küstenmammutbaum

Sequoia sempervirens

Höhe: bis 115 m
Typus: immergrüner Nadelbaum
Verbreitung: Kalifornien nördlich von Monterey County bis zum äußersten Südosten Oregons, USA
Standort: Nadelwälder auf küstennahen Ebenen und am Fuß von Bergen; weniger als 40 km vom Meer entfernt, im Küstennebelbereich
Abteilung: Nadelholzgewächse (Pinophyta)
Familie: Zypressengewächse (Cupressaceae)

Zweifelsohne umfasst diese Art momentan einige der größten Bäume der Erde. Immer wieder entdeckt man in den Wäldern Nordkalifornien neue Rekordexemplare; Fachleute erklimmen die Bäume und vermessen sie mithilfe eines herabgelassenen Seils. Momentaner Rekordhalter ist mit einer Höhe von 115,25 m ein Baum aus dem Redwood National Park. Die Gattung umfasst nur 1 einzige Art, der Wissenschaft bekannt wurde sie 1796 durch die Sammlung von Archibald Menzies. Ursprünglich hieß der Baum *Taxodium sempervirens,* erst 1847 ordnete man ihn einer eigenen Gattung zu. Seinen heutigen Namen erhielt er zu Ehren des Cherokee-Häuptlings und -Gelehrten Sequoyah.

Küstenmammutbäume haben gerade Stämme, die durch eine dicke, faserige Borke gegen Brände geschützt sind. Die meisten der alten Baumbestände stehen heute unter Naturschutz.

Riesenmammutbaum

Sequoiadendron giganteum

Höhe: bis 90 m
Typus: immergrüner Nadelbaum
Verbreitung: Westhänge der Sierra Nevada, mittleres Kalifornien, USA
Standort: Nadelwälder, in feuchten Tälern, auf 900–2200 m
Abteilung: Nadelholzgewächse (Pinophyta)
Familie: Zypressengewächse (Cupressaceae)

In Kalifornien unterscheidet man den Riesen- vom Küstenmammutbaum konsequent dadurch, dass man den einen Sequoia und den anderen Redwood nennt. Genau genommen gehört der Redwood zur Gattung *Sequoia,* während der Riesenmammutbaum zu einer anderen Gattung – *Sequoiadendron* – zählt und mit einem Stammdurchmesser von bis zu 6 m einer der größten Nutzholzbäume der Welt ist. Rekordhalter der Spezies ist momentan der General-Sherman-Tree mit einer Höhe von 83,82 m und einem Stammdurchmesser von 8,23 m. Bis vor rund 60 Jahren galt ein Riesenmammutbaum als ältester Baum der Welt. Heute weiß man, dass die Grannenkiefer *(Pinus aristata)* noch älter werden kann.

Blick in die Krone des General-Sherman-Tree. Die orangebraune Borke des Riesenmammutbaums wird bis zu 60 cm dick und hält selbst Waldbränden stand.

Salbaum

Shorea robusta

Höhe: bis 40 m
Typus: in der Trockenzeit Laub abwerfender Laubbaum
Verbreitung: nördliches und mittleres Indien; Nepal; Bangladesch; Myanmar
Standort: tropische Laubwälder im Bergland bis 1600 m, in Monsungebieten
Abteilung: Bedecktsamer (Angiospermae): Zweikeimblättrige
Familie: Malvengewächse (Malvaceae)

Der Salbaum zählt zur großen Gruppe der tropisch-asiatischen Flügelfrüchtler (Dipterocarpa-Verwandte), die früher eine eigene Pflanzenfamilie bildeten, heute jedoch den Malvengewächsen zugerechnet werden. Die Flügelfrüchte zeichnen sich dadurch aus, dass sie 2 oder mehr ausdauernde, vergrößerte Kelchblätter haben, die an Propeller erinnern. Damit rotiert die Frucht langsam zu Boden und wird vom Wind an andere Standorte getragen. In großen Teilen der asiatischen Tropen dominieren die Flügelfrüchtler in den Regenwäldern, wegen der Nutzung ihres Holzes sind sie jedoch stark gefährdet. Von den fast 700 Flügelfruchtgewächsen gehören 360 Arten der Gattung *Shorea* an.

Im Freistand hat der Salbaum einen krummen Stamm, in Wäldern wächst er gerade. Er sondert das Harz »dammar« ab, Salbutter (aus den Samen) wird zum Kochen verwendet.

Echter Mahagonibaum

Swietenia mahogani

Höhe: bis 30 m
Typus: in der Trockenzeit Laub abwerfender Laubbaum
Verbreitung: tropisches Amerika, vor allem karibische Inseln, im äußersten Süden Floridas
Standort: tropische Regenwälder, Kletterpflanzendickichte und Buschland, meist am Rande von Sümpfen oder auf Flachlandhügeln
Abteilung: Bedecktsamer (Angiospermae): Zweikeimblättrige
Familie: Mahagonigewächse (Meliaceae)

Mahagoniholz schätzte man schon im 16. Jahrhundert wegen seiner Härte, Haltbarkeit und Dichte; zudem lässt es sich so gut wie kaum ein anderes Holz verarbeiten. Die spanischen Siedler beuteten die Wälder rücksichtslos aus und exportierten Unmengen des Holzes, das zunächst für den Schiffsbau, ab Mitte des 18. Jahrhunderts dann vorwiegend für Möbel verwendet wurde. Die Art ist nah mit dem mittel- und südamerikanischen Honduras-Mahagonibaum *(S. macrophylla)* verwandt, der jedoch höher wird. Das Wort Mahagoni stammt vermutlich von »m'oganwo«, dem Yoruba-Namen für die verwandte afrikanische *Khaya senegalensis,* den Sklaven aus Nigeria dem karibischen Baum gaben.

Nach Jahrhunderten der Abholzung sind die meisten natürlich vorkommenden Mahagonibäume klein und verkümmert, an exponierten Standorten werden sie sogar nur strauchig.

Gewürznelkenbaum

Syzygium aromaticum

Höhe: bis 18 m
Typus: immergrüner Laubbaum
Verbreitung: auf den Molukken, östliches Indonesien; genaue Herkunft aufgrund langer Kultivierung unsicher
Standort: tropische Regenwälder im Tiefland
Abteilung: Bedecktsamer (Angiospermae): Zweikeimblättrige
Familie: Myrtengewächse (Myrtaceae)

Nelken gehörten zu den wertvollsten Gewürzen, die man bereits im Altertum, aber auch noch lange danach auf dem Seeweg zwischen den »Gewürzinseln« – den heutigen Molukken – und Europa handelte. Es sind die getrockneten Blütenknospen des *Syzygium aromaticum*, dessen Gattung als eine der größten der Welt rund 1000 Baumarten umfasst. Die meisten dieser Arten weisen eine recht niedrige Konzentration ätherischer Öle auf, selbst im Vergleich mit anderen Mitgliedern der Myrtengewächse. Diese Spezies bildet eine Ausnahme: Ihr hochkonzentriertes Eugenol riecht nicht nur durchdringend, sondern hat auch antiseptische und betäubende Wirkung. Zudem verleiht es den indonesischen »kretek«-Zigaretten ihren charakteristischen Geruch.

Im 17. Jahrhundert hatten die Holländer das Monopol für Plantagen auf den Gewürzinseln. Später pflanzte man Gewürznelkenbäume auch in anderen Teilen der feuchten Tropen an.

Tamarinde

Tamarindus indica

Höhe: bis 18 m
Typus: immergrüner Laubbaum
Verbreitung: tropisches Afrika und westliches Asien; genaue Herkunft aufgrund langer Kultivierung unsicher
Standort: Monsunwälder, Savannen und Buschland, meist auf Ebenen
Abteilung: Bedecktsamer (Angiospermae): Zweikeimblättrige
Familie: Hülsenfrüchtler (Leguminosae)

Auch dieser tropische Baum wird seit so langer Zeit kultiviert, dass sich seine Herkunft nur schwer zurückverfolgen lässt. Der kleine Hülsenfrüchtler mit den farnähnlichen Fiederblättern bringt zahlreiche, von brüchigen Schalen umgebene Hülsen hervor, die ein süßsaures, bräunliches Fruchtfleisch enthalten, in das die harten Samen eingebettet sind. Dieses Fruchtfleisch spielt in vielen Ländern eine kulinarische Rolle; vor allem in der asiatischen Küche wird es für Getränke und Saucen verwendet. Die Früchte dienen auch Tieren als Nahrung. Das Wort Tamarinde leitet sich von der arabischen Bezeichnung für indische Dattel ab.

Die Hülsen der Tamarinde reifen in der tropischen Trockenzeit. Bei ausreichend feuchtem und fruchtbarem Boden entwickelt der Baum ein dichtes Blätterdach; sonst bleibt er eher klein.

Athel Tree

Tamarix aphylla

Höhe: bis 15 m
Typus: immergrüner Laubbaum
Verbreitung: nordöstliches Afrika; westliches Asien
Standort: an Ufern nicht ganzjährig Wasser führender Flüsse, in ariden Regionen, meist auf sandigen oder verschlammten Böden
Abteilung: Bedecktsamer (Angiospermae): Zweikeimblättrige
Familie: Tamariskengewächse (Tamaricaceae)

Auf den ersten Blick ähnelt die Tamariske mit ihren winzigen Schuppenblättern und den zarten, nadelähnlichen Zweigen einer Konifere aus der Familie der Zypressengewächse. Die Tamariske ist jedoch eine echte Blütenpflanze, die im Sommer Rispen kleiner, rosafarbener Blüten und im Herbst Unmengen seidig-dauniger Samen hervorbringt. Der Baum gedeiht im Wüstenklima, spendet Schatten, schützt vor Wind und liefert Brennholz. Aus diesen Gründen wurde er auch auf anderen Kontinenten großflächig angepflanzt; im Südwesten der USA und in Zentralaustralien hat er sich sogar zu einem »Unkraut« entwickelt, das die heimische Vegetation verdrängt. Der Baum ist die höchste der 55 *Tamarix*-Arten, die anderen werden nur großstrauchig oder sind kleine Bäume.

Die winzigen grauen Blätter der Tamariske sind spiralförmig an den schlanken Zweigen angeordnet. Die Blüten mit den 5 Kronblättern sind ebenfalls sehr klein, die Borke ist gefurcht.

Echte Sumpfzypresse

Taxodium distichum

Höhe: bis 50 m
Typus: Laub abwerfender Nadelbaum
Verbreitung: südöstliche USA, von Florida bis Delaware, Illinois und zum östlichen Texas
Standort: Süßwassersümpfe und flache Flussufer, oft in recht tiefem Wasser
Abteilung: Nadelholzgewächse (Pinophyta)
Familie: Zypressengewächse (Cupressaceae)

Die Echte Sumpfzypresse ist in Sagen und Märchen ebenso bekannt wie bei Botanikern und Baumliebhabern. In den Zypressensümpfen Floridas und Louisianas gedeiht vornehmlich *Taxodium distichum,* eine der 2 zu der Gattung gehörenden Arten. Es ist zwar ungewöhnlich, aber nicht einzigartig, dass Nadelgehölze ihr Laub abwerfen. Die sehr kleinen Blätter stehen in 2 kammähnlichen Reihen an Kurztrieben. Im Herbst verfärben sich Zweige und Blätter gold- bis tief rostfarben. Der Baum weist noch ein weiteres ungewöhnliches Merkmal auf: die sogenannten Atemknie, aus dem flach streichenden Wurzelsystem nach oben wachsende Gebilde, die den Gasaustausch erleichtern.

Eine Echte Sumpfzypresse in ihren Herbstfarben, inmitten eines typischen Zypressensumpfes und mit Louisianamoos bewachsen. Der Baum gedeiht aber auch gut in ganz normalen Gärten.

Mexikanische Sumpfzypresse

Taxodium mucronatum

Höhe: bis 35 m
Typus: Laub abwerfender Nadelbaum
Verbreitung: Guatemala; Mexiko; Rio-Grande-Tal, südliches Texas, USA
Standort: Süßwassersümpfe, Flussufer, Canyons, an Seen und Quellen, auf Hochebenen
Abteilung: Nadelholzgewächse (Pinophyta)
Familie: Zypressengewächse (Cupressaceae)

Einige Exemplare des mexikanischen Nationalbaums weisen einen gewaltigen Stammdurchmesser auf. Im Chapultepec-Park in Mexico City stehen die vermutlich größten Bäume dieser Art; sie sollen schon zur Zeit der letzten Aztekenherrscher gepflanzt worden sein – daher ihr zweiter volkstürmlicher Name Montezumazypresse. Der mexikanische Name – »ahuehuete« – stammt aus der Nahuatl-Sprache. Unter Botanikern stritt man sich lange über den Status des Baums in Bezug auf seine nördliche Verwandte, die Echte Sumpfzypresse *(Taxodium distichum)*. Blätter, Zweige und Zapfen beider Arten sind praktisch identisch, in ihrer Wuchsform unterscheiden sie sich jedoch erheblich.

El Arból del Tule ist 35 m groß, der Stamm hat einen Durchmesser von 12 m. In ihrer Masse reicht diese Sumpfzypresse an den Riesenmammutbaum *(Sequoiadendron giganteum)* heran.

Europäische Eibe

Taxus baccata

Höhe: bis 30 m
Typus: immergrüner Nadelbaum
Verbreitung: Europa; nordwestliches Afrika; gemäßigtes Vorderasien östlich bis zum nördlichen Iran
Standort: Mischwälder und Gebüsche, meist an felsigen Berghängen oder in Schluchten
Abteilung: Nadelholzgewächse (Pinophyta)
Familie: Eibengewächse (Taxaceae)

Die kulturelle Bedeutung der Europäischen Eibe ist so groß und vielfältig, dass sie ihre botanischen Aspekte überschattet. Sie ist eine von wohl 7 Arten der Gattung *Taxus,* die einander so sehr ähneln, dass man sie theoretisch derselben Spezies zuordnen könnte. Sie kommen vereinzelt auf der ganzen nördlichen Hemisphäre vor, auch auf der Südhalbkugel sind sie vertreten, etwa in den Bergen von Sulawesi. Dass die Eibe zu den Nadelgehölzen zählt, ist keineswegs offensichtlich; die Zapfen sind auf einzelne Samen reduziert, die von einem kelchförmigen, roten Schuppenblatt umgeben sind. Dieses dient Vögeln als Nahrung. Alle anderen Teile der Eibe sind giftig, enthalten jedoch den Antikrebswirkstoff Taxol.

Eiben werden oft um Kirchen und auf Friedhöfen angepflanzt. Es gibt Exemplare mit einem Stammdurchmesser von bis zu 3 m, deren Alter man auf über 2000 Jahre schätzt.

Teakbaum

Tectona grandis

Höhe: bis 40 m
Typus: in der Trockenzeit Laub abwerfender Laubbaum
Verbreitung: Festland des tropischen Asiens, von Zentralindien bis nach Vietnam
Standort: tropische Laubwälder und am Rand von Regenwäldern, auf fruchtbarem Boden an Berghängen bis 1200 m
Abteilung: Bedecktsamer (Angiospermae): Zweikeimblättrige
Familie: Lippenblütler (Lamiaceae)

Das Holz des Teakbaums schätzt man sehr: Es ist dicht, hart, gut zu bearbeiten, splittert nicht leicht, ist wetterfest und enthält eine ölige, wachsartige Substanz, die das Verrosten von Eisenbeschlägen und -nägeln verhindert. Asiatische Tischler und Schiffsbauer kannten diese Eigenschaften schon lange, bevor der Baum in Europa bekannt wurde. Der Teakbaum stammt zwar nicht aus Indonesien, wurde aber vor 500 Jahren als Nutzholzbaum dort angepflanzt. Mitte des 18. Jahrhunderts entdeckte die britische Marine das Holz für sich; gegen Ende der napoleonischen Kriege verwendete man es vorzugsweise für Kriegsschiffsdecks, Geländer, Kanonengehäuse und Planken.

Heute werden aus Teakholz überwiegend Gartenmöbel hergestellt. In Myanmar und anderen asiatischen Ländern gibt es große Anpflanzungen, die hochwertiges Holz liefern.

Kakaobaum

Theobroma cacao

Höhe: bis 8 m
Typus: immergrüner Laubbaum
Verbreitung: Mittelamerika; nördliches Südamerika in den Vorgebirgen der Anden
Standort: Unterholz tropischer Regenwälder, vor allem an geschädigten Waldsäumen
Abteilung: Bedecktsamer (Angiospermae): Zweikeimblättrige
Familie: Malvengewächse (Malvaceae)

Die Frucht dieses Baums ist das vielleicht größte Geschenk der präkolumbianischen Kultur Mittelamerikas an den Rest der Welt – und zudem eine wichtige internationale Handelsware. Kakao taucht schon in den Wandmalereien der Maya, Tolmeken und Azteken auf. Die frühen spanischen Siedler berichteten in allen Einzelheiten davon; von ihnen ist auch der Nahuatl-Name des daraus bereiteten Getränks, »xocolatl«, überliefert; so fand die Schokolade ihren Weg in die europäische Sprach- und Esskultur. Auch das Wort Kakao stammt aus dem Nahuatl, bezieht sich jedoch nur auf den Baum und sein Produkt, die Kakaobohne. Der botanische Name – *Theobroma* – bedeutet »Götterspeise«.

Der Kakaobaum hat große Blätter und liebt den Schatten. Die Schoten werden bis zu 30 cm lang. Die ölhaltigen Samen kommen fermentiert, getrocknet und geröstet in den Handel.

Amerikanische Ulme

Ulmus americana

Höhe: bis 40 m
Typus: im Winter Laub abwerfender Laubbaum
Verbreitung: östliches Nordamerika, von Saskatchewan und Montana bis Texas
Standort: Laubwälder, auf tiefgründigen Böden in Talsohlen sowie an Flüssen und Seen
Abteilung: Bedecktsamer (Angiospermae): Zweikeimblättrige
Familie: Ulmengewächse (Ulmaceae)

Die Amerikanische Ulme ist eine von rund 30 Arten der Gattung *Ulmus*, die in den gemäßigten Regionen der nördlichen Hemisphäre verbreitet sind. Fast alle werfen im Herbst ihr Laub ab und haben einfache, gezähnte Blätter mit asymmetrischer Basis. Auf die kleinen, unauffälligen Blüten folgen grünliche Flügelfrüchte, die vom Wind weit getragen werden. Der Bestand wurde durch das Ulmensterben stark dezimiert; die Krankheit wird von Schlauchpilzen verursacht und durch Ulmensplintkäfer verbreitet. In den 1930er- und 1960er-Jahren fielen ihr zahlreiche Bäume in Europa und Amerika zum Opfer; davor galt die Ulme in Amerika als beliebter einheimischer Straßen- und Parkbaum.

Diese ausgewachsene Amerikanische Ulme zeigt die charakteristische hohe und schirmförmige Baumkrone. Durch das Ulmensterben sind solche Exemplare heute leider selten.

Wollemie

Wollemia nobilis

Höhe: bis 40 m
Typus: immergrüner Nadelbaum
Verbreitung: eng begrenztes Gebiet im Wollemi-Nationalpark, nordwestlich von Sydney, Ostaustralien
Standort: gemäßigte Regenwälder, auf Alluvialböden, am Grunde enger Sandsteincanyons
Abteilung: Nadelholzgewächse (Pinophyta)
Familie: Araukariengewächse (Araucariaceae)

Als man diese faszinierende Nadelgehölzart 1994 entdeckte, waren Gärtner, Botaniker und Umweltschützer gleichermaßen begeistert. Von einer seiner Reisen in die Sandsteinwildnis der Blue Mountains westlich von Sydney brachte der Entdecker David Noble aus einem abgelegenen und recht unzugänglichen Canyon den Zweig eines seltsamen, unbekannten Baums mit nach Hause. Botaniker untersuchten den Zweig, sammelten weitere Proben und stellten fest, dass es sich dabei um eine neue, 3. Gattung der Araukariengewächse handeln musste. Auch Fossilienfunde aus der Kreidezeit von vor über 100 Mio. Jahren stimmten überein. Heute wird die Wollemie in großer Zahl gezüchtet.

Eine junge Wollemie hat spiralförmig an den Zweigen angeordnete Nadeln, die an der Basis gedreht sind, sodass sie 2 Zeilen bilden. Bei älteren Zweigen sind sie in 4 Zeilen angeordnet.

Grasbaum

Xanthorrhoea glauca

Höhe: bis 8 m
Typus: immergrünes Schwertblatt
Verbreitung: südöstliches Australien
Standort: Wälder oder Buschland, auf steilen Berggraten und an Schluchthängen, auf felsigen Böden
Abteilung: Bedecktsamer (Angiospermae): Einkeimblättrige
Familie: Grasbaumgewächse (Xanthorrhoeaceae)

Die Gattung *Xanthorrhoea* kommt ausschließlich in Australien vor und umfasst 28 Arten, von denen nur wenige oberirdische Stämme ausbilden; *X. glauca* ist eine der größten und auf den Bergen Südostaustraliens weit verbreitet. Grasbäume haben eine einzigartige Morphologie: Die Leitbündel im Stamm sind von einer Schicht aus Blattbasen umgeben, die durch ein rötliches, kristallines Harz zusammengehalten werden. An der Spitze der Zweige sind Hunderte schmaler, harter Blätter strahlenförmig angeordnet. Die Blütenähren überragen das Blätterdach und haben winzige weiße Blüten, die mit ihrem Nektar Insekten anlocken. Die Pflanzen sind feuerresistent und treiben nach einem Waldbrand schnell wieder.

Grasbäume am Rand einer Klippe in einem zerklüfteten Sandsteingebirge Australiens. Die Blütenähren kosten die Pflanze viel Energie und erscheinen nur alle paar Jahre.

Joshuabaum

Yucca brevifolia

Höhe: bis 15 m
Typus: immergrünes Schwertblatt
Verbreitung: Mojave-Wüste, südöstliches Kalifornien und angrenzend Arizona, Nevada und Utah, USA
Standort: aride Wälder und Wüstenbuschland, auf Hochebenen zwischen 450 und 2000 m
Abteilung: Bedecktsamer (Angiospermae): Einkeimblättrige
Familie: Agavengewächse (Agavaceae)

Nach dem Saguarokaktus *(Carnegiea gigantea)* ist der Joshuabaum die Charakterpflanze der im Südwesten der USA gelegenen Wüsten. Während der Joshuabaum im Hochland der Mojave-Wüste gedeiht, wächst der Saguaro weiter südöstlich in der Sonora-Wüste. Der Joshuabaum ist die größte der rund 30 Palmlilienarten; die Gattung ist auf Nordamerika und Mexiko beschränkt, dort finden sich auch die meisten anderen großen Baum-Yuccas. Alle *Yucca*-Arten haben harte, spiralförmig um die Zweige angeordnete Blätter. In regelmäßigen Abständen produzieren sie auffällige Rispen weißer, glockenförmiger Blüten. Der Artname *brevifolia* bezieht sich auf die ungewöhnlich kurzen Blätter.

Im Joshua-Tree-Nationalpark am Fuße der San Bernadino Mountains in der Nähe von Los Angeles wachsen einige der größten und ältesten Exemplare von *Yucca brevifolia*.

Lebensgemeinschaften

Vorhergehende Doppelseite Der üppige grüne Regenwald des neuseeländischen Westland-Nationalparks aus der Vogelperspektive.

Lebensgemeinschaften

Bäume dominieren die Natur; als Wälder bestimmen sie maßgeblich die Klimazonen unseres Planeten. Biologen haben die Erde in verschiedene Biome – Lebensgemeinschaften von Pflanzen, Tieren und Bodenorganismen – eingeteilt, die alle auf Bäume als Schutz-, Feuchtigkeits- und Nahrungsquelle angewiesen sind.

Die Wälder der Erde

Die natürliche Vegetation, die (mit Ausnahme Antarktikas) den größten Teil der Landmassen der Erde bedeckt, wird von Bäumen beherrscht. Je nachdem, wie viele Bäume in einem bestimmten Gebiet vorkommen, unterscheidet man zwischen Wald, Waldland und Savanne. In den letzten 1000 Jahren haben der Mensch bzw. seine Nutztiere Waldbestände zwar großflächig vernichtet, doch ist mittlerweile erwiesen, dass der Wald sich rasch wieder erholen würde, überließe man ihn ungestört seinem natürlichen Wachstum. Davon zeugen beispielsweise die Landfluchten in vielen ärmeren Regionen der Welt. Der Waldbestand ist von Erdteil zu Erdteil unterschiedlich. In erster Linie ist es das Klima, das die Größe der Bäume, Struktur und Dichte des Waldes sowie die Artenvielfalt darin bestimmt. Zu den klimatischen Variablen zählen die Temperatur (und zwar sowohl Tiefst- als auch Höchsttemperaturen in Sommer und Winter), Niederschlag (sowohl hinsichtlich der jährlichen Gesamtmenge als auch der Verteilung auf die Jahreszeiten), Luftfeuchtigkeit und Wind.

KLASSIFIZIERUNG DER BAUMVEGETATION

Bäume sind die größten auf dem Land lebenden Organismen; sind sie in großer Zahl vorhanden, verändern sie ihre Umgebung und dienen unzähligen anderen Organismen als Lebensraum und Nahrung. Je nach Wald oder Waldland unterscheiden sich auch die darin lebenden, abhängigen Lebewesen. Pflanzenökologen definieren die Vegetationstypen nach mehreren Kriterien: Am wichtigsten ist die Struktur, zu der Baumdichte, Höhe des Blätterdachs, mögliches Unterholz – etwa kleinere Bäume, Sträucher oder Gräser – und andere Wuchsformen wie Lianen, Epiphyten und Schmarotzerpflanzen gehören. Wichtig ist auch, aus wie vielen Baum- und anderen Pflanzenarten ein Wald besteht. Am oberen Ende der Klassifikationsskala stehen die Biome – breit gefasste Gruppierungen von Flora und Fauna –, die wiederum in erster Linie vom Baumbewuchs bestimmt werden, zumindest in den Regionen, in denen Bäume vorkommen.

DIE WICHTIGSTEN WALDBIOME DER ERDE

- Borealer Wald
- Gemäßigter Nadelwald
- Gemäßigter Laubwald
- Gemäßigter Laubwald der südlichen Hemisphäre
- Gemäßigtes Waldland
- Tropischer Regenwald
- Tropischer Saison-Laubwald
- Savanne
- Mangrove

↓ **Wald und Waldland in Slowenien.** Hier wachsen viele Bäume, die sich auf Ackerland angesiedelt haben, das infolge der zunehmenden Verstädterung brachliegt.

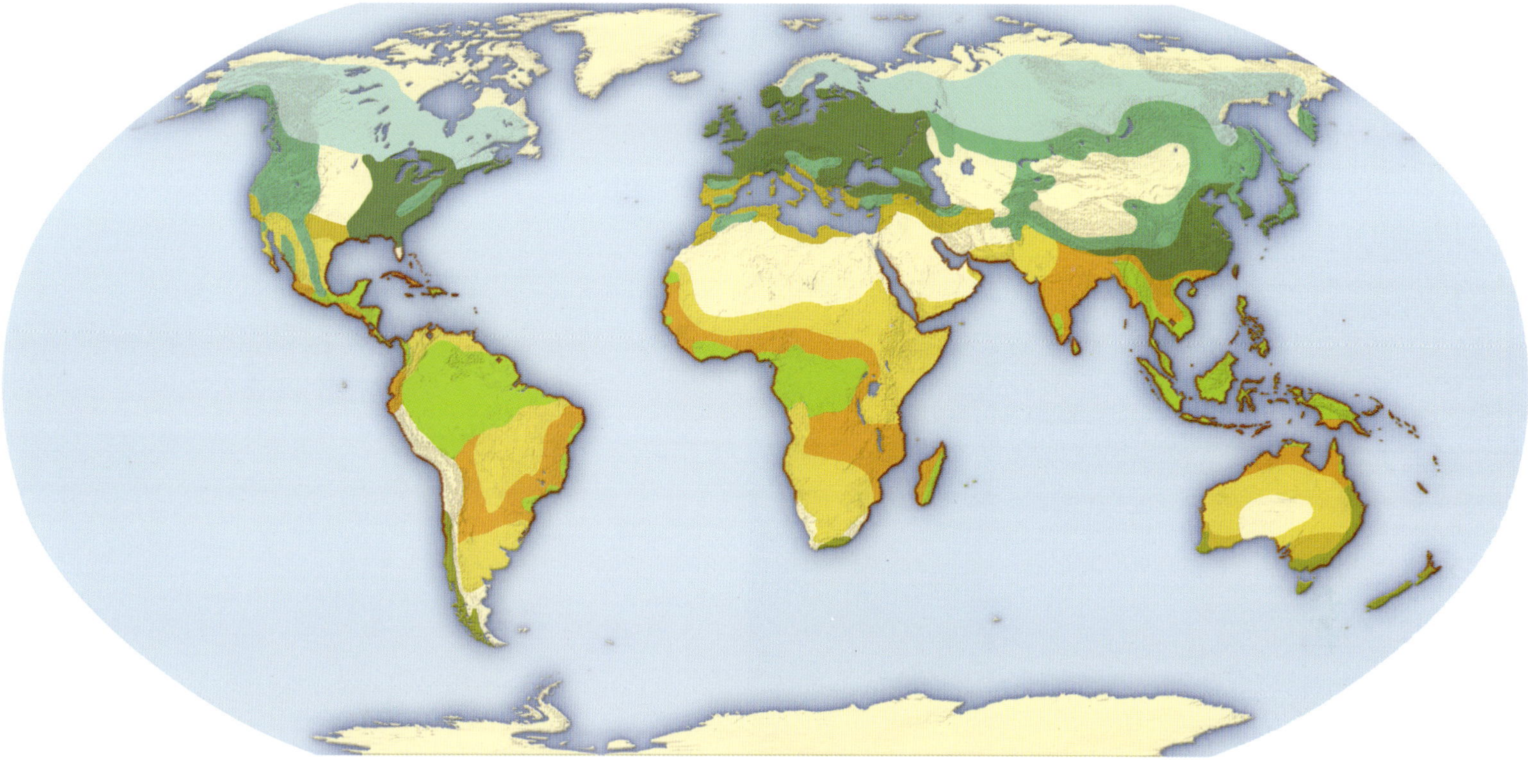

Borealer Wald

Boreal bedeutet »nördlich«; folglich sind boreale Wälder überwiegend in den kälteren nördlichen Regionen der beiden großen Kontinente Eurasien und Nordamerika anzutreffen. Auch unter ihrem russischen Namen »Taiga« sind diese Wälder bekannt, in denen schätzungsweise über ein Drittel aller weltweit vorkommenden Bäume stehen. Da diese Regionen auch deutlich dünner besiedelt sind als weiter südlich gelegene, blieb der Baumbestand in den letzten Jahrhunderten dem Eingriff des Menschen weitgehend entzogen und deshalb relativ konstant. Zwar findet auch hier Abholzung statt, doch junge Bäume wachsen anstelle der gefällten nach – und ein Großteil der borealen Wälder ist nach wie vor unberührte Wildnis. Bedroht werden sie in letzter Zeit allerdings durch die globale Erwärmung. Nördlich der borealen Wälder – etwa 2–3 Breitengrade jenseits des Polarkreises – erstreckt sich die baumlose arktische Tundra, am Großteil der Pazifik- und Atlantikküste ist es für diesen Typ Wald dagegen zu warm – nur an der Ostküste Kanadas und Neufundlands verdrängt der kältere Labradorstrom den Golfstrom. Am weitesten südlich reichen boreale Wälder im kälteren Zentrum der Kontinente sowie in kargen Bergregionen, etwa den nördlichen Appalachen. Typische Merkmale für borealen Wald sind extrem lange und kalte Winter, in denen der Boden gefroren ist und die Temperatur auf –60 °C sinken kann.

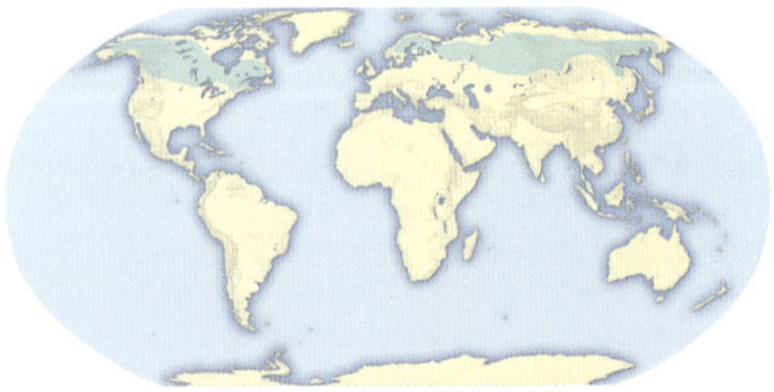

↑ **Junge Zapfen und Nadeln** zieren die Zweigspitzen der Laub abwerfenden Amerikanischen Lärche *(Larix laricina).* Sie ist die am weitesten verbreitete amerikanische Lärchenart, kommt fast überall im borealen Wald vor, bevorzugt aber sumpfige Standorte.

← **Frühherbst in der Taiga** des Pechoro-Ilychsky-Naturschutzgebiets im nördlichen Ural. Hier ist einer der ursprünglichsten borealen Wälder Eurasiens erhalten geblieben. Zu den immergrünen Nadelbäumen dieses Waldtyps gehören Fichten *(Picea abies),* Tannen *(Abies sibirica)* und Kiefern (*Pinus sibirica* und *P. sylvestris*).

KLIMA IM BOREALEN WALD

Im nördlichen Teil der borealen Waldzone herrscht in unterschiedlichen Bodentiefen sehr häufig Dauerfrost. Hier kann nur die »aktive Bodenschicht«, die im Sommer auftaut, die Pflanzen nähren. Die Sommer in diesen Klimazonen sind kurz, können aber recht warm und feucht sein. Der jährliche Niederschlag in Form von Regen oder Schnee ist in der Regel relativ gering – in Zentralalaska nur etwa 150 mm –, doch da auch die Verdunstung gering ist, bleibt der Boden im Sommer meist sehr feucht. Aufgrund der Temperaturen und Bodenbedingungen erhalten die Pflanzen des borealen Waldes eher wenige Nährstoffe, und die Bäume wachsen nur langsam. Auch die Artenvielfalt ist nicht so groß wie in wärmeren Klimazonen, die einzelnen Arten sind dafür aber weit verbreitet.

Borealer Wald (Forts.)

Im borealen Wald herrschen Nadelbäume vor, die zu nur 4 Gattungen der Familie Kieferngewächse (Pinaceae) gehören; es sind Tannen (*Abies* sp.), Lärchen (*Larix* sp.), Fichten (*Picea* sp.) und Kiefern (*Pinus* sp.). Keine einzige Art dieser Gattungen kommt sowohl in Eurasien als auch in Nordamerika vor, einige sind mit ihrem jeweiligen Gegenstück auf dem anderen Kontinent jedoch nah verwandt. Nadelgehölze haben sich wie kaum eine andere Baumart an sehr niedrige Temperaturen angepasst: Ihre nadelförmigen Blätter haben wenig Oberfläche, und je näher der Winter rückt, desto höher ist die Konzentration an Zucker und Stärke im Zellsaft, die – gemeinsam mit bestimmten Proteinen – eine Art natürliches Frostschutzmittel bilden; Öle und Harze in Blättern, Rinde und Holz sorgen für zusätzlichen Schutz. Und auch die ruhenden Winterknospen an den Spitzen der Zweige sind von einer wärmenden Harzschicht umgeben. Die einzigen Laubbäume des borealen Waldes gehören den Gattungen *Betula* (Birke), *Alnus* (Erle), *Populus* (Pappel), *Salix* (Weide) und *Sorbus* (Mehlbeere) an. Sie alle sind Laub abwerfend; in den kurzen Sommern legen die Blätter durch Photosynthese Nährstoffreserven an. Auch niedrige Sträucher – sowohl Laub abwerfende als auch immergrüne – kommen häufig vor, etwa Zwergweiden (*Salix* sp.) oder zahlreiche Heidekrautgewächse.

↓ **Der Amerikanische Schwarzbär** *(Ursus americanus)* teilt sich seinen Lebensraum im borealen Wald mit dem Braunbären *(U. arctos)*, auf dessen Speiseplan leider auch der Schwarzbär steht. Letzterer ernährt sich von Blättern, Früchten und Nüssen, nur manchmal frisst er auch Fleisch.

↑ **Das Baumstachelschwein** *(Erethizon dorsatum)* ist ein ausgezeichneter Kletterer. Das nachtaktive Tier verbringt den Großteil des Tages in einer geschützten Baumhöhle.

↗ **Der Raufußkauz** *(Aegolius funereus)* gehört mit einer Größe von 20–30 cm zu den kleineren Greifvogelarten. Er lebt im südlichen Teil der dichteren borealen Wälder Nordamerikas und Eurasiens und ernährt sich überwiegend von kleinen Nagetieren.

← **Ein junger Baummarder** *(Martes martes)* in seinem Nest in einem moosbedeckten Kiefernstamm. Der Fleischfresser erbeutet bevorzugt Hörnchen, verschmäht aber auch andere Nahrung nicht.

Spechte schlagen mit dem kräftigen Schnabel Löcher in Baumstämme, um dann mit der langen Zunge nach Käferlarven und anderen Insekten, die unter der Rinde des Baums leben, zu angeln.

LEBEN IM BOREALEN WALD

Die Fauna im borealen Wald ist vielfältig und bildet komplexe Nahrungsketten. Insekten ernähren sich von Pflanzen und kleinen Tieren, vermehren sich im Sommer zahlreich und werden ihrerseits von größeren Insekten, Vögeln, kleinen Säugetieren und Fröschen gefressen. Andere Säugetiere und Vögel ernähren sich von Gräsern und Kräutern, von Blättern oder im Winter von Flechten sowie von der zuckerreichen Rinde und kleineren Zweigen. Einige Vögel und kleine Säugetiere wie etwa Hörnchen haben sich auf die Samen von Nadelbäumen spezialisiert. Zu den größten Pflanzenfressern des borealen Waldes gehören das Karibu (ein nordamerikanisches Rentier), der Elch und der arktische Bison, der vereinzelt noch in Alaska und Kanada vorkommt, in Sibirien jedoch längst ausgestorben ist. Raubtiere gibt es im borealen Wald in allen Größen – vom kleinen Hermelin über Eulen bis hin zu Wölfen und Braunbären.

Gemäßigter Nadelwald

Dieses Biom umfasst Wälder, in denen einige der größten Bäume der Welt wachsen, an der Nordwestküste Nordamerikas beispielsweise Küstenmammutbaum, Douglasie und Sitkafichte. Gleich nebenan, in den Nadelwäldern der kalifornischen Sierras, findet man die ältesten Bäume der Welt, etwa die Grannenkiefer *(Pinus aristata)*, sowie die mit dem meisten Holz, etwa der Riesenmammutbaum *(Sequoiadendron giganteum)*. Gemäßigte Nadelwälder der nördlichen Hemisphäre kommen auch in den Bergen Westchinas, im Nordosten Chinas, im äußersten Osten Russlands, in Japan, in Zentralasien, im Himalaja und Kaukasus sowie in der mexikanischen Sierra Madre vor. Die Berge Mitteleuropas, des Balkans und der Türkei sind alle mit Nadelwäldern bedeckt, ebenso einige Regionen des Atlasgebirges in Afrika. Dominant sind vor allem Kieferngewächse wie Kiefern, Fichten, Tannen, Lärchen und Zedern; an der Westküste Nordamerikas kommen zudem Zypressengewächse vor. Auch auf der Südhalbkugel gibt es vereinzelt Nadelwaldbestände; dazu gehören die Araukarien- und Alercenwälder in Chile, die Kauri- und Steineibenwälder in Neuseeland sowie kleinere Wälder im australischen Tasmanien.

→ **In Nordeuropa** sind höher gelegene Gebiete oft von Nadelwäldern bedeckt. Am häufigsten ist die Gewöhnliche Fichte *(Picea abies)*, die man von den Bergregionen Griechenlands bis zu den borealen Wäldern Skandinaviens und Russlands antrifft.

↓ **Die Stechfichte** *(Picea pungens)* ist in den trockeneren Nadelwäldern der Rocky Mountains dominant. Der beliebte Zierbaum kommt in natürlichen Beständen von Idaho bis Arizona und New Mexico vor.

VERBREITUNG DER NADELWÄLDER
Nadelwälder bedecken meist höher gelegene Bergregionen, wo die Sommer kühl sind und die Schneeschmelze im Frühling für ausreichend Bodenfeuchtigkeit sorgt. In einigen Teilen der Erde, etwa an der Westküste Nordamerikas, findet man Nadelwälder jedoch auch im Küstentiefland. Wahrscheinlich haben historische Faktoren zur Verbreitung der Wälder beigetragen; viele Nadelbaumgattungen und -arten haben die geologisch jüngsten Eiszeiten in Refugien überlebt – geschützten Biotopen mit wärmerem, aber feuchterem Klima, die vom Eis verschont blieben. In Eurasien gab es derartige Refugien am Mittelmeer, in den Vorgebirgen des Himalaja und im Südwesten Chinas, in Nordamerika an der Westküste und im Südosten. Nach dem Rückzug der Eismassen siedelten sich die Nadelbäume im Laufe mehrerer Tausend Jahre wieder an Berghängen an.

Gemäßigter Nadelwald (Forts.)

Hinsichtlich Flora und Fauna gehören gemäßigte Nadelwälder zu den eher ungewöhnlichen Wäldern der Erde. Viele Pflanzen mussten einen Prozess der Spezialisierung durchlaufen, um sich an die besonderen Bedingungen dieser Umgebung anzupassen. Typisch für dichte, gut entwickelte Nadelwälder ist, dass das Licht kaum bis auf den Boden des Waldes durchdringen kann, der von einer dicken Schicht abgefallener Nadeln bedeckt ist. Da diese nur langsam verrotten, ist der Boden tendenziell sauer. Es gibt kaum kleinere Bäume oder Sträucher; die Pflanzen, die am Boden gedeihen, müssen mit sehr wenig Licht auskommen. Gut vertreten sind Flechten, Moose und Farne, Pilze sowie Schmarotzer und Saprophyten (von faulenden Stoffen lebende Pflanzen). Zu letzteren gehören Misteln an den oberen Etagen und Bodendecker wie *Boschniakia* aus der Familie der Sommerwurzgewächse sowie die Gattungen *Monotropa* und *Sarcodes* aus der Familie der Fichtenspargelgewächse. Grenzt der gemäßigte Nadelwald an Lichtungen oder ist sein ökologisches Gleichgewicht beispielsweise durch einen Brand gestört, siedeln sich zumindest vorübergehend rasch wieder lichtliebende Pflanzen an. Tiere leben in Nadelwäldern hauptsächlich in den Wipfeln der Bäume.

→ **Monarchfalter** überwintern in großer Zahl an den Stämmen der Heiligen Tanne *(Abies religiosa)*, die nur auf wenigen vulkanischen Bergen in Mittelmexiko westlich von Mexico City wächst.

↘ **Der Hakengimpel** *(Pinicola enucleator)* gehört zu den Finken und ist ein wahrer Koniferenspezialist. Mit seinem kräftigen Schnabel knackt er die größeren Samen und Knospen der Nadelbäume auf.

↓ **Der Fliegenpilz** *(Amanita muscaria)* ist der charakteristischste aller Schirmpilze. Er ist in den feuchten Kiefernwäldern der nördlichen Hemisphäre heimisch, wurde inzwischen jedoch auch auf der Südhalbkugel angesiedelt. Sibirische Schamanen schätzten den giftigen, aber selten tödlichen Pilz wegen seiner halluzinogenen Eigenschaften.

LEBEN IM GEMÄSSIGTEN NADELWALD
Die Hauptbewohner des gemäßigten Nadelwalds sind Vögel, die sich auf das Knacken der essbaren Nadelbaumsamen spezialisiert haben oder sich von Insekten ernähren, die in den Baumwipfeln ebenfalls zahlreich vertreten sind. Auch einige kleinere kletternde Säugetiere, etwa Eichhörnchen, haben die Baumsamen auf ihrem Speiseplan. Zudem gibt es Raubtiere, die entweder auch klettern (Marder, Schlangen) oder fliegen (Falken, Eulen) können. Am Boden leben weniger Tiere, meist Pflanzenfresser, die sich von Pilzen oder heruntergefallenen Samen ernähren.

↓ **Das Eichhörnchen** ist häufig in Nadelwäldern anzutreffen, da es gern und als Hauptnahrung Fichtensamen frisst.

Die Holzwespen benutzt ihren bohrerartigen Legestachel, um die Rinde von Kiefern zu durchdringen und ihre Eier in eine Blattwespenlarve tief im Holz abzulegen.

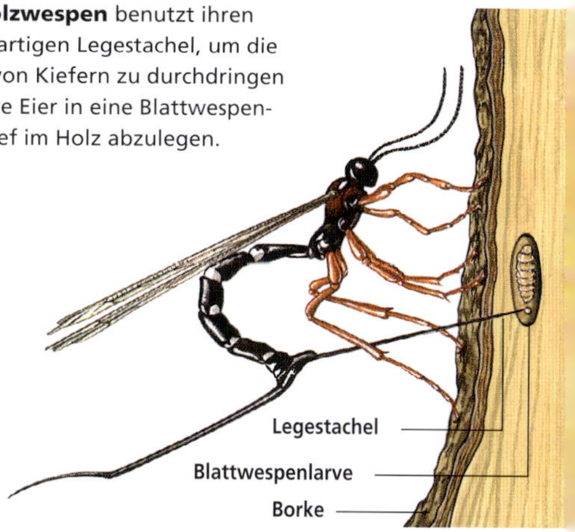

Gemäßigter, sommergrüner Laubwald

Der überwiegende Teil der Bevölkerung in Europa, den östlichen USA ebenso wie Millionen von Menschen in China und Japan leben heute in Städten, Regionen, die einst Teil dieses Waldtyps waren. Klimatisch bevorzugt der gemäßigte Laubwald warme, feuchte Sommer und kalte Winter. Niederschlag gibt es vor allem im Sommer, doch etwas Regen (bzw. Schnee) fällt das ganze Jahr über. Gemeinsam ist diesen Wäldern in allen Teilen der Erde, dass sie periodisch von dem Zustrom sehr kalter Luftmassen aus dem arktischen Norden betroffen sind, die die Temperaturen im Winter extrem nach unten treiben. Dieselben Regionen, vor allem an der Ostseite der Kontinente, profitieren jedoch von warmen Meeresströmungen wie dem Golfstrom, der Regen und höhere Sommertemperaturen mit sich bringt. Der Boden gemäßigter Laubwälder hat sich auf Glazialschutt gebildet, ist deshalb fruchtbar und speichert viel Feuchtigkeit. Über Jahrhunderte war der Wald der Zerstörung preisgegeben, da man ihn zugunsten ertragreicheren Ackerlands rodete; in China konnte er nur auf steilem Terrain überleben. In Europa sorgte die Aristokratie dagegen für den Erhalt größerer Waldflächen als Jagdrevier, und auch in den USA hat sich die Abholzung gemäßigter Laubwälder in den letzten 400 Jahren verlangsamt.

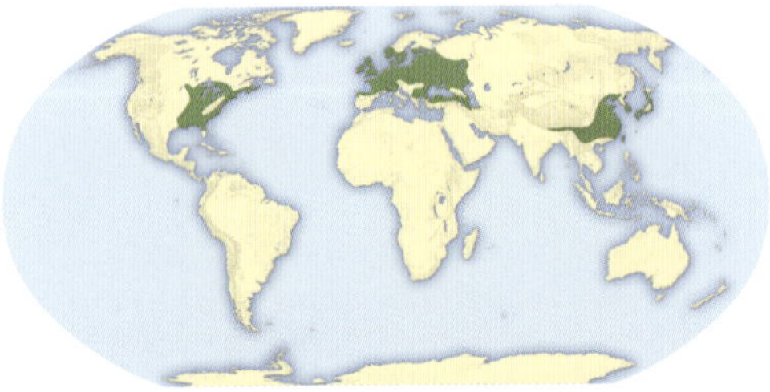

↑ **Welke Blätter und Eicheln** der osteuropäischen Valoneneiche *(Quercus ithaburensis)*. Das abgeworfene Laub dient Mikroorganismen als Nahrung, die die Nährstoffe wieder dem Boden zuführen.

← **Laubwald** im Blackwater Falls State Park, West Virginia, USA. Dominant sind Weißeiche, Tulpenbaum, Zuckerahorn und Gelbbirke. Die Laubfärbung im Herbst variiert von Art zu Art, ebenso der Zeitpunkt des Laubfalls, wie man an einigen kahlen Ästen sieht.

PRODUKTIVITÄT UND VIELFALT

Laubwälder sind enorm produktiv. Die breiten Blätter nutzen das Sonnenlicht im warmen Frühling und Sommer maximal zur Photosynthese. Die dabei produzierten Nährstoffe werden in Blättern, Zweigen, Rinde, Holz und Wurzeln gespeichert. Verfärben sich die Blätter im Herbst, ziehen sich die Nährstoffe aus dem Laub in den Stamm zurück; abgeworfene Blätter enthalten kaum mehr als unverwertbare Zellulose. Einige Baumgattungen kommen in allen Laubwäldern vor. Am vielfältigsten sind die Eichen (*Quercus* sp.), zu denen mindestens 40 Laub abwerfende Arten im östlichen Nordamerika sowie weitere 40 in den Laubwäldern Chinas und Japans und einige wenige europäische Arten gehören. Zahlreich vertreten sind auch die Gattungen Ahorn *(Acer)*, Ulme *(Ulmus)*, Walnuss *(Juglans)*, Esche *(Fraxinus)* und Linde *(Tilia)*.

Sommergrüner Laubwald (Forts.)

Die Aktivität der verschiedenen Bewohner des sommergrünen Laubwalds ist von den Jahreszeiten abhängig. Im Spätfrühling, wenn die jungen Blätter am Baum erscheinen, und auch im Sommer gibt es meist ein reichliches Angebot an Nahrung. Das Licht durchdringt die Baumkronen und ermöglicht auch krautigen Pflanzen das Wachstum, die ihrerseits Tieren wie Hirschen und Rehen als Nahrungsquelle dienen. Einige Bäume produzieren von Beginn des Sommers bis zur Mitte des Herbstes Früchte; Eichhörnchen und andere Tiere, die sich von Nüssen ernähren, können in dieser Zeit in aller Ruhe sammeln und Vorräte für den Winter anlegen. Und nicht zuletzt sind Bäume auch für zahlreiche Insektenarten lebensnotwendig. Bei einigen amerikanischen Eichen fand man in den Blättern eines einzigen Baumes über 30 Arten winziger Larven. Im Sommer beschleunigt sich der Kreislauf von Leben, Tod und Zerfall: Mikroorganismen ernähren sich von abgefallenen Blättern und Ästen, Pilze und Insekten bedienen sich des Totholzes. Mit ihrem Myzel durchdringen die Pilze Baumstümpfe und Wurzeln und wandeln Zellulose und Lignin in höherwertige Nährstoffe wie z. B. Proteine um. Dabei bilden sie auch die uns bekannten Fruchtkörper (Hüte) aus, von denen sich wiederum viele kleinere Tiere ernähren.

↑ **Ein Damhirsch** in einem frühherbstlichen Buchenwald in Südschweden. Diese Art ist gut an das Leben im sommergrünen Laubwald angepasst; ursprünglich stammt sie aus den Bergen des Nahen Ostens, wurde jedoch vor langer Zeit als Jagdwild nach Europa gebracht.

↗ **Streifenbackenhörnchen** sind für das Ökosystem des nordamerikanischen Laubwalds von besonderer Bedeutung, da sie die Samen der Bäume sammeln und damit verbreiten. Sie schlafen und nisten in Baumhöhlen.

← **Ein Porling oder Ständerpilz** wuchert auf dem abgefallenen Ast eines Baums. Diese Pilze sind zäh und lederartig und können viele Jahre alt werden – ganz im Gegensatz zu den Fruchtkörpern anderer Pilze, die nur einige Tage überleben.

→ **Der Eichelbohrer** bedient sich seines außergewöhnlich langen Rüssels, um Löcher in Eicheln zu bohren und darin seine Eier abzulegen; die geschlüpften Larven fressen die Eicheln anschließend von innen her auf.

DER WALD IM WINTER

Im Winter verlangsamt sich das Leben im Laubwald zwar, kommt jedoch nie wirklich zum Stillstand. Große Pflanzenfresser wie Hirsche und Rehe suchen im Wald nach stärkereicher Rinde, Zweigen, Knospen, Moosen und Wurzeln. Tiere, die auf Bäume klettern können – etwa Eichhörnchen –, vertilgen ebenfalls Knospen und die im Sommer gesammelten Nüsse. Viele Insekten fressen Rinde, Holz und Wurzeln der Bäume von innen heraus auf, andere verpuppen sich. Raubtiere – mit Ausnahme von etwa Schwarzbären und den meisten Reptilien, die Winterschlaf halten – suchen sich nach wie vor ihre Beute. Zahlreiche Vögel meiden den Winter, indem sie nach Süden ziehen, andere stellen ihre Ernährung um oder greifen auf Vorräte zurück. Greifvögel haben es im Winter sogar leichter, Beute in den kahlen Ästen der Bäume aufzuspüren. Die meisten Bäume stellen das Wachstum im Winter vollständig ein; einige Bedecktsamer der Krautschicht wachsen und blühen jedoch weiter oder tragen weiterhin Früchte und dienen somit auch in der kargen Jahreszeit als Nahrungsquelle.

Gemäßigter Laubwald der südlichen Hemisphäre

Dieser Waldtyp definiert sich eher darüber, was er nicht ist, als darüber, was er ist. Er umfasst alle dichteren Wälder im gemäßigten Südamerika (d. h. Chile und Argentinien), in Australien, Neuseeland und auf der Südspitze Afrikas. Die spärlicher bewachsenen Gegenden der gleichen Regionen bezeichnet man als gemäßigtes Waldland oder Savanne. Einige dieser Wälder sind genau genommen gemäßigte Regenwälder, die durch ein geschlossenes Blätterdach nur weniger Baumarten, zahlreiche Farne und Moose sowie vereinzelte Nadelgehölze gekennzeichnet sind. Im Gegensatz dazu wird der Waldgürtel des gemäßigten Australien von Eukalyptusarten mit ledrigen, vertikal ausgerichteten Blättern beherrscht. Epiphyten sind in Eukalyptuswäldern selten, und durch das relativ durchlässige Blätterdach fällt genügend Sonnenlicht, sodass sich auch krautige Pflanzen gut entwickeln können. In Ostaustralien, vor allem in kühlen, feuchten Bergregionen, gibt es auch zahlreiche isolierte Bestände gemäßigten Regenwalds, in denen – allen voran in Tasmanien – hauptsächlich Scheinbuchen (*Nothofagus* sp.) wachsen, die den Scheinbuchenwäldern in Neuseeland und Südamerika stark ähneln. Dies lässt sich darauf zurückführen, dass sich der östliche Teil des Großkontinents Gondwana geologisch gesehen erst kürzlich in die heutigen Landmassen aufgespalten hat.

→ **Dieser niedrige Wald** wächst auf der Südspitze Südamerikas und besteht vorwiegend aus Scheinbuchen der Art *Nothofagus antarctica*. Die Höhe der Bäume wird durch den kargen Boden und den schneidend kalten Wind begrenzt.

↓ **Die holzigen Früchte** des Eukalyptus platzen nach einem Waldbrand auf, damit die Samen in der Asche auf dem Boden keimen können.

DER GROSSE KONTINENT GONDWANA

Ein besonders interessanter Aspekt der südlichen gemäßigten Laubwälder ist ihre Verknüpfung mit dem erdgeschichtlichen Kontinent Gondwana. Sogar in Afrika, das sich bereits in der Kreidezeit vor rund 100 Mio. Jahren von Gondwana abspaltete, findet man noch einige Bäume, die Ähnlichkeit mit auf diesem Urkontinent heimischen Pflanzen besitzen, etwa die *Faurea*-Arten aus der Familie der Proteusgewächse (Proteaceae). Andere Gattungen dieser Familie verweisen jedoch auf sehr viel engere Verbindungen zwischen Australien und Südamerika, die noch vor 30 Mio. Jahren mit Antarktika eine Landmasse bildeten. Ein gemeinsames Element ist die Gattung der Scheinbuchen *(Nothofagus)*. Bei den Bäumen und anderen Pflanzen der australischen Eukalyptuswälder hingegen handelt es sich meist um einheimische Gattungen mit nur ganz entfernten Gondwana-Verwandten. In den vergangenen 40 Mio. Jahren haben sie sich an Trockenzeit und Waldbrände angepasst.

Gemäßigter Laubwald der südlichen Hemisphäre (Forts.)

Die Lebensformen im gemäßigten Laubwald der südlichen Hemisphäre variieren stark je nach Region. In den kühlsten gemäßigten Regenwäldern mit überwiegendem Scheinbuchenbestand gibt es nur wenige große Säugetiere, Vögel und Reptilien, da Nahrungsquellen rar sind. In diesen Wäldern herrschen Nebel und Stille. Die kleinwüchsige, hochspezialisierte Fauna lebt versteckt; zu ihr gehören Nage- und Beuteltiere, Frösche und Vögel. Niedrig bleibende Pflanzen wie kleinblättrige, beerentragende Sträucher wachsen vor allem in Lichtungen. Auch die Insektenwelt dieser Wälder ist sehr spezialisiert, Pilze kommen häufig vor. Mit den australischen Eukalyptuswäldern jedoch assoziiert man zahlreiche und vielfältigste Lebensformen: Neben vielen Tausenden Arten von kleinen Bäumen, Sträuchern, Gräsern und Farnen gibt es hier eine außerordentliche Fülle von Tieren und Pilzen. Die bekanntesten größeren Säugetiere sind Kängurus, dazu Wombats, Opossums und Koalabären; letztere leben in den Ästen der Bäume und ernähren sich ausschließlich von Eukalyptusblättern.

→ **Einzig Eukalyptusblätter** stehen auf dem Speiseplan des Koalabären *(Phascolarctos cinereus);* das Beuteltier verträgt die giftigen ätherischen Öle der Pflanze, bevorzugt aber Arten mit niedrigerem Öl- und Fasergehalt.

↘ **Eine adulte Zikade** entsteigt der Hülle des letzten Nymphenstadiums. Unter der Erde haben sich die Nymphen von Wurzeln ernährt. Zikaden sind an ihrem manchmal ohrenbetäubenden Zirpen zu erkennen.

↓ **Ein Waran** erklimmt den Stamm eines Eukalyptusbaums. Diese riesige, bis zu 1,80 m lange australische Echse wirkt furchterregend, und ihr Biss kann tödlich sein. Im Allgemeinen scheut sie jedoch die Begegnung mit dem Menschen.

KREISLAUF DES LEBENS

In den australischen Eukalyptuswäldern hört man die Rufe vieler Vögel. Das Spektrum der Arten reicht vom majestätischen Keilschwanzadler, der in den Wipfeln der höchsten Bäume nistet, bis hin zu winzigen Honigfressern und Zaunkönigen. Die meisten kleineren Vögel erbeuten Insekten; zahlreich vertreten sind aber auch Vögel, die sich von Nektar – auch vom Nektar des Eukalyptusbaums – ernähren. Wie in vielen anderen Wäldern kommen auch hier Insekten und andere Wirbellose am unteren Ende der Nahrungskette am zahlreichsten vor, obwohl die Artenvielfalt bei den Raubinsekten und Parasiten größer ist. Da Waldbrände häufig sind, haben sich viele Pflanzen und sogar manche Tiere in den australischen Eukalyptuswäldern so weit angepasst, dass sie Brände überleben können. Einige Pflanzen opfern ihre Blätter und keimen vom Wurzelstock oder von unter der Rinde verborgenen Knospen neu aus; andere verfügen über holzige Früchte, die nach dem Feuer platzen, damit der Samen in der Asche auf dem Boden keimen kann.

↑ **Der nachtaktive Kurzkopfgleitbeutler** ernährt sich vom Harz der Akazie. Mithilfe von 2 Hautmembranen, die er wie Schwingen ausbreiten kann, gleitet er von Baum zu Baum.

← **Der Kakapo,** ein flugunfähiger Papagei, ist in den Wäldern Neuseelands heimisch, inzwischen u. a. durch eingeführte Raubtiere jedoch nahezu ausgerottet. Auf den beiden Hauptinseln gilt er als ausgestorben; überlebt hat die Art nur in sehr geringer Zahl auf 4 kleineren küstennahen Inseln.

Gemäßigtes Waldland

Der Begriff »Waldland« wird von Pflanzenökologen in einem engeren als im umgangssprachlichen Sinn gebraucht, wo er meist mit »Wald« identisch ist. Ökologen verstehen unter Waldland eine niedrigere und spärlichere, baumdominierte Vegetation; hier werden die Bäume meist nicht größer als 15 m, und die Kronen bilden kein geschlossenes Blätterdach. Durch das reichlich einfallende Sonnenlicht kann sich auch Unterbewuchs mit Sträuchern, krautigen Pflanzen und Gräsern – je nach Bodenfruchtbarkeit und grasenden Tieren – gut entwickeln. Gemäßigtes Waldland kommt, wie der Name schon sagt, in den gemäßigten Klimazonen der Erde vor und so gut wie nie in subarktischen oder subtropischen Grenzbereichen. Der Bestand hängt – vor allem in der nördlichen Hemisphäre – jedoch auch von der Höhe über dem Meeresspiegel ab; so findet man gemäßigtes Waldland in Gegenden wie der mexikanischen Hochebene oder dem Hochland Äthiopiens sogar südlich des Wendekreises des Krebses. Zudem gibt es auch in Ländern der Südhalbkugel, insbesondere in Australien, einige ausgedehnte Flächen gemäßigten Waldlands.

↑ **Der spärliche Pinyonkiefern-Wacholder-Wald** im Zion-Nationalpark in Utah, USA, stellt ein Waldland-Extrem dar: Er wächst in großer Höhe und in recht trockenem Klima. Die Samen der Pinyonkiefern (*P. edulis* und *P. monophylla*) sind nährstoffreich.

← **Sonnenuntergang** über dem Cathedral Rock in Arizona. Die Weiden und Pappeln im Tal werden weiter oben von Pinyonkiefern-Wacholder-Wäldern abgelöst.

KLIMATISCHE VORAUSSETZUNGEN

In Regionen mit gemäßigtem Waldland herrscht meist ein trockeneres und wärmeres Klima als in den höheren Nadelwäldern oder in Wäldern mit Laub abwerfenden Bäumen. Die Laubbäume des wärmeren gemäßigten Waldlands sind überwiegend immergrün, im kälteren gemäßigten Waldland – auf den ausgedehnten Hochebenen der westlichen und südlich-mittleren USA etwa – hingegen wachsen sowohl Nadelbäume als auch Laub abwerfende und immergrüne Laubbäume. In Europa konzentriert sich das hier Hartlaubwald genannte gemäßigte Waldland auf die Mittelmeerregionen mit heißen und trockenen Sommern und flachgründigen Böden. In manchen Gegenden haben jahrhundertelanger Ackerbau und Viehzucht zu einem Wechsel von Wald zu Waldland geführt. Auch Waldbrände bestimmen das Aussehen des Waldlands: Dabei werden Gräser vernichtet, während sich Bäume und Sträucher vermehrt neu ansiedeln können.

Gemäßigtes Waldland (Forts.)

Welche Bäume im gemäßigten Waldland vorkommen, hängt maßgeblich von geografischer Region und Klimazone ab. Am Mittelmeer beispielsweise wachsen überwiegend Kiefern, immergrüne Eichen und einige Laub abwerfende Bäume wie der Französische Ahorn *(Acer monspessulanum)*. Im Südwesten der USA sind ebenfalls immergrüne Eichen sowie kleine Bäume der Heidekrautgewächse heimisch; in kühleren und trockeneren Regionen geht die Vegetation in Pinyonkiefern-Wacholder-Wälder über. Die weniger geschlossene Struktur des Waldlands bietet einer vielfältigen Fauna Lebensraum. Vor allem Insekten und Vögel kommen zahlreich vor, häufig ernähren sie sich sogar vom Nektar der gleichen Pflanzen, obwohl sich viele Blüten auf die Bestäubung entweder durch Vögel oder durch Insekten spezialisiert haben. Die meisten Insekten fressen jedoch andere Pflanzenteile wie Blätter und Rinde – oder andere Insekten –, und die meisten Vögel leben ebenfalls von Insekten oder Früchten und Samen. Kleinere Säugetiere und Reptilien erbeuten bevorzugt Insekten, Vögel oder andere Fleischfresser. Zu den größeren Säugetieren gehören auf der Nordhalbkugel Hirsche, Rehe und – in Europa – Wildschweine, in Australien hingegen Kängurus.

→ **Der Rotluchs** ist im gemäßigten Waldland Nordamerikas ebenso wie in anderen Vegetationstypen weit verbreitet. Zur Beute der mittelgroßen Raubkatze gehören vor allem Hasen und Vögel, sie verschmäht aber auch junges Wild und Wildschafe nicht.

↘ **Der Kalifornische Kondor** ist mit einer Flügelspanne von 2,75 m der größte Greifvogel Nordamerikas. Einst war er in den bewaldeten Hügeln und Bergen der südwestlichen USA weit verbreitet, heute ist er vom Aussterben bedroht.

↓ **Wildschweine** haben in Europa trotz intensiver Bejagung in großer Zahl überlebt. Die stattlichen Waldlandbewohner gelten als widerstandsfähig und intelligent.

GROSSE WALDLAND-SÄUGETIERE

In einigen Regionen des gemäßigten Waldlands kommen große Raubtiere noch vor, in anderen – in fast ganz Europa etwa – sind sie bereits ausgestorben. Das größte fleischfressende Säugetier Nordamerikas ist der Berglöwe oder Puma. Wölfe waren sowohl in Europa als auch in Nordamerika einst zahlreich, heute sind sie größtenteils ausgerottet. Jahrtausende menschlicher Besiedlung haben auch den Hartlaubwald der Mittelmeerregionen verändert; neben Ackerbau und Viehzucht, hat u. a. Bejagung dazu beigetragen, dass die meisten großen Säugetiere sowie viele Vogelarten selten geworden sind.

↓ **Die Berg-Königsnatter** lebt im trockenen Waldland und in den Wüstenregionen der südlichen USA.

Tropischer Regenwald

Der tropische Regenwald gehört zu den biologisch vielfältigsten Biomen der Erde und findet sich überwiegend in den »feuchten Tropen« mit hohen jährlichen Niederschlagsmengen. Am besten entwickelt ist der tropische Regenwald am Amazonas, in Mittelamerika, in Zentralafrika und auf der Malaiischen Halbinsel; dort sind die Bäume sehr groß und bilden ein nahezu geschlossenes Kronendach, durch das kaum Licht auf den Boden fällt. Auf 1 km² Wald kommen oft mehr als 100 Baumarten und zahlreiche andere Lebensformen, darunter Farne, Moose, Orchideen, Bromelien, riesige Lianen und weitere Kletterpflanzen. Am Waldboden ist es meist so dunkel, dass nur Pilze zu gedeihen scheinen; vereinzelt findet man jedoch auch niedrige Sträucher, Palmen und krautige Pflanzen. Viele Bäume weisen Stützwurzeln auf, Würgefeigen sind häufig. Je nach Kontinent dominieren im tropischen Regenwald andere Baumtypen. Wo der Niederschlag von der Jahreszeit abhängt, geht der Tieflandregenwald in Wälder mit Laub abwerfenden, kleineren Bäumen oder in montanen Regenwald über; dort wachsen niedrigere Bäume, und die Artenvielfalt ist geringer; noch höher gelegene Regenwälder bezeichnet man als Nebelwald. Sie sind meist wolkenverhangen, und von den kleinen, bemoosten Bäumen tropft unablässig Wasser.

AUFBAU DES REGENWALDS

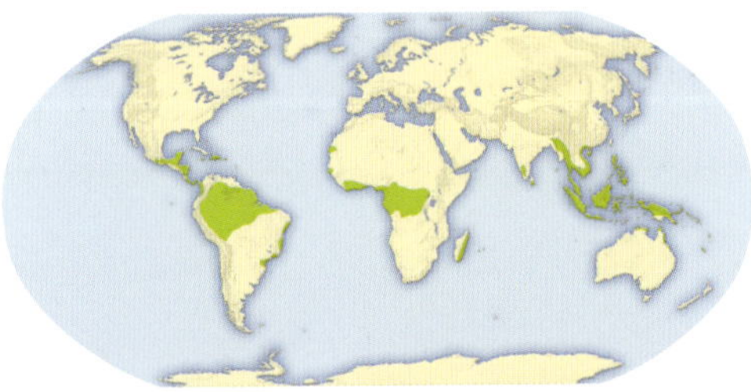

↑ **Der komplexe Aufbau** des tropischen Regenwalds ergibt sich aus einem fast geschlossenen Kronendach, Lianen und der Wiederbewaldung nach einem Hurrikan.

→ **Tieflandregenwald** im Danum-Tal von Sabah, Borneo.

WIE SICH DER REGENWALD ERNEUERT

Die Regeneration der meisten Bäume des Regenwalds hängt von periodisch auftretenden Störungen wie Erdrutschen, Hurrikans oder Schneisen ab, die ein umfallender Baumriese schlägt, der meist andere Bäume mit sich reißt. Die Lichtung wird rasch von schnell wachsenden Pionierpflanzen erobert; das plötzlich einbrechende Sonnenlicht gibt auch anderen Pflanzen eine Chance, die im wahrsten Sinne des Wortes jahrelang ein Schattendasein fristeten. Die Pflanzen, die am schnellsten wachsen, rauben ihren Konkurrenten wiederum das Licht, die Pionierpflanzen werden schließlich durch längerlebige Arten ersetzt. Jeder Teil des tropischen Regenwaldes macht im Laufe der Jahrhunderte mehrere solcher Regenerationsprozesse durch.

Tropischer Regenwald (Forts.)

Die meisten Pflanzen und Tiere, die wir mit dem tropischen Regenwald assoziieren, leben in den Baumkronen zwischen den Ästen, Zweigen und Blättern der Regenwaldgiganten. Die zahlreichen Epiphyten, Lianen und Kletterpflanzen bieten ebenso wie Laubwerk, Blüten und Früchte einer vielfältigen Fauna Schutz und Nahrung. Die Artenvielfalt bei den Insekten und anderen Gliederfüßern ist so groß, dass ein Biologe kaum einen Tag in den Kronen der Bäume verbringen könnte, ohne eine bisher unbekannte Spezies zu entdecken. Viele befinden sich am unteren Ende der Nahrungskette; sie knabbern an Blättern oder Knospen, graben sich durch Rinde oder Früchte, schlürfen Pflanzensaft oder den Nektar der Blüten und vertilgen abgestorbene Pflanzenteile. Insekten wiederum werden von Vögeln, Reptilien, Fröschen, kleinen Säugetieren und anderen Insekten gefressen; viele Vögel und Säugetiere ernähren sich jedoch ebenfalls von Pflanzen. Einige größere Säugetiere, darunter Affen, verbringen beinahe ihr ganzes Leben in den Baumkronen. An der Spitze der Nahrungskette stehen wenige große Säugetiere, Greifvögel und Schlangen.

↓ **Der Riesentukan** ist eine der größten und farbenprächtigsten der rund 40 Tukanarten, die in den amerikanischen Tropen und Subtropen heimisch sind. Sie wohnen im Blätterdach des Walds, ernähren sich von Früchten und haben große, aber leichte Schnäbel, die ihnen das Greifen der Nahrung erleichtern.

← **Ein junger Orang-Utan** an einer Regenwaldliane auf Borneo. Orang-Utans gibt es nur in den Tieflandregenwäldern Borneos und Sumatras. Nach den Gorillas sind sie die größten Menschenaffen – und sie sind die größten auf Bäumen lebenden Tiere überhaupt. Sie verbringen fast 90 % ihrer Wachzeit im Kronendach; nachts bauen sie sich in den Bäumen Schlafstätten aus Ästen und Zweigen.

→ **Der Rotaugen-Laubfrosch** *(Agalychnis callidryas)* ist in den tropischen Regenwäldern Mittelamerikas zu Hause. Wie andere Laubfrösche verfügt er über Saugnäpfe an den Fußsohlen, die ihm das Klettern ermöglichen. Seine Eier legt er auf der Unterseite von wassernahen Blättern ab; schlüpfen die Jungen, fallen sie ins Wasser, wo sie sich zu Fröschen entwickeln.

↘ **Die in Mittel- und Südamerika heimischen Blattschneiderameisen** zerteilen Blätter und tragen sie zu ihrem Bau, wo sie darauf Pilzkulturen anlegen. Diese Pilze dienen den Ameisen als Nahrung.

WECHSELBEZIEHUNGEN

Ohne Tiere, die sich von Nektar ernähren, hätten viele Baumarten keine Bestäuber für ihre Blüten und könnten sich somit auch nicht vermehren. Von Nachtfaltern bestäubte Blüten sind in der Regel weiß, duften abends süß und haben lange Kronröhren, in die nur der Rüssel des Falters hineingelangt. Von Vögeln bestäubte Blüten sind in der Regel rot und weithin sichtbar; diejenigen, die Kolibris anziehen, hängen an biegsamen Stängeln. Von Fledermäusen bestäubte Blüten schließlich öffnen sich meist nachts und verströmen einen fruchtigen bis käsigen Geruch. Einige Früchte haben relativ kleine, harte Samen, die das Tier, das sie gefressen hat, andernorts unverdaut wieder ausscheidet. Den Verdauungstrakt der in Neuguinea und im nordöstlichen Australien heimischen Kasuare – riesige, flugunfähige Vögel – können bis zu 5 cm große Samen passieren. Andere Tiere wie beispielsweise Affen schlucken nur das Fruchtfleisch und spucken die Samen aus, wieder andere fressen sehr »unordentlich« und lassen ganze Teile der Frucht fallen. Auf diese Weise werden die Samen des Baums verbreitet.

Tropischer Saison-Laubwald

Menschen aus anderen Klimazonen können sich oft nicht vorstellen, dass es auch in tropischen Ländern zahlreiche Laub abwerfende Bäume gibt. Tatsächlich kommen in den tropischen Regionen, wo wie in Zentralindien lange Trockenzeiten herrschen, sogar mehr Laub abwerfende als immergrüne Bäume vor. Der Laubwald in Zentralindien – »jangal« – gab übrigens dem Dschungel seinen Namen. Das Abwerfen des Laubs in der tropischen Trockenzeit ermöglicht es dem Baum, den Flüssigkeitsverlust einzuschränken. Die meisten Laub abwerfenden Bäume begeben sich nicht in eine komplette Ruhephase, sondern nutzen einen Teil ihrer Energie- und Wasservorräte, um Blüten und Früchte hervorzubringen, die an den kahlen Ästen manchmal ein spektakuläres Schauspiel bieten. Andere blühen jedoch erst in der Regenzeit. Der tropische Saison-Laubwald ist meist lichter als der Regenwald, die Bäume sind in der Regel kleiner. Es gibt sehr viele Kletterpflanzen, aber nur wenige Epiphyten. Sträucher und krautige Pflanzen sind zahlreicher als im Regenwald vertreten; viele davon werfen ebenfalls ihr Laub ab, krautige Pflanzen ziehen in der Trockenheit ein und überdauern in unterirdischen Speicherorganen wie z. B. Knollen.

→ **Ceibo-Bäume** *(Ceiba trichistandra)* auf einem Hügel in den ariden, tropischen Wäldern von Manabi im südamerikanischen Ecuador.

↙ **Feigenbäume** (*Ficus* sp.) sind charakteristische Bäume tropischer Laubwälder, insbesondere dort, wo ihre Luftwurzeln guten Halt finden. Manchmal überwuchern sie Tempelruinen.

ARTENREICHTUM

Tropische Saison-Laubwälder gehen bei größerer Feuchtigkeit oft in Regenwälder und bei zunehmender Trockenheit in Savannen über. Sie bedecken das Landesinnere von Kontinenten und größeren Inseln wie Madagaskar, Timor und Kuba. Große Gebiete tropischen Laubwalds finden sich im zentralen und südlichen Afrika, in Südasien, in Südamerika und im nördlichen Australien. Meist gedeiht er auf kargen Böden mit dünner Humusschicht oder in steilerem Gelände; dies hängt aber möglicherweise damit zusammen, dass der Mensch die besseren Standorte zu landwirtschaftlichen Zwecken rodete. Viele der Pflanzenfamilien und -gattungen des tropischen Regenwaldes trifft man auch im tropischen Saison-Laubwald an, allerdings mit anderen Arten. Dazu gehören z. B. die beiden asiatischen Flügelfrucht-Gattungen *Dipterocarpus* und *Shorea*. Auch die Hülsenfrüchtler-Unterfamilien Mimosoideae und Caesalpinioideae sind auf allen Kontinenten vertreten.

Tropischer Saison-Laubwald (Forts.)

Gewitter und nachmittägliche Regengüsse kündigen das Ende der tropischen Trockenzeit an, und schon bald zeigen sich Bäume und Gräser in frischem Grün. Pflanzenfresser wie Antilopen, die sich von Gras und Blättern ernähren, florieren und vermehren sich. Auch für die großen Raubtiere ist nun eine Zeit des Überflusses angebrochen. Je nach Region dauert die Regenzeit zwischen 2 und 6 Monaten; danach beginnt erneut die regenlose Trockenzeit, die oft mit sengender Hitze einhergeht. Oberflächenwasser verschwindet, das Erdreich selbst ist völlig ausgetrocknet, die Bäume sind ohne Blätter. Die großen Pflanzenfresser müssen sich an Flüsse und Sümpfe zurückziehen, die Raubtiere folgen ihnen. Im Großen und Ganzen sind die Bewohner des tropischen Laubwalds gut an die Trockenzeit angepasst. Kleinere Säugetiere graben Wurzeln und Knollen aus oder ernähren sich von den Zweigen und ruhenden Knospen der Bäume und Sträucher sowie von Insekten. Wichtige Nahrungsquelle in der Trockenzeit sind die blühenden Bäume, die Insekten, Vögeln und kleinen Säugetieren wie Fledermäusen Nektar bieten.

↑ **Die Vogelspinne** gehört zu einer großen Familie überwiegend tropischer Spinnen, die im tropischen Laubwald zu Hause sind. Die nachtaktiven Räuber leben am Boden oder auf Bäumen; einige Arten werden bis zu 10 cm groß.

← **Der zu den Halbaffen gehörende** auf Madagaskar heimische Braune Maki lebt auf kleinen dornenbewehrten Bäumen. Diese Primaten sind überwiegend Pflanzenfresser und ernähren sich von Blättern, Früchten und Blüten.

→ **Durch Wechseln der Farbe** kann sich das Chamäleon perfekt tarnen und an seine Umgebung anpassen. Mit seiner langen, klebrigen Zunge, die es unglaublich rasch hervorschnellen lassen kann, fängt es Insekten.

KOMPLEXE NAHRUNGSKETTE

Die Komplexität der Nahrungskette im tropischen Saison-Laubwald wird vermutlich nur von der im tropischen Regenwald übertroffen – wozu der extreme Unterschied zwischen Trocken- und Regenzeit beiträgt. Die Artenvielfalt der Insekten und anderer Wirbelloser ist enorm, mit vielschichtigen Nahrungsbeziehungen. Die Insekten werden von Vögeln, Echsen, Fröschen und kleinen Säugetieren gefressen, die wiederum größeren Raubvögeln und anderen Beutegreifern wie Schlangen als Nahrung dienen. Eine wichtige Gruppe am unteren Ende der Nahrungskette bilden die Termiten, die sich von Wurzeln und Stämmen ernähren und in gigantischer Zahl im Boden und unter der Rinde von Bäumen vorkommen. Insbesondere in der Trockenzeit bilden sie eine wichtige Nahrungsquelle für Gürtel- und Schuppentiere.

Savanne

Ursprünglich kommt die Bezeichnung Savanne – eine grasbewachsene Ebene in ansonsten baumbestandenen Regionen – aus dem karibischen Raum, vermutlich von den großen Inseln Kuba und Hispaniola. Im Laufe der Jahrhunderte hat sich die Bedeutung des Wortes jedoch verändert und bezeichnet nun flaches oder leicht hügeliges Land, auf dem Gräser, niedrige Sträucher und vereinzelt auch Bäume gedeihen. Gedanklich verknüpfen wir die Savanne am häufigsten mit Afrika. Die Vorstellung von Herden grasender Tiere auf endlosen Weiten widerspricht jedoch der ökologischen Definition von Savanne. Savannen kommen in tropischen und subtropischen Regionen mit stark jahreszeitlich abhängigem Niederschlag vor – meist herrscht eine kurze Regen- und eine lange Trockenzeit. Am weitesten verbreitet sind Savannen in Afrika, Südamerika und Australien. Manchmal gehen Savannen in Wüsten über; dort wachsen die niedrigen Bäume noch spärlicher, bis schließlich nur noch Sträucher vorkommen. Im entgegengesetzten Fall gehen sie in tropische Laub- oder sogar Regenwälder über. Alles in allem charakterisiert man Savannen eher anhand von Bodentyp, Fauna und der Häufigkeit von Waldbränden als durch ein bestimmtes Klima.

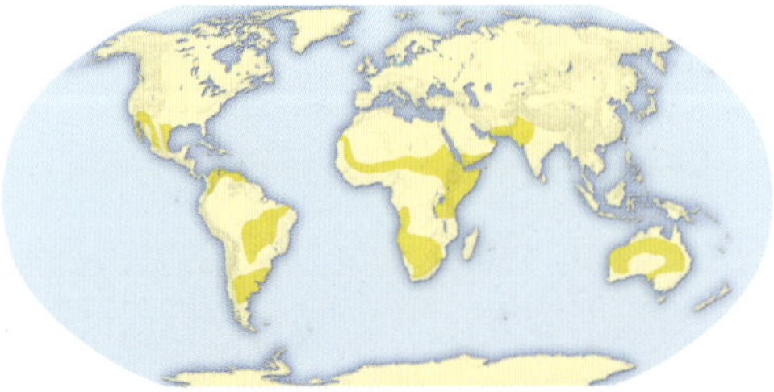

PFLANZEN DER SAVANNE
Die Bäume in der Savanne sind meist klein bis mittelgroß mit weit ausladenden Kronen. Einige Pflanzenfamilien sind im Vergleich mit ihrem Vorkommen in anderen Waldtypen überproportional vertreten. Am häufigsten wachsen Hülsenfrüchtler, die dem Boden mit ihren Wurzeln auch aus tiefen Schichten Feuchtigkeit entziehen können. Typische Vertreter sind auf allen Kontinenten die Akazien, die vor allem in Amerika aber von zahlreichen anderen Hülsenfrüchtlergattungen begleitet werden. Dort wachsen auch viele Arten der Gattungen Mesquite *(Prosopis)* und Mimose *(Mimosa).* Eine weitere prominente Pflanzenfamilie auf allen Kontinenten stellen die Flügelsamengewächse (Combretaceae) dar, insbesondere die Gattung *Terminalia*. Auch Palmen der Familie Arecaceae finden sich in Savannen oft. In manchen Savannen herrscht eine große Vielfalt an Baum-, Strauch- und lediglich den Boden bedeckenden Pflanzenarten; dies trifft vor allem auf den Cerrado im zentral-östlichen Brasilien zu. In arideren Savannen ist die Artenvielfalt dagegen geringer.

↑ **Die Vielfalt der Vegetation** in der afrikanischen Savanne lockt große Pflanzenfresser ebenso wie große Fleischfresser an. Zur beeindruckenden Fauna gehören Zebras, Gazellen und Gnus.

← **Schirm- oder Drehfrüchtige Akazien** *(Acacia tortilis)* in der Serengeti in Tansania. In dieser Region wechselt sich die Savanne mit baumlosem Grasland und – in der Nähe von Flüssen – mit typischer Ufervegetation ab.

Savanne (Forts.)

Die Lebensformen in der Savanne unterscheiden sich stark je nach Kontinent oder großer Insel, wo sie vorkommt. Die großen Pflanzenfresserherden der afrikanischen Savanne sind hinreichend bekannt; in der amerikanischen Savanne leben weniger und kleinere Arten wie z. B. Tapire, Rotwild, Pekaris und Nager – keine davon schließt sich zu großen Herden zusammen. Hauptvertreter der grasenden Tiere in Australien ist das Känguru samt seiner kleineren Verwandten. In allen tropischen Savannen gehören die Termiten zu den wichtigsten Pflanzenfressern; meist sieht man nur ihre Hügel, die bis zu 6 m hoch werden können. In den brasilianischen Cerrados wird ein Großteil der Pflanzen von Termiten vertilgt – und diese wiederum von einer Reihe von Raubtieren. Insbesondere die amerikanischen Gürteltiere, die riesigen Ameisenbären und die australischen Ameisenigel haben sich zu wahren Termitenspezialisten entwickelt. Giraffen, Affen und Opossums ernähren sich dagegen vorwiegend von Blättern, ebenso wie viele Insekten, die ihrerseits Vögeln, Reptilien und Amphibien als Nahrung dienen. Vögel fressen aber auch Nektar, Früchte und Samen sowie andere Vögel und Echsen.

↑ **Dieser Afrikanische Ebenholzbaum** wächst auf einem Termitenhügel. Die Termiten belüften den Boden, die Baumwurzeln schützen die Termiten.

↑ **Husarenaffen** sind in West- und Zentralafrika weit verbreitet. Sie verbringen den Tag auf dem Boden, auf der Suche nach Nahrung. Zum Schlafen ziehen sie sich auf Bäume zurück.

↗ **Mit ihrem langen Hals** und den langen Beinen hat die Giraffe Zugang auch zu den höchsten Bäumen. Zunge und Lippen sind sehr beweglich; damit gelangt sie zwischen den Dornen der Akazie an die jungen Blättchen und Knospen.

→ **Die Flötenakazie** *(Acacia drepanolobium)* der ostafrikanischen Savanne bildet »Pseudogallen« aus; darin nisten mehrere Ameisenarten, die dann über die Blätter schwärmen, sich von Nektar ernähren und Tiere wie Giraffen abschrecken – eine perfekte Pflanzen-Tier-Symbiose.

← **Der Leopard** gehört zwar zu den größten Raubtieren der afrikanischen Savanne, hat seinerseits jedoch Respekt vor Löwen und verbringt den Tag deshalb lieber auf Bäumen.

TROCKENZEIT IN DER SAVANNE

Die Flüsse und Sümpfe der Savannen werden in der Trockenzeit von vielen Tieren aufgesucht; dann sind Wasser und Gräser meist nur noch dort zu finden. Doch ebenso wie in tropischen Saison-Laubwäldern gibt es auch in der Savanne Bäume, die ihre üppigen Blüten in der Trockenzeit entfalten. Für Insekten, Vögel und Fledermäuse halten sie Nektar bereit, für andere Tiere auch essbare Früchte und Samen.

Mangroven

Mangroven lassen sich relativ leicht definieren: Sie kommen fast ausschließlich im Gezeitenbereich tropischer Küstenregionen vor und können mittel- bis stark salzhaltiges Wasser vertragen. In einigen Teilen der Erde erstrecken sie sich bis in die gemäßigten Zonen hinein, insbesondere an den feuchteren Ostküsten, an denen warme Strömungen vorherrschen. Am weitesten südlich kommen Mangroven in Südafrika, Neuseeland und Argentinien vor, am weitesten nördlich im Süden Japans, in Louisiana und am Nordrand des Roten Meeres. Mangroven gedeihen am üppigsten und vielfältigsten, wo das Meer warm und flach ist und Süßwasser, Schlick und Nährstoffe aus Flüssen erhält. Das Ganges-Brahmaputra-Delta in Indien und Bangladesch erfüllt genau diese Bedingungen; der dortige Bestand ist allerdings durch die Überbevölkerung stark gefährdet. An steileren und trockeneren tropischen Küsten – beispielsweise in Namibia und Peru – beschränken sich Mangroven auf ein schmales Band oder einzelne Vorkommen an Flussmündungen.

MANGROVENGATTUNGEN

Die wichtigste Mangrovenfamilie ist die der Rhizophoraceae mit der Hauptgattung Rote Mangrove *(Rhizophora).* Ihre Arten umfassen Bäume mit Stelzwurzeln, die meist an vorderster Front des Mangrovengürtels wachsen und Wellen sowie Ozeanstürmen Paroli bieten. Eine weitere bedeutende Gattung stellen die Grauen Mangroven *(Avicennia)* dar; sie kommen sowohl in den Tropen als auch in kühleren Regionen vor. Sie haben keine Stelz- aber Atemwurzeln (Pneumatophoren), die aus dem Schlamm herausragen und Sauerstoff aufnehmen. Gemeinsames Merkmal der beiden Gattungen ist, dass die Samen noch an der Mutterpflanze keimen und dann ins Wasser fallen, um von der Strömung in andere Gefilde getragen zu werden. Stranden sie schließlich im Schlamm, schlagen sie Wurzeln und beginnen zu wachsen.

→ **Die charakteristischen Stelzwurzeln** der am Pazifik und Indischen Ozean heimischen Roten Mangrove *(Rhizophora stylosa)* werden bei Flut überschwemmt.

↓ **Bei Ebbe** werden die unzähligen Atemwurzeln der in Südostasien heimischen Apfelmangrove *(Sonneratia alba)* sichtbar.

Mangroven (Forts.)

Mangrovenwälder stellen einen einzigartigen Lebensraum dar. Sie bilden die Schnittstelle zwischen Land und Meer, werden 2-mal täglich überflutet und bieten sowohl kurzzeitigen Besuchern als auch ständigen Bewohnern Nahrung und Schutz. Der Schlick der Süßwasserströme, der vom Meer bewegt und teilweise an den Küsten abgelagert wird, ist ausgesprochen nährstoffreich. Die Mangroven nutzen diese Nährstoffe, um Blattwerk zu bilden – die Basis der Nahrungskette. Noch am Baum befindlich, werden die Blätter von vielen Tieren, vor allem von Insekten, gefressen; doch erst wenn sie ins Wasser fallen, entwickeln sie sich zur entscheidenden Nahrungsquelle. Zahllose im Schlamm lebende Tiere, etwa Krebse und Würmer, ernähren sich von den toten Blättern und Wurzeln; andere »Tischgäste«, beispielsweise Krabben und Fische, bringt die Flut. Aus Sicht des Menschen besteht die wichtigste Funktion der Mangroven darin, ganze Populationen von Fischen zu ernähren; diesen stellen sie nicht nur Nahrung zur Verfügung, sondern mit ihrem flachen Gewässer auch einen idealen Laichplatz, an dem die jungen Fische vor Fressfeinden aus dem offenen Meer sicher sind.

↗ **Der Nasenaffe** *(Nasalis larvatus)* lebt in Küstenregionen mit Mangroven, Sümpfen und flussnahen Wäldern. Der Baumbewohner bewegt sich auch im Wasser geschickt fort.

→ **Der Braunpelikan** *(Pelicanus occidentalis)* ist u. a. auf den Galapagosinseln im östlichen Pazifik heimisch; seine Nester baut er in Mangrovenwäldern.

← **Schlammspringer** sind durch die Evolution bestens an ein amphibisches Dasein angepasst. Mithilfe ihrer vergrößerten Brustflossen bewegen sie sich durch Sprünge fort; solange Maul und Haut nass sind, können sie an der Luft überleben.

NAHRUNGSKETTE
Neben den Tieren, die im Schlamm oder Wasser unter den Mangroven leben, gibt es eine vielfältige Fauna, die sich in den Zweigen und Blättern der Bäume bewegt, sowie Amphibien, die sowohl im Wasser als auch an Land heimisch sind. Am oberen Ende der Nahrungskette stehen wie fast überall in den Tropen Krokodile und Alligatoren, die Fische, große Säugetiere und Vögel erbeuten. Auch Otter, Wasserratten, Affen und manchmal sogar Großkatzen gehen in den Mangroven auf Jagd. Zudem bieten Mangroven großen Greifvögeln wie Adlern und kleineren Nektarfressern eine Nahrungsquelle. Schlangen tun sich an den Gelegen der in Mangroven nistenden Wasservögel gütlich.

↓ **Die Riesenkrabbe** lebt in Mangroven an den tropischen und subtropischen Küsten des Indischen und Pazifischen Ozeans. Der Fleischfresser ernährt sich von kleineren Schaltieren und Würmern.

Stadtlandschaften

Die Bäume, die in Städten und Vororten wachsen, sind zweierlei Ursprungs. Meist – etwa in Parks, Straßen und privaten Gärten – wurden sie angepflanzt, manchmal sind sie jedoch noch Teil einer natürlichen Vegetation, die trotz Bebauung und Besiedelung überlebt hat. Die spektakulärsten Überbleibsel natürlicher Wälder finden sich in Städten, die auf extrem steilen Hängen erbaut wurden – so etwa in Rio de Janeiro und Hongkong. In Los Angeles wachsen in den unzugänglichen Küstenschluchten noch urtümliche Sträucher, an den Flussmündungen einiger Küstenstädte haben sich Mangroven erhalten. Es kommt auch vor, dass einst angelegte Parks und Gärten über die Jahrhunderte hinweg zunehmend verwildern und in Teilen wieder natürlichen Wäldern gleichen; beste Beispiele dafür sind der Central Park in New York und der Bois de Boulogne in Paris. Bäume in Städten verhalten sich kaum anders als in freier Natur: Sie werfen ihre Blätter, Blüten und Früchte ab, die dann mühsam vom Bürgersteig gefegt werden müssen; sie bilden Wurzeln aus, die den Asphalt sprengen können, und bei heftigen Stürmen fallen sie manchmal sogar um und gefährden Gebäude, Autos und Menschen. Dennoch schätzt sie der Mensch als Nachbarn: Sie spenden Schatten, schützen vor Wind und machen die Stadtlandschaft erst lebendig.

→ **Ein Grauhörnchen** an einem Baum im New Yorker Central Park. Grauhörnchen sind nur 1 von mehreren Hundert Tierarten, die in diesem berühmten Park heimisch sind. Der Park erstreckt sich über einen Großteil von Manhattan; er wurde Mitte des 19. Jahrhunderts angelegt und mit Hunderttausenden von Bäumen bepflanzt.

↙ **Der Corcovado** mit der berühmten Christus-Statue erhebt sich 710 m hoch über den Tijuca-Wald in Rio de Janeiro. An den steilsten Hängen haben einige Regenwaldbestände überlebt, der Großteil des Waldes wurde jedoch gerodet und im 19. Jahrhundert neu angepflanzt. Das Stadtgebiet schließt noch andere steile, bewaldete Hänge ein.

↘ **Die Vorgärten dieser Häusersiedlung** in Tucson, Arizona, wurden alle identisch mit Maulbeerbäumen bepflanzt – so, wie sich der Architekt eine Stadtlandschaft vorstellte. Diese Baumart wurde ausgewählt, weil sie das trockene Klima Arizonas gut verträgt.

WILDTIERE IN DER STADT

Sind Bäume Teil einer Stadtlandschaft, siedeln sich in kürzester Zeit auch viele Tiere an, die hier ökologische Nischen und Nahrungsquellen finden. So groß wie in natürlichen Wäldern ist die Artenvielfalt in Städten jedoch nicht. Die Tiere, die in Städten leben, haben sich allerdings perfekt an ihre Umgebung angepasst. In England z. B. tauchen neben den allgegenwärtigen Eichhörnchen auch immer wieder Dachse und Füchse auf, in Nordamerika Waschbären, Stinktiere und Kojoten. In den Parks australischer Städte ist das Opossum kein seltener Anblick. Besonders freut sich der Mensch an den Tieren, die von den städtischen Bäumen angelockt werden – denn was gibt es Schöneres, als morgens vom Gesang der Vögel geweckt zu werden, gerade inmitten eines grauen Häusermeers? Zudem kann man anhand der Bäume den Wechsel der Jahreszeiten miterleben: das Knospen junger Blüten, das erste zartgrüne Laub, das üppige sommerliche Blätterdach, die Herbstfarben und im Winter das kunstvolle Netzwerk der kahlen Äste und Zweige.

Von Bäumen und Menschen

Von Bäumen und Menschen

Seit Tausenden von Jahren macht sich der Mensch Bäume zunutze – sei es als Material für Häuser, Waffen und Werkzeuge, als Nahrung, Heilmittel oder Energiequelle. Auch bei der Entwicklung der verschiedenen Kulturen spielten Bäume eine große Rolle; sie dien(t)en der Verteidigung, der Unterhaltung, förder(t)en weite Reisen und sogar den Aufbau von Weltreichen.

Totem, Mythos und Symbol

Bäume erfahren in vielen Kulturen der Welt große Wertschätzung und werden oft mit religiöser, magischer oder übernatürlicher Bedeutung belegt. Die Nymphen der griechischen Mythologie wohnten in Bäumen oder verwandelten sich sogar in Bäume – Daphne auf der Flucht vor dem liebeskranken Apollo z. B. in einen Lorbeerbaum. In der skandinavischen Kultur stellt Yggdrasil den Weltenbaum dar, eine riesige Esche, in der die Götter ihren Sitz – Asgard – haben. Den Druiden galten Eichen als heilig, das Wort »Druide« stammt vom keltischen Wort für Holz ab. Religiösen Texten zufolge fand Buddha unter dem Bodhi-Baum Erleuchtung, Adam und Eva wurden aus dem Paradies vertrieben, nachdem sie eine Frucht vom Baum der Erkenntnis gegessen hatten. Bereits in vorchristlicher Zeit verehrte man im Norden Europas immergrüne Pflanzen wie Nadelgehölze und Stechpalmen als Symbol des Lebens. Einen immergrünen Zweig zur Wintersonnenwende, dem kürzesten Tag des Jahres, ins Haus zu tragen bedeutete Glück und die Rückkehr der Sonne. Dieser alte Brauch hat sich bis heute in Form unserer Weihnachtsbäume erhalten.

→ **Totempfähle** wie dieses Tlingit-Totem aus Ketchikan, Alaska, fertigte man aus heimischem Holz. Sie sollten böse Geister abwehren, eine Geschichte erzählen oder wurden zu Ehren einer Person aufgestellt.

↘ **Der moderne Christbaum** hat seinen Ursprung im Westen Deutschlands. In England wurde er im 19. Jahrhundert durch Prinz Albert, Victorias deutschstämmigen Ehemann, eingeführt.

↓ **Der Weltenbaum** stellt ein wiederkehrendes Motiv dar. In der malaysischen Mythologie gingen durch die Vereinigung eines oberirdischen Sprosses mit einem unterirdischen Baum die ersten Menschen hervor.

↑ **Dieses assyrische Steinrelief** zeigt einen geflügelten Genius, der den heiligen Baum pflegt – Symbol für den König und Ashur, den Hauptgott Assyriens.

→ **Der Bodhi-Baum** *(Ficus religiosa)* ist für Buddhisten von besonderer Bedeutung: Unter einem solchen Baum soll Buddha Erleuchtung erlangt haben.

DER BAUM DER ERKENNTNIS

Viele Kulturen verehren Bäume in dem Glauben, durch sie auf eine höhere Bewusstseinsebene zu gelangen. In islamischen Texten stellt der Lotus-Baum die äußerste Grenze dar, die ein Mensch im Himmel erreichen kann, wenn er sich Gott nähern will. Dabei ist der Lotus-Baum kein richtiger Baum, sondern Symbol für die höchste religiöse Erkenntnis, deren ein Mensch fähig ist. Tatsächlich leiten sich viele Begriffe für Erkenntnis oder Weisheit von Wörtern für Holz oder Baum ab. Das altnordische Wort für Holz ist »vid«. Das angelsächsische »witan« bedeutet Geist oder Bewusstsein, »witigia« Weisheit. Im Englischen hat sich das Wort in »wit« (Geist), »witch« (Hexe) und »wizard« (Zauberer) erhalten, im Deutschen in »Witz«.

Nutzholz

Teilweise dienen Bäume aus natürlichen oder angepflanzten Wäldern als Nutzholz für den Hausbau und andere Branchen. Forste werden meist in Gegenden angelegt, in denen man die natürlichen Wälder gerodet hat oder die nach landwirtschaftlichem Gebrauch wieder aufgeforstet wurden. Angepflanzt werden meist Nadelgehölze oder Weichhölzer, darunter auch Riesen-Lebensbäume *(Thuja plicata)*, Montereykiefern *(Pinus radiata)* und Westamerikanische Hemlocktannen *(Tsuga heterophylla)*. Die Qualität des Holzes hängt in erster Linie vom Alter und von der Lage des Walds ab. Forstbetriebe bevorzugen das selektive Schlagen der Bäume, das nur einen Teil des Bestands betrifft. Die Forstwirtschaft stellt in vielen Ländern der Erde einen Hauptindustriezweig dar, vor allem in den Tropen und Subtropen, wo Regenwald-Harthölzer gefällt werden. Das Roden größerer Flächen zieht jedoch Bodenerosion und den Anstieg des Kohlendioxids in der Luft nach sich und ist deshalb heftig umstritten.

↑ **In Sägewerken** werden Baumstämme auf bestimmte Art und Weise zersägt, damit das Holz eine einheitliche Breite und Dicke aufweist. Die Länge variiert.

→ **Riesige Stapel von Zedernbrettern** in einer Fabrik im nordamerikanischen Seattle, 1939. Die Bäume wurden damals noch von Hand geschlagen.

← **Im Sägewerk** werden die Stämme gereinigt, um sie von Steinen und Kies zu befreien. Wasser aus Hochdruckdüsen wird auch verwendet, um die Rinde zu entfernen; der Stamm kann dann weiterverarbeitet werden. Die großen Sägewerke arbeiten heute mit Computern und Lasertechnologie.

← **Nachdem man die gefällten Stämme** aus dem Wald zur nächsten Transportmöglichkeit gebracht hat, werden sie auf Lastwagen, Züge oder Schiffe verladen, die sie zum Sägewerk bringen. Große Unternehmen benutzen dafür Seilzüge oder schwere Maschinen. In kleineren Unternehmen verwendet man für diese Arbeit auch Pferde, Maultiere oder Elefanten.

← **Eine alternative Verarbeitungsmethode,** insbesondere für minderwertiges Holz, stellen Hackschnitzel und die Pulpe, ein Holzbrei, dar. Daraus werden Span- oder Holzfaserplatten bzw. Zellstoff und Papier hergestellt.

VOM BAUM ZUM NUTZHOLZ

In den letzten Jahrzehnten hat sich die Holzindustrie von Handwerksbetrieben zu hoch mechanisierten Industrieunternehmen entwickelt. Die Bäume werden gefällt, von den Ästen befreit, in transportable Stämme geschnitten und auf Lastwagen, Züge oder Schiffe verladen. Dann treten sie ihren Weg zum Sägewerk an. Dort werden sie zu Brettern verschiedener Größen und Formen zugeschnitten, die je nach weiterer Verarbeitung standardisiert sind. Bevor es beim Hausbau oder zur Herstellung von Möbeln zum Einsatz kommt, muss das Holz gut durchtrocknen. Mit dünneren Platten (Furnierholz) verkleidet man weniger hochwertiges Holz, für die Herstellung von Faserplatten und Zellstoff bzw. Papier werden Hackschnitzel bzw. Holzbrei (Pulpe) verwendet.

→ **Ein Floß** mit Weichholzbaumstämmen am Deception Pass im Staat Washington, USA. Diese Art des Transports bietet sich natürlich vor allem für Holz aus Wäldern an, die in der Nähe von Flüssen oder geschützten Häfen liegen.

Nutzholz (Forts.)

Je nach Herkunft und Dichte teilt man Nutzholz in 2 Kategorien ein: in Hart- und Weichholz. Hartholz stammt von Laubgehölzen wie etwa Eukalyptus, Eiche, Buche und dem im Regenwald wachsenden Teakbaum; Weichholz stammt von Nadelgehölzen wie Kiefern, Fichten oder Tannen. Es gibt zwar viel mehr Hartholz- als Weichholzarten, doch machen Weichhölzer den Löwenanteil der Nutzholzindustrie aus. Harthölzer wachsen in der Regel viel langsamer und produzieren Holz, das sich wesentlich schwieriger schlagen und verarbeiten lässt. Nutzholz ist in zahlreichen Farben und Maserungen erhältlich; letztere bilden sich durch das Wachstum des Baums und die Entwicklung der Zweige. Holz ist von Baumart zu Baumart unterschiedlich. Für Möbel und Täfelungen verwendet man gerne Palisander oder Walnuss (= Nussbaum) – da diese Hölzer sehr teuer sind – oft auch als Furnier. Bei dieser Methode werden dünne Platten des edleren Holzes auf minderwertigeres aufgeleimt. Auch als Baustoff – beispielsweise beim Hausbau – wird Holz sehr geschätzt, da es leicht erhältlich, gut zu verarbeiten, vielseitig und widerstandsfähig ist. Heute wird Holz in Schreinereien meist maschinell bearbeitet, es lässt sich jedoch auch von Hand schneiden. Altes, gereiftes Holz ist härter und deshalb schwerer zu verarbeiten als frisch geschlagenes.

↓ **Zierholz** wie das der Jeffreykiefer *(Pinus jeffreyi)* kommt vor allem bei der Möbelherstellung zum Einsatz.

↓ **Die »Augen«** kommen durch absterbende Äste oder ruhende Knospen zustande.

↓ **Schicht- und Sperrholz** besteht aus dünnen Schichten Holz, die aufeinandergeleimt werden.

← **Frisch geschlagene Baumstämme** werden mit Wasser besprüht, damit sie vor der Verarbeitung im Sägewerk nicht austrocknen.

→ **Frisch geschlagenes oder »grünes« Holz** hat einen hohen Feuchtigkeitsgehalt und verzieht sich beim Trocknen gewöhnlich, weshalb es für die meisten Zwecke unbrauchbar ist. Man kann Holz an der Luft oder in einer Anlage trocknen. Um ein langsames und gleichmäßiges Trocknen zu gewährleisten, wird es oft in großen Mengen unter sorgfältiger Kontrolle der Temperatur, Feuchtigkeit und Luftzirkulation getrocknet. Die Luft in der Trocknungsanlage wird erhitzt und mithilfe von Ventilatoren umgewälzt. Sie nimmt die Feuchtigkeit aus dem erwärmten Holz auf; diese kondensiert an bestimmten Verdampfungsspulen zu Wasser und wird ausgeleitet. In den gebräuchlichsten Trocknungsanlagen brauchen 2,5 cm Holz etwa 10 Stunden zum Trocknen.

HART- ODER WEICHHOLZ?

Mit Hart- oder Weichholz beschreibt man die Herkunft und Struktur eines Holzes, nicht seinen Härtegrad. Harthölzer stammen von Bäumen, die Blüten hervorbringen (Bedecktsamer); zu ihnen gehören Gattungen wie Eichen, Eukalyptus- und tropische Bäume. Weichholz stammt von Nadelgehölzen wie Kiefern oder Fichten. Sie entwickeln keine echten Blüten zur Reproduktion durch Samen und werden auch Nacktsamer genannt. Zudem gibt es zelluläre Unterschiede zwischen Hart- und Weichhölzern: Weichhölzer haben eine einfache Zellstruktur, Harthölzer sind komplexer und vielfältiger.

TROCKNUNGSANLAGE

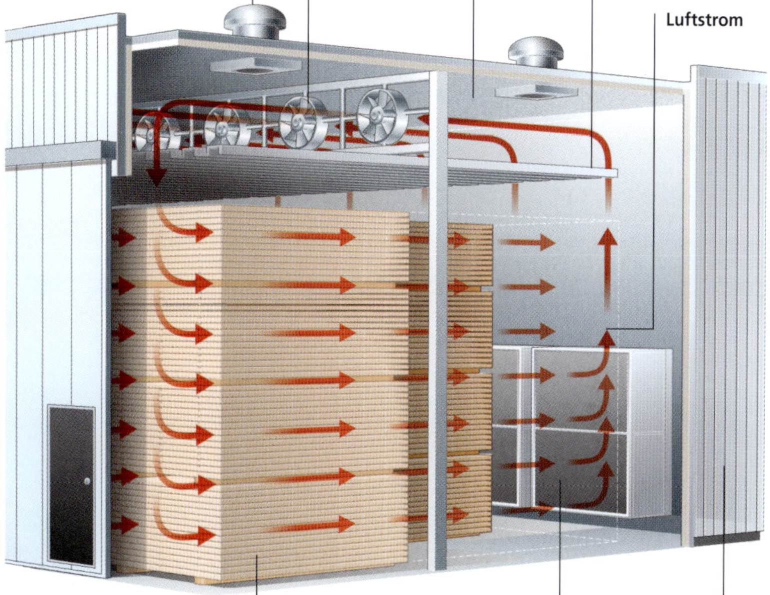

↓ **Diese Aufnahme** zeigt den dichten und komplexen Aufbau von Eiche, einem typischen Hartholz.

↓ **Weichhölzer wie die Kiefer** haben eine einfachere und einheitlichere Struktur als Harthölzer.

↓ **Das extrem leichte Balsaholz** *(Ochroma pyramidale)* gehört zu den Harthölzern.

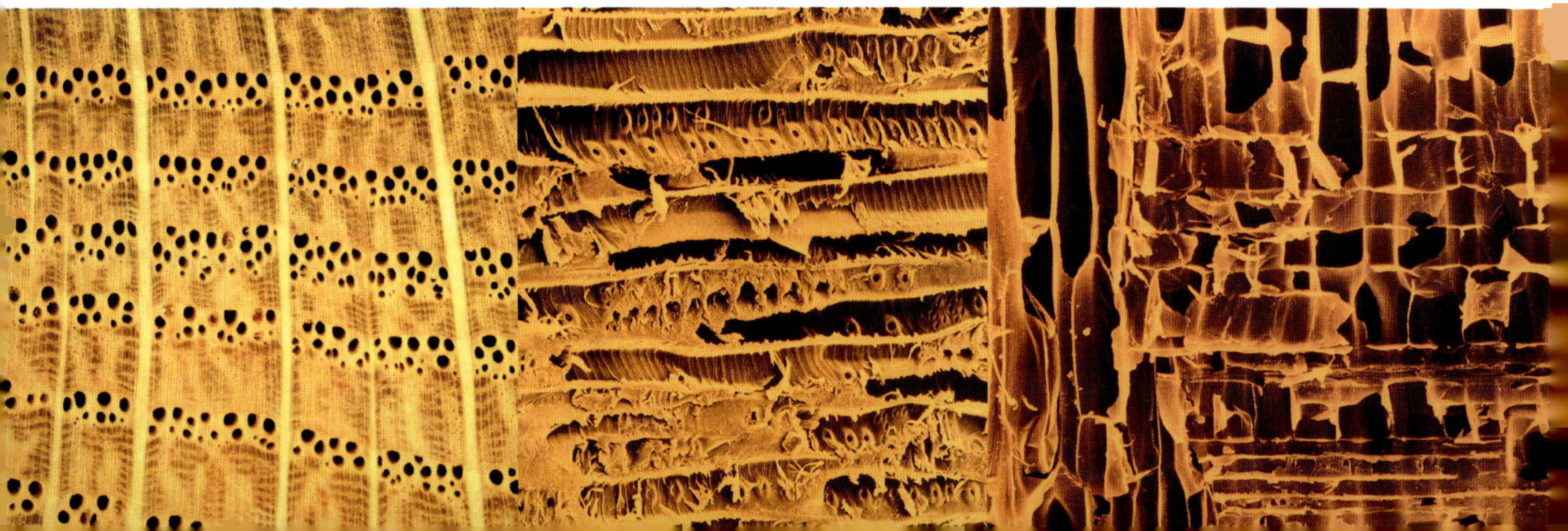

Ein Dach über dem Kopf

Seit Urzeiten verwendet der Mensch Bäume und ihre Nebenprodukte zum Bauen – für einfache Hütten, Blockhäuser, mehrgeschossige Wohnhäuser und öffentliche Gebäude ebenso wie für imposante Kirchen. Welches Holz und welche Baumethode dabei zum Einsatz kommen, hängt von Faktoren wie Klima und anderen Standortbedingungen, Werkzeugen und vorhandener Technologie ab. In Gegenden mit ausgedehntem Waldbestand greift man vorzugsweise auf Holz als Baumaterial zurück. Auch in Industrieländern werden inzwischen wieder reine Holzhäuser gebaut – des unvergleichlichen Wohnklimas wegen. Selbst wenn die Gebäude hauptsächlich aus Stein und Ziegeln errichtet sind, benötigt man häufig Holz für Tür- und Fensterrahmen, Dächer, Veranden und dekorative Elemente. Zu den einfachsten menschlichen Behausungen zählen Hütten aus Baumrinde, in tropischen Regionen sind auch Hütten aus Palmwedeln weit verbreitet. In früheren Zeiten hat der große Bestand an Eichen- und Buchenwäldern in Europa zur Entwicklung eines charakteristischen Baustils – der Fachwerkhäuser – geführt. Heute ist ein Großteil dieser Wälder abgeholzt – die Bäume leben in den erhalten gebliebenen Häusern dieser Epochen fort. Qualitativ hochwertiges Holz ist zwar anfällig für Feuer und die Unbilden des Wetters, hält in der Regel aber sehr lang und kann oft wiederverwendet werden.

← **Auch moderne Häuser** haben meist zumindest einen Dachstuhl aus Holz.

→ **An die Klippen** des schwedischen Fischerdorfes Lysekil schmiegen sich zahlreiche aus Holz erbaute Fischerhütten. Sie sind leicht, transportabel und gut isoliert.

→ **Stelzenhäuser** kommen an den Stränden und Flussläufen vieler südostasiatischer Länder vor. Die einfachen Konstruktionen bestehen aus Holz und Bambus; Schilfdächer begünstigen die Luftzirkulation.

← **Diese mit 22 Kuppeln geschmückte Kirche** auf der Insel Kischi im nördlichen Russland wurde 1722 vollständig aus Holz errichtet – ohne Nägel oder sonstige Metallteile.

→ **Die natürliche Färbung** und Maserung von Kiefer, Eiche und anderen Holzarten sorgt in der Innenarchitektur für atemberaubende Effekte. Wandvertäfelungen aus Holz, Deckenbalken und Parkettböden sind in vielen Wohnungen und Häusern heute Standard.

↑ **Dekorative Holztäfelungen** – sogenannte Boiserie – war bei den französischen Architekten des 17. und 18. Jahrhunderts sehr beliebt. Das Holz wird kunstvoll geschnitzt, auf eine Wand, eine Tür oder ein Möbelstück aufgebracht und zum Schluss meist noch vergoldet. Es ergibt sich der Eindruck eines gerahmten Bildes.

HOLZ IM WOHNBEREICH

Holz eignet sich nicht nur als Baumaterial und zur Verschönerung von Fassaden, auch zur Isolierung gegen Lärm und Wettereinflüsse wird es häufig eingesetzt. Bei der Innendekoration entfaltet es zudem seinen ästhetischen Wert. Besonders geschätzt werden beispielsweise originale Deckenbalken in Gebäuden aus dem 15. und 16. Jahrhundert oder auch ausgefallene Parkettböden aus dem 20. Jahrhundert. Darüber hinaus werden dekorative Friese aus Holz gearbeitet, ebenso Türen, Wandvertäfelungen und Furniere. In Parkettböden kommt die Maserung des verwendeten Holzes besonders schön zur Geltung. Taucht Holz im Außenbau auf – z. B. als Veranda –, ist es entweder durch eine Überdachung oder eine spezielle Imprägnierung aus Öl oder Farbe geschützt, die ihrerseits wiederum zum ästhetischen Eindruck beitragen kann.

Fortbewegungsmittel

Holz hat beträchtlich zu der Art und Weise beigetragen, wie der Mensch die Welt entdeckt, erkundet und genutzt hat, und ist als Transportmittel unverzichtbar geworden. Die ersten bekannten Fahrzeuge des Menschen waren Schlitten aus Holz, die geschoben oder gezogen wurden. Um 3500 v. Chr. fertigten sumerische Handwerker Räder aus Holzscheiben an – auf Steinzeichnungen dieser Zeit sind auch Schlitten mit Rädern dargestellt. Die Vehikel wurden von Tieren oder Menschen gezogen, konnten schwere Lasten weiter und schneller befördern und waren vom vorhandenen Untergrund relativ unabhängig. So blühten Handel und Bautätigkeit auf, entfernte Regionen konnten erforscht, Weltreiche ausgedehnt werden. Schon 2000 v. Chr. bedienten sich die Ägypter und Hethiter leichter Holzwagen zum Reisen und zur Kriegführung. Bis zum 20. Jahrhundert sollten Karren und Wagen aus Holz das Haupttransportmittel zu Lande bleiben. Selbst frühe Automobile bestanden überwiegend aus Holz, auch heute noch verwendet die Automobilindustrie Holz zur Innenausstattung. Der Mensch schwang sich mit Holz sogar in die Lüfte auf: 1903 absolvierte die aus Fichte und Esche konstruierte Kitty Hawk der Gebrüder Wright ihren ersten erfolgreichen Flug mit Pilot. Das von dem Industriellen Howard Hughes 1947 entwickelte Flugschiff H4-Hercules bestand fast ganz aus Birkenholz und hatte die bis dato größte Spannweite.

↓ **Überdachte Holzbrücken** aus dem 19. Jahrhundert sind in den nordöstlichen Bundesstaaten der USA bis heute weit verbreitet. Seitenwände und Dach schützten die Brückenkonstruktion vor dem Verrotten und der Abnutzung.

← **Von Hunden gezogene Holzschlitten** sind leicht und auf Schnee und Eis relativ beweglich. Bei der Erkundung und Erschließung der Polarregionen spielten sie eine wichtige Rolle.

← **Kutschen und Karren aus Holz** wie dieser türkische Heuwagen wurden von Pferden, Ochsen oder Ziegen gezogen. Vor der Entwicklung des Verbrennungsmotors waren Holzwagen vielerorts das Haupttransportmittel zu Lande.

→ **Howard Hughes' Transportflugboot Spruce Goose** hatte eine Spannweite von 97,5 m. Es bestand aufgrund der kriegsbedingten Metallknappheit aus Birkenholz und flog nur ein einziges Mal (1947).

NEUE REGIONEN ERSCHLIESSEN

Insbesondere im 18. und 19. Jahrhundert trugen natürliche Holzvorkommen zur Erschließung zahlreicher entfernter Regionen bei. Siedler errichteten einfache Holzbrücken über Wasserläufen und sumpfigem Untergrund. Die Baumethoden wurden immer ausgefeilter, höhere, flutresistente Brücken ersetzten simplere Vorgänger. Holzpfähle stützten Telegrafendrähte, die eine schnellere Kommunikation zwischen weit voneinander entfernten Gebieten ermöglichten. Eine der längsten Verbindungen dieser Art war die Australian Overland Telegraph Line, die 3200 km australische Wüste überbrückte und 1870–72 entstand. Auch für die Eisenbahn war Holz von entscheidender Bedeutung; die Transsibirische Eisenbahn z. B. erstreckte sich über einen großen Teil des riesigen, von ewigem Eis bedeckten Kontinents. Die 9288 km lange Strecke wurde zwischen 1891 und 1916 errichtet und verbindet Moskau mit Wladiwostok.

→ **Überall auf der Welt** bestehen Eisenbahnschwellen, die die Metallgleise miteinander verbinden, aus Holz. Sie ermöglichen den Personen- und Frachtverkehr mit Dampf-, Diesel- und elektrischen Zügen.

Zu Wasser – Schiffsbau

Holz ermöglichte es vielen alten Kulturen, die Weltmeere zu befahren, um neue Länder zu entdecken. Eines der ersten Boote war der aus einem ausgehöhlten Baumstamm bestehende Einbaum, auch Kanus und Flöße gab es schon früh. Mit diesen Booten fischte man oder fuhr zu nahe gelegenen Küsten und Inseln. In vorgeschichtlicher Zeit unternahm man mit Flößen und Kanus jedoch auch längere Seereisen. Der norwegische Entdecker Thor Heyerdahl interessierte sich sehr für die These, dass sogar ganze Völkerwanderungen per Boot stattgefunden haben könnten; 1947 baute er ein traditionelles Holzfloß nach, das er Kon-Tiki nannte und mit dem er von der Küste Perus über den Pazifik bis nach Polynesien segelte. Die 7000 km lange Reise dauerte 101 Tage und zeigte – zumindest theoretisch –, dass eine solche Völkerwanderung möglich ist. Zu den seefahrenden Nationen, die auch in der frühen Menschheitsgeschichte schon sehr erfolgreich waren, gehörten vor allem die Phönizier. Sie fuhren von ihrer Heimat, dem alten Kanaan und heutigen Libanon, über das Mittelmeer, um überall in der Region Handelsposten zu errichten.

↓ **Die Kon-Tiki,** ein Floß aus Balsaholz, revolutionierte die Forschung über die Völkerwanderungen in vorgeschichtlicher Zeit. Auf diesem Floß segelte Thor Heyerdahl mit 6 Männern von Peru nach Polynesien.

GALEONE AUS HOLZ

Galeonen wie Sir Francis Drakes Flaggschiff Golden Hind gehören zu den bedeutendsten Segelschiffen der Geschichte. Große Galeonen verfügten über mehrere Decks und konnten Hunderte Seeleute und Passagiere sowie Fracht und Vorräte befördern, die für mehrere Monate reichten.

↑ **Obwohl es heute hochwertiges Baumaterial** wie Fiberglas und Aluminium gibt, bevorzugen viele Schiffseigner noch immer Holz. Im australischen Tasmanien etwa sind traditionelle Holzarten wie das der Huon- oder der King-Billy-Kiefer beim Bau von kleinen bis mittelgroßen Schiffen weit verbreitet. Die Decks dieser privaten Luxusyacht bestehen aus Teakholz.

DIE WELTMEERE BEFAHREN

In den verschiedenen Teilen der Welt haben sich auch unterschiedliche Stile und Arten von Schiffen entwickelt. Die amerikanischen Ureinwohner benutzten Boote, die aus einem ausgehöhlten Baumstamm bestanden; die polynesischen Siedler in Neuseeland verwendeten Kanus, die die Maori »Wakas« nannten, und die Bewohner asiatischer Länder bauten Dschunken. Im Nahen Osten befuhr man Meere und Flüsse mit Daus – einige sieht man heute noch auf dem Nil in Ägypten. In Venedig stellte sich die Gondel als hervorragend für das Netz teilweise enger Kanäle geeignet heraus; heute dient sie überwiegend als Touristenattraktion. Im Laufe der Zeit wurden die Wasserfahrzeuge immer größer und sicherer – Handel, Entdeckungsreisen und Kolonisierung blühten auf. Ende des 15. Jahrhunderts erreichten die ersten europäischen Schiffe Amerika, Anfang des 16. Jahrhunderts erfolgte die erste Weltumsegelung. Magellan segelte von Spanien über den Indischen Ozean nach Asien und von dort weiter über den Pazifik um Kap Hoorn zurück in den Atlantik. Mit dem Fortschreiten von Kartografie und Navigation brach die große Zeit der Segelschiffe an; im 17. und 18. Jahrhundert beförderte man damit viele Menschen über weite Entfernungen. Holzschiffe beherrschten die Meere bis zum Beginn des 20. Jahrhunderts, als Diesel und Dampf Segelkraft ersetzten und Holz Metall als Baumaterial wich. Dennoch findet man Holz auch heute noch im Schiffsbau – bei Luxusyachten und Fischerbooten etwa.

BAU EINES EINBAUMKANUS

Ein Zedernstamm wurde der Länge nach gespalten und mit Steinwerkzeug in Form gebracht.

Die Seiten des Kanus wurden abgehobelt, um die gewünschte Dicke zu erreichen.

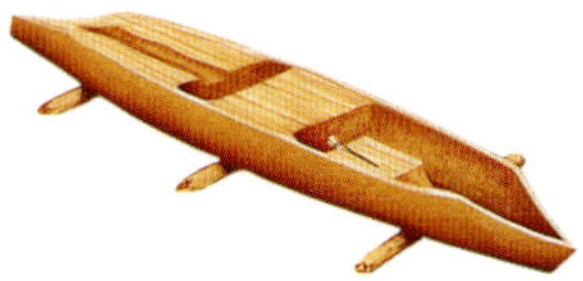

Das Innere wurde ausgehöhlt.

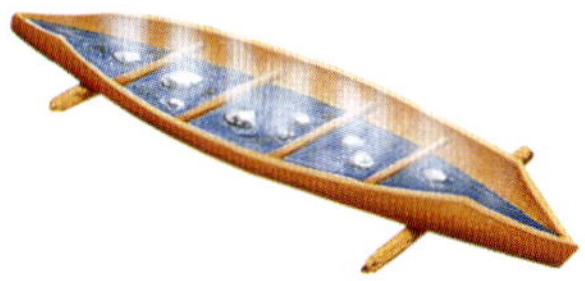

Mithilfe heißer Steine erhitztes Wasser machte das Holz geschmeidig.

Bug und Heck wurden angesetzt, der Rumpf mit Sand geschmirgelt und verziert.

← **Die Ureinwohner** Nordkaliforniens nutzten das Meer zum Jagen und für den Handel. Sie hatten eine Art Kanu für ruhigere Gewässer wie Buchten und eine andere für die offene See.

↓ **Einbäume,** wie dieser aus Papua-Neuguinea werden auch heute noch nach traditionellen Methoden hergestellt. Zum Aushöhlen benutzt man Werkzeug wie die Krummhaue; manchmal wird der Stamm allerdings auch ausgebrannt.

Krieg und Frieden

Möglicherweise bestand die erste je benutzte Waffe aus Holz – ein Ast, der zufällig herumlag und wie eine Keule geschwungen wurde. Gegen Ende der Jungsteinzeit konnten die Menschen Holz und Stein zu Speeren, Äxten, Dolchen, Pfeilen, Bogen, Wurfspießen und Schleudern verarbeiten. Die frühesten bekannten Pfeile stammen aus Europa aus der mittleren Steinzeit; sie wurden aus dem Holz des Haselstrauchs *(Corylus avellana)* gefertigt und mit Spitzen aus Feuerstein oder Holz versehen. Die Blasrohre der Dayak auf Borneo und die Boomerangs der australischen Ureinwohner waren zwar ursprünglich zum Jagen gedacht, konnten jedoch auch zu effektiven Waffen umfunktioniert werden. Die erste wirkliche Waffe war die Keule – ein Stein, später ein Klumpen Kupfer, den man an einem Holzgriff anbrachte. Um die Symbolkraft zu erhöhen, wurden Waffen oft mit Schnitzereien, Edelmetall, Federn oder Perlen verziert. Holz hatte den Vorteil, dass es ausreichend vorkam und leicht zu bearbeiten war. Man fertigte daraus Festungen und Palisaden, Schilde und Speere, Rammböcke und Belagerungstürme, Streitwagen und Kanonengestelle, Katapulte und Armbrüste. Auch als Metall in Form von Kugeln und anderen Geschossen aufkam, benutzte man Holz in Gestalt von Gewehr- und Axtgriffen weiterhin bei der Kriegführung.

KRIEGSMASCHINERIE

Das vielleicht bekannteste Kriegswerkzeug aus Holz ist das Trojanische Pferd. In der »Aeneis« berichtet Vergil von einem riesigen Pferd aus Kiefernbrettern, das die Griechen benutzten, um Soldaten in die Stadt Troja zu schmuggeln und die 10-jährige Belagerung zu beenden. Die erste mechanische Artillerie bestand aus hölzernen Katapulten; die Makedonier und Römer errichteten riesige Belagerungstürme aus Holz. Unten befand sich ein Rammbock, oben eine Plattform zur Erstürmung der Stadtmauern. Die Kriegsschiffe der alten Perser und Griechen waren leichte, schnelle Ruderboote aus Holz, die den Langschiffen der Wikinger ähnelten. Im 17. Jahrhundert ersetzten Segel die Ruder und Kanonen die Katapulte.

← **Bei den meisten Waffen** wurde Holz inzwischen durch Metall ersetzt – außer bei den Griffen, da Holz das Abrutschen erschwert und den Rückstoß mildert. Für Pistolen- und Gewehrkolben benutzt man vorwiegend Walnussholz, Intarsien sind meist aus seltenen Hölzern wie Ebenholz gefertigt.

← **Schilde aus Holz,** wie sie z. B. Krieger der Masai benutzen, schützen vor Pfeilen, Speeren und Schwertern. Anhand der Bemalungen kann man im Kampf auch erkennen, ob es sich um Freund oder Feind handelt.

→ **Die Schlacht von Nájera** fand 1367 zwischen den englischen und französisch-spanischen Armeen statt. Die Engländer (auf diesem Bild aus dem 15. Jh. links) waren zwar deutlich in der Minderzahl, benutzten aber Langbogen, um die Gegner in die Flucht zu schlagen. Diese waren nur mit Armbrüsten bewaffnet.

← **Ein Dayak** der nomadischen Ethnie Penan geht im Dschungel von Borneo mit dem Blasrohr auf die Jagd. Das Blasrohr besteht aus Eisenholz, die vergifteten Pfeile aus Bambus und schwammartigem Gewebe. Viele Kulturen benutzen ihre Jagdinstrumente auch im Krieg.

→ **Mit dem Trebuchet,** einer gehobenen und effektiveren Variante des Katapults, beschoss man im Mittelalter belagerte Festungen. Löste man die Spannung des Hebelarms, wurden Steine, Speere oder andere Geschosse enorm weit geschleudert. Die belagernde Armee konnte die Waffe auch direkt vor Ort aus Holz zimmern und zusammenbauen. Mit der Erfindung des Schießpulvers starb das Trebuchet aus.

Außer in der Kunst kommt Holz auch im Kunstgewerbe – etwa für Möbel – zum Einsatz. Weitere Beispiele sind Galionsfiguren und Blendwerk an Fassaden. Holz bietet Künstlern und Kunsthandwerkern ein vielseitiges Medium: Es kann geschnitzt, geformt und abgeschmirgelt werden, um exquisite und detaillierte Motive herauszuarbeiten. Häufig ist es die Schönheit des Holzes selbst, die man am meisten bewundert. Die eleganten, aber einfachen Werke der englischen Kunstschreiner aus dem 18. Jahrhundert – etwa Chippendale, Hepplewhite oder Sheraton – sind noch heute bei Sammlern und Kennern sehr gefragt. Kunsthandwerk, Vitrinen und andere Möbel aus Holz wurden traditionellerweise aus Eiche, Mahagoni, Buche und Kiefer gefertigt, für Einlegearbeiten verwendete man vorzugsweise Holz mit einer starken natürlichen Farbigkeit oder Maserung. Dazu gehören das Holz des Kirschbaums und Regenwaldhölzer wie z. B. das fast schwarze Ebenholz *(Diospyros ebenum)*. Dieser langsam wachsende Baum kommt ursprünglich aus Indien, ist inzwischen aber fast ausgerottet. Um Maserung und Farbe noch hervorzuheben, wird das Holz zunächst mit feinem Sandpapier abgeschmirgelt, dann poliert und schließlich gewachst oder geölt. Bei der besonders aufwändigen Schellackpolitur, die vor allem in Frankreich verbreitet war, wurden mehrere Schichten Schellack nacheinander aufgetragen; in der Oberfläche des so behandelten Möbelstücks konnte man sich beinahe spiegeln.

↑ **Bernstein** ist das verhärtete Harz von Nadelbäumen und als Schmuckstein sehr beliebt. Die meisten Stücke sind mehrere Tausend Jahre alt, manche enthalten noch eingeschlossene Insekten oder Teile von Pflanzen, die heute ausgestorben sind.

↘ **Das Verzieren** und Bemalen von Schiffen hat bei seefahrenden Nationen eine lange Tradition. Galionsfiguren am Bug sollten eine sichere Überfahrt gewährleisten. Dieses Wikingerschiff ist besonders reich verziert.

HARZE UND DUFTHÖLZER

Bernstein ist ein Fossilharz, das Nadelbäume wie die Bernsteinkiefer *(Pinites succinifera)* vor Urzeiten produzierten. Häufig sind kleine Lebewesen darin eingeschlossen. Aufgrund seiner Schönheit, seiner Farbe, seines Alters und des manchmal eingebetteten Fossils wird Bernstein als Schmuckstein sehr geschätzt. Die meisten Bernsteinstücke, die man heute findet, sind zwischen 30 und 90 Mio. Jahre alt. Die Fossilien – Insekten, Spinnen und andere kleine Tiere – sind meist vollständig erhalten und liefern wertvolle Informationen über das vorgeschichtliche Leben auf unserem Planeten. Bei der Schmuckherstellung ebenfalls beliebt sind Hölzer wie das des Ganiterbaums *(Elaeocarpus angustifolius);* aus den harten Samen fertigt man Rosenkränze und Halsketten. Auch Dufthölzer werden von Möbelherstellern und Kunsthandwerkern geschätzt. Sandelholz *(Santalum album)* etwa wird für kleine Ornamente, Perlen und Schränke verwendet, der Geruch des Kampferholzes *(Cinnamomum camphora)* soll Motten und andere Insekten abschrecken.

↑ **Chippendale** sind verschiedene Stilrichtungen der Möbel des ausgehenden 18. Jahrhunderts im Handel; Namensgeber ist der Kunsttischler Thomas Chippendale. Mit seiner Arbeit inspirierte er viele andere Möbelhersteller derselben Epoche. Dieser beschnitzte Mahagonischrank entstand in Philadelphia, USA, zwischen 1750 und 1760.

↖ **Das Drechseln** kunsthandwerklicher Holzgegenstände ist ein beliebtes Hobby. Aus attraktiven Hölzern wie beispielsweise dem der Norfolktanne *(Araucaria heterophylla)* werden Schalen und andere dekorative Utensilien hergestellt.

← **Was Kunsthandwerker aus Holz schaffen,** spiegelt nicht nur das zur Verfügung stehende Material, sondern auch den Glauben des Künstlers wider. Diese totemähnliche Figur ist aus einem Baumstamm geschnitzt und typisch für die polynesische Tradition der Holzbearbeitung im gesamten pazifischen Raum.

Musik und Unterhaltung

Musikinstrumente aus Holz sind seit Urzeiten Bestandteil aller Kulturen auf der ganzen Welt. Sie reichen von einfachen Geräten wie den afrikanischen Rainsticks (»Regenmachern«) – hohle Holzrohre, die mit Perlen oder Bohnen gefüllt werden – bis hin zu hochkomplizierten Instrumenten wie einer Stradivari oder einem Flügel. Warum viele Instrumentenbauer auf Holz zurückgreifen, erklärt sich aus den einzigartigen akustischen Eigenschaften des Materials. Sowohl das Didgeridoo, das traditionelle Blasinstrument der australischen Ureinwohner, als auch Streich- und Saiteninstrumente wie Violinen, Celli und Gitarren beruhen auf der Vibrationsfähigkeit des Holzes, aus dem sie gebaut sind. Für Schalldeckel und Rückseiten der Violinen verwendet man in der Regel Fichtenholz, für Celli das Holz vom Bergahorn und anderer Ahornarten. Blasinstrumente wie Klarinetten und Oboen werden ebenso wie Kastagnetten aus Grenadillholz, Mopani und Ebenholz gefertigt; letzteres wird auch für die schwarzen Klaviertasten verwendet.

↘ **Cricketschläger** werden aus Weidenholz hergestellt. Bei sehr gutem Holz kann man sogar die Jahresringe des Baums am Schläger erkennen.

↓ **Diese Quechua-Indianer** aus Bolivien spielen einfache Flöten – Holzrohre mit Löchern. Komplexere Flöten haben Klappen und einen größeren Tonumfang.

← **Beim Chinesischen Neujahrsfest** in Peking werden einfache Trommeln gespielt, die aus hölzernen Zylindern bestehen und mit einer Membran bespannt sind. Die Instrumente werden seit Tausenden von Jahren auf dieselbe Art und Weise hergestellt. Man nutzt sie auch, um über große Entfernungen zu kommunizieren.

→ **Der berühmte Geigenbauer Antonio Stradivari** stellte im 17. und 18. Jahrhundert Instrumente von höchster Qualität her. Wissenschaftliche Untersuchungen ergaben, dass dies nicht zuletzt an dem verwendeten Holz lag. Vermutlich war das Holz sehr dicht, weil der Baum sehr langsam gewachsen war.

← **Diese russischen Holzpuppen,** sogenannte Babuschkas, bestehen aus mehreren ineinandergeschachtelten und bunt bemalten Figuren. Meist verbergen sich 6 oder mehr immer kleiner werdende Puppen und Püppchen ineinander.

→ **Diese Schaukelpferde** warten darauf, bemalt und lackiert zu werden. Schaukelpferde aus Holz gibt es in Europa seit dem 17. Jahrhundert. Schon König Charles I. von England spielte als Kind mit einem solchen Pferd.

HOLZSPIELZEUG

Seit Tausenden von Jahren erfinden Kinder Spiele und Spielzeug und bedienen sich dabei des Materials aus ihrer unmittelbaren Umgebung. Interessant geformte Wurzeln und Äste regen die Fantasie an, größere Kinder können Holz schnitzen. Und liebevoll gestaltetes Holzspielzeug läuft jedem Plastikteil den Rang ab. Holzspielzeug und -spiele sind jedoch nicht nur bei Kindern beliebt: In Skandinavien kennt man ein Spiel, bei dem verschieden gekennzeichnete Holzstöcke geworfen werden. Auch beim Kegeln, beim Schach und bei Dame bestehen die Spielfiguren aus Holz. Für Cricketschläger verwendet man traditionell Weidenholz, für Baseball- und Golfschläger Harthölzer wie Esche, Ahorn und Hickory. Das meiste Holzspielzeug hat nicht nur spielerischen, sondern auch ästhetischen Wert.

Werkzeuge

Vermutlich haben schon die frühesten Ackerbauer Holz in Form einfacher Zweige oder Stöcke dazu benutzt, Furchen in die Erde zu graben, in die sie Samen oder Knollen legten. Mit fortschreitender Entwicklung des Ackerbaus wurden aus den einfachen Stöcken Pflüge, die von Nutztieren wie Ochsen gezogen wurden. Auch zum Transport von Wasser oder zum Aufbewahren von Getreide verwendete man ausgehöhlte Baumstämme, Früchte oder Samenhülsen; daraus wurde auch Ess- und Kochgeschirr gefertigt. Ähnlichen Zwecken dienten ausgehöhlte Kokosnüsse und die großen Früchte des Kalebassenbaums *(Crescentia cujete)*. Bevor sich Metallbehälter durchsetzten, bewahrte man viele landwirtschaftliche Produkte in Fässern aus Hartholz wie etwa Eichenholz auf – guter Wein reift auch heute noch in Eichenholzfässern. In vielen Kulturen besteht das Essgeschirr und Besteck traditionellerweise aus Holz; man schätzt, dass allein in China jährlich 25 Mio. Bäume für die Herstellung von Essstäbchen gefällt werden. Deren Qualität variiert freilich gewaltig. Das Spektrum reicht von einfachen unbemalten Holzstäbchen bis hin zu wahren Kunstwerken aus dem Holz der Japanischen Eibe *(Taxus cuspidata)*.

MIT HOLZ ARBEITEN

Holz kann »grün« geschlagen oder vom Boden aufgesammelt werden; mithilfe von Werkzeugen oder Feuer lassen sich daraus Geräte für die Jagd, die Landwirtschaft oder den Bau fertigen. Die frühesten Handwerker, die mit Holz arbeiteten, benutzten einfache Werkzeuge aus Stein oder Knochen, um das Holz zu schnitzen oder zu spalten. Auf diese Weise entstanden grobe Jagdwaffen wie etwa Speere, Pfeile und die Boomerangs der australischen Ureinwohner. Schnitzwerkzeuge bestanden aus einem Stein – z. B. aus Feuerstein, den man leicht zu einer scharfen Kante wetzen konnte –, der mit einem Lederband an einem Holzgriff befestigt wurde. Bei den Neandertalern und anderen frühen Gemeinschaften waren solche Jagd- und Schnitzwerkzeuge weit verbreitet. Mit dem Anbruch der Metallzeitalter nutzte man Holz nicht nur zur Gewinnung des kostbaren Materials, sondern auch zu dessen Verarbeitung: Holzkohle sorgte für die nötige Hitze, um Metalle wie Bronze, Kupfer, Zinn und Eisen zu schmelzen und zu schmieden.

↗ **Als sich Gemeinden bildeten,** die größere Flächen Landes bearbeiten konnten, wurden einfache Werkzeuge durch Pflüge ersetzt, die von Tieren gezogen wurden. Bei diesem Pflug auf einem Reisfeld auf Bali wurde das Holz mit Metallspitzen verstärkt.

→ **Zu den einfacheren Werkzeugen,** mit denen man Holz glätten und zu beinahe jeder beliebigen Form bearbeiten kann, zählen Meißel und Hobel. Das in Sibirien lebende nomadische Volk der Nenzen transportiert sein Hab und Gut auf handgefertigten Holzschlitten.

→ **Bleistifte** aus Holz und Graphit kamen Mitte des 16. Jahrhunderts als revolutionär neues Kommunikationsmittel auf. Die Graphitminen werden mit Holz ummantelt, damit sie stabiler sind. Zunächst wurde die Rille für die Mine noch von Hand geschnitzt. Bevorzugtes Holz für Bleistifte ist das der Weihrauchzeder *(Calocedrus decurrens)*.

← **Die Werkzeuge der amerikanischen Ureinwohner** bestanden typischerweise aus Holz, Steinen oder Knochen und Lederriemen. Sie wurden zum Jagen, Schneiden und Graben benutzt.

← **Die Fassherstellung** ist eine sehr alte Fertigkeit, die sich über Tausende von Jahren nur wenig verändert hat. Die meisten Fässer werden aus Eichenholz gefertigt. Dafür werden Baumstämme von Hand gespalten, bevor man sie mehrere Jahre an der Luft altern lässt. Anschließend schneidet man mit der Maschine Dauben in den benötigten Formen und Größen. Der Küfer fügt die Dauben mithilfe eiserner Fassreifen zusammen. Um das Holz biegsamer zu machen, wird es über offenem Feuer erhitzt.

←← **Auch moderne Werkzeuge** und Geräte werden oft noch mit Griffen aus Holz ausgestattet, da sie gut in der Hand liegen.

Papier

Die wichtigsten Prozesse der Papierherstellung wurden im 19. Jahrhundert entwickelt und seitdem immer weiter verfeinert. Dass man Papier preiswert und mühelos erhalten kann, hatte einen großen Einfluss auf die moderne Kommunikationsgesellschaft. Das Rohmaterial für Papier stammt zu einem Großteil – wenn auch nicht ausschließlich – von Bäumen; zu diesem Zweck wurden riesige Forste angelegt. Die für die Papierherstellung bestimmten Bäume werden geschlagen, entrindet und zu feinen Holzspänen verarbeitet. In der Papiermühle vermischt man diese Hackschnipsel anschließend mit Wasser und Chemikalien und presst sie zu Faserbrei, der sogenannten Pulpe. Dieser Faserbrei wird veredelt, gebleicht, gefärbt und mit Bindemitteln zu einem Faserbrei verarbeitet. Anschließend wird er auf ein bewegliches Drahtgestell aufgebracht und getrocknet. Bei diesem Trocknungsprozess entsteht das Endprodukt Papier. Als man Papier noch von Hand schöpfte, verwendete man dazu ein Sieb. Art und Qualität des Papiers hängen wesentlich von den verwendeten Pflanzenfasern sowie vom Verarbeitungs- und Trocknungsverfahren ab. Papierbrei aus Holz kommt – ebenso wie recyceltes Papier – zudem bei der Herstellung von Verpackungsmaterial zum Einsatz. Darüber hinaus findet sich recyceltes Papier als Pappe, Toilettenpapier und Zeitung wieder. Papiermühlen gelten aufgrund ihrer Abfallprodukte wie beispielsweise Chlorbleiche als nicht besonders umweltfreundlich.

↑ **Papier besteht aus Zellulosefasern,** die man hier in vielfacher Vergrößerung als Elektronenmikroskopbild sieht. Bei handgeschöpftem Papier sind die einzelnen Fasern noch erkennbar – ein Effekt, der manchmal durchaus erwünscht ist.

↓ **Als Teil einer wachsenden Industrie** wird Altpapier, wie es beispielsweise in Büros oder in Form von Zeitungen anfällt, gesammelt und zu neuem Papier, neuen Zeitungen oder Pappe recycelt.

PAPIERMACHER ALTER ZEITEN

Obwohl sich das Wort »Papier« von Papyrus ableitet, unterscheidet sich die Herstellung von Papyrusrollen erheblich von der Papierherstellung auf Faserbasis. Um eine Papyrusrolle zu fertigen, legte man mehrere gepresste Papyrusstängel über Kreuz aufeinander. Papyrus war bis zum 10. Jahrhundert in Gebrauch, dann verbreiteten sich andere Techniken des Papiermachens von China aus auch im Westen. In China entwickelte man bereits um 200 n. Chr. Papierherstellungsverfahren, die heute immer noch verwendet werden; damals benutzte man Bambus und den Bast des Maulbeerbaumes. Die Maya stellten Papier ab etwa 500 n. Chr. her, doch waren es die Chinesen, die die Technik zu voller Blüte brachten.

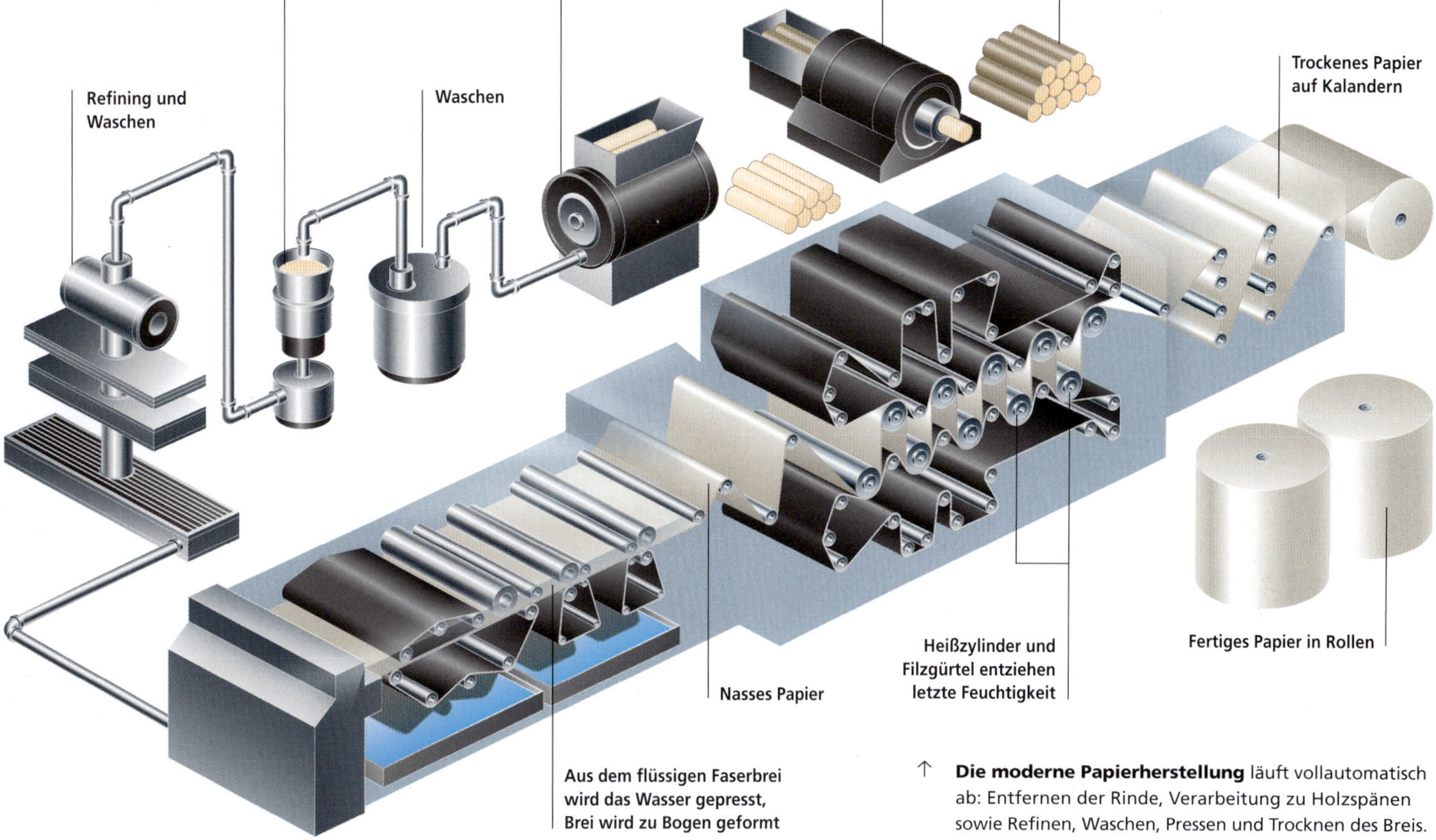

↑ **Die moderne Papierherstellung** läuft vollautomatisch ab: Entfernen der Rinde, Verarbeitung zu Holzspänen sowie Refinen, Waschen, Pressen und Trocknen des Breis.

↓ **In einem frühen Stadium** der Papierherstellung werden Holzfasern zu einem Brei verarbeitet. Der Faserbrei wird gebleicht und dünn ausgestrichen, dann gepresst und getrocknet. Ein Techniker kontrolliert die Faserqualität.

↓ **Die großen Papierrollen** moderner Papiermühlen sind bis zu 10 m breit und wiegen rund 25 Tonnen. Die großen Rollen werden zu hochwertigem Schreibpapier, Zeitungspapier oder Ähnlichem geschnitten.

Gummi, Kork & Co.

Aus Bäumen werden zahlreiche wirtschaftlich wichtige Produkte erzeugt. Der Milchsaft (Latex) des Kautschukbaums *(Hevea brasiliensis)* beispielsweise liefert den Rohstoff für Kautschuk. Bis zur Entwicklung synthetischer Materialien wurde Kautschuk ausschließlich aus dieser Pflanze gewonnen. Dabei wird zunächst der Stamm eingeritzt, aus dem der Latex austritt. Der Latex wird in Fabriken zu Gummireifen und anderen Produkten verarbeitet. Auch Baumrinde hat im Laufe der Jahrhunderte große wirtschaftliche Bedeutung erlangt; meist stammt sie von gefällten Bäumen und kommt beim Gärtnern oder in der Landwirtschaft – z. B. als Mulch – zum Einsatz. Die Korkeiche *(Quercus suber)* wird allerdings ungefällt entrindet, die Rinde wird für Flaschenkorken, Schwimmer an Fischernetzen und als Bodenbelag verwendet. 80 % des weltweiten Bedarfs an Kork stammt aus den Plantagen in Spanien und Portugal; ein Baum muss erst 80 Jahre alt werden, bevor man ihn erstmals – und dann immer wieder im 9-Jahre-Rhythmus – entrinden kann, bleibt allerdings mehr als 100 Jahre produktiv. Inzwischen ist dieser jahrhundertealte Industriezweig von Silikonstopfen und Schraubverschlüssen bedroht. Aus Eichen gewinnt man abgesehen vom Holz auch Gerbe- und Färbemittel. Die Eicheln werden an Schweine und andere Haustiere verfüttert, der Nektar aus den Blüten des Baums dient Bienen als Nahrung.

→ **Arbeiterinnen** auf Madagaskar stellen Touristensouvenirs aus Raphiabast her. Das Material stammt von einer auf Madagaskar heimischen Palmenart und wird inzwischen weltweit zum Weben sowie für Seile verwendet.

↓ **Rinde der Korkeiche** wird auf einer Plantage in Spanien geerntet. Das warme, sonnige Klima des westlichen Mittelmeerraums bietet Korkeichen ideale Wachstumsbedingungen.

↓ **Kork gewinnt man** aus der dicken, schwammartigen Korkschicht der Korkeiche, die abgeschält werden kann, wenn man die äußere Borke entfernt.

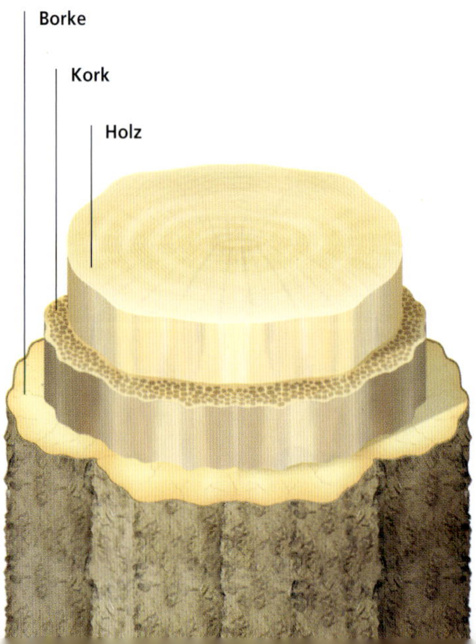

→ **Früher wurde Latex** ausschließlich von natürlich vorkommenden Bäumen gewonnen, heute stammen 90 % des Latex für die Gummi-Industrie aus Plantagen, wie man sie in vielen tropischen Ländern – etwa in Südostasien – findet. Die Rinde der Bäume wird spiralförmig eingeritzt, der Milchsaft in dafür vorgesehenen Behältern aufgefangen. Das Ritzen wird meist nachts vorgenommen, da dann die Rinde weniger schnell austrocknet.

→ **Aus Gummi** werden Reifen, Matratzen, Unterlagen und Schläuche hergestellt, zudem kommt er im Bergbau und in der Automobilindustrie zum Einsatz.

← **Ursprünglich** stammt der Kautschukbaum aus dem Regenwald am Amazonas, mittlerweile gibt es die meisten Plantagen jedoch in Südostasien und im tropischen Afrika wie etwa in Liberia. Das Rohmaterial wird zu Fabriken wie dieser an der Elfenbeinküste gebracht und dort zu Gummiprodukten verarbeitet. Der Latex wird in große Wannen gegossen und anschließend gepresst und getrocknet.

PRODUKTE AUS PFLANZENFASERN

Raphiabast stammt von den langen Blättern der auf Madagaskar heimischen Raphiapalme *(Raphia farinifera).* Das Entfernen der Blätter schadet dem Baum nicht. Raphiabast wird zu Seilen sowie zu Taschen, Matten, Hüten und anderen Textilien verarbeitet. Ein ähnliches Pflanzenprodukt ist Kapok, der seit Jahrhunderten als Kissen- und Matratzenfüllung verwendet wird. Diese »Pflanzendaunen« sind die Fasern an den Innenwänden der Früchte einiger Baumarten aus der Familie der Wollbaumgewächse (Bombacaceae), zu denen auch der auf den Ostindischen Inseln, in Afrika und im tropischen Amerika heimische Kapokbaum *(Ceiba pentandra)* gehört. Die grobe Faser zwischen äußerer und innerer Schale der Frucht der Kokospalme *(Cocos nucifera),* das Coir, wird nicht nur als Garn, sondern zunehmend auch als Torfersatz beim Gärtnern und in der Landwirtschaft verwendet.

Essen und Trinken

Bäume liefern uns eine unglaubliche Vielfalt an Nahrungsmitteln, von frischen Früchten und Nüssen über Gewürze bis hin zu Getränken und Ölen. Auch der Pflanzensaft einiger Bäume ist genießbar: Der des Zuckerahorns *(Acer saccharum)* etwa kommt als Ahornsirup auf den Tisch, der des Sapotillbaums *(Manilkara zapota)* – sogenannter Chicle – ist Grundbestandteil von Kaugummi. Obstbäume gedeihen in vielen Teilen der Erde, von den Tropen bis hinauf in kalte Klimazonen. Zahlreiche landwirtschaftliche Betriebe haben sich auf derartige Pflanzenprodukte spezialisiert. Im pazifischen Raum verdienen viele Menschen ihren Lebensunterhalt mit Kokos- und Ölpalmen, in Wüstengebieten sind Datteln unverzichtbarer Bestandteil der Wirtschaft. In Mittelmeerländern werden Olivenbäume sowohl wegen ihres Öls als auch wegen ihrer Früchte angebaut. Auch viele Getränke stammen von Bäumen, beispielsweise Kaffee, der aus den »Beeren« des im tropischen Afrika heimischen Kaffeestrauchs *(Coffea arabica)* produziert wird. Der Strauch wird mittlerweile in fast allen tropischen und subtropischen Regionen angebaut. Alte Bewässerungssysteme, die man im Jemen entdeckte, lassen darauf schließen, dass die Pflanze dort bereits seit 1350 kultiviert wird. Aus der kulinarischen Welt ebenfalls nicht mehr wegzudenken ist der Kakao, der aus den Bohnen des Kakaobaums *(Theobroma cacao)* hergestellt wird.

↑ **Gewürze** wie die aromatische Rinde des Zimtbaums oder die sternförmige Anisfrucht verleihen vielen Gerichten erst ihren charakteristischen Geschmack.

↓ **Zitrusfrüchte** stammen ursprünglich aus Asien, sind heute aber überall auf der Welt beliebt – nicht zuletzt wegen ihres hohen Vitamingehalts.

GEWÜRZE UND FRÜCHTE

Gewürze, die meist aus den Früchten, der Rinde oder den Blättern von Bäumen gewonnen werden, spielten eine Schlüsselrolle bei der Kolonisierung von Ländern wie Indonesien und eröffneten Handelsrouten zwischen tropischen Regionen und den Zentren der Alten Welt. Das Gewürzmonopol hatte die Holländische Ostindische Handelsgesellschaft inne, die größte Gesellschaft dieser Art im 17. Jahrhundert. Zu den gehandelten Gewürzen gehörten Zimt aus der Rinde des Zimtbaums *(Cinnamomum verum),* Muskatblüte und Piment. Die Geschichte des Obstanbaus verrät auch viel über andere Aspekte der Menschheitsgeschichte; die Brotfrucht etwa ist eng mit der Geschichte der Sklaverei verknüpft. 1787 entsandte die britische Regierung William Bligh als Kapitän der Bounty nach Tahiti, um Brotfruchtbäume zu holen, mit deren Früchten man Sklaven ernähren wollte. Die erste Reise wurde bekanntermaßen durch eine Meuterei unterbrochen, 5 Jahre später erreichten jedoch 530 Brotfruchtbäume die Karibik. Auch die Zitrone hat einen Bezug zur Seefahrt: Der gefürchtete, durch einen Mangel an Vitamin C ausgelöste Skorbut verlor seinen Schrecken, als man Vitamin-C-reiche Lebensmittel wie Zitronen oder auch Sauerkraut auf langen Seereisen mit an Bord nahm.

↑ **Die meisten essbaren Nüsse,** so auch Mandeln, Paranüsse, Hasel- und Walnüsse, stammen von Bäumen. Nüsse, als Ganzes gegessen oder gemahlen als Backzutat verwendet, sind für eine eiweißreiche Ernährung von großer Bedeutung.

← **Olivenbäume** sind langlebig und vertragen sowohl Trockenheit als auch karge Böden. Sie stellen für Millionen von Menschen insbesondere im Mittelmeerraum Lebensunterhalt und Nahrungsquelle dar.

→ **Die Frucht** des Brotfruchtbaums *(Artocarpus altilis)* ist in vielen tropischen Ländern wichtiges Nahrungsmittel. Wird die Frucht gekocht, erinnert ihr Geschmack an den frisch gebackenen Brotes.

→ **Die Kaffeeproduktion** ist vor allem in Süd- und Mittelamerika sehr arbeitsintensiv, da dort die Früchte von Hand gepflückt werden. In den subtropischen Regionen Australiens, wo derzeit eine florierende Kaffeeindustrie entsteht, werden die Bohnen maschinell geerntet.

Heilmittel

Viel von dem, was wir über die medizinische Wirkung von Pflanzen wissen, ist traditionell überliefert. Einige pflanzliche Heilmittel sind schon seit mehr als einem Jahrhundert kommerziell erhältlich. Chinin beispielsweise stammt von der Rinde des immergrünen Chinarindenbaums *(Cinchona officinalis)* und wird seit Mitte des 17. Jahrhunderts gegen Malaria eingesetzt. Ab Mitte des 19. Jahrhunderts war Chinin in Pulverform leicht erhältlich; nun konnten Europäer auch in von Malaria betroffenen tropischen Regionen sicher leben – die Kolonisierung Afrikas und Asiens, die mehr als ein Jahrhundert zuvor begonnen hatte, erlebte einen gewaltigen Aufschwung. Mittlerweile wird Chinin weitgehend durch moderne Medikamente wie Chloroquin®, Lariam® und Resochin® ersetzt. Auch das klassische Schmerzmittel Aspirin® – Azetylsalizylsäure – stammt ursprünglich von einem Baum: Hauptwirkstoff ist Salicin, das aus der Silberweide *(Salix alba)* gewonnen wird. Ebenfalls therapeutisch genutzt wird der *Ginkgo biloba*. In der Traditionellen Chinesischen Medizin (TCM) wird er als Kreislaufmittel und bei Gedächtnisschwäche verschrieben. Das getrocknete Harz des Mastixstrauchs *(Pistacia lentiscus)* kommt in der Zahnheilkunde zum Einsatz, das Harz der Balsamtanne *(Abies balsamea)* hat antiseptische Eigenschaften. Einige in Australien heimische Bäume liefern wichtige antibakterielle Öle: Aus dem Tasmanischen Blaugummibaum *(Eucalyptus globulus)* wird Eukalyptusöl gewonnen, aus den Blättern und Zweigspitzen des Australischen Teebaums *(Melaleuca alternifolia)* Teebaumöl.

→ **Das keimtötende Eukalyptusöl** wird aus den Früchten des Tasmanischen Blaugummibaums *(Eucalyptus globulus)* gewonnen, der eine Höhe von bis zu 55 m erreicht. 1962 erklärte man ihn zum Nationalbaum Tasmaniens, einer Insel im Süden Australiens.

→ **Diese Computersimulation** zeigt ein Molekül des Chemotherapeutikums Taxol®, das u. a. zur Behandlung von Eierstock- und Brustkrebs eingesetzt wird. Der Wirkstoff stammt aus der Rinde der Pazifischen Eibe *(Taxus brevifolia)*. Die Atome sind unterschiedlich eingefärbt (rosa = Kohlenstoff, weiß = Wasserstoff, grün = Sauerstoff, orange = Stickstoff).

↑ **Auch heute noch** gewinnt man Chinin aus der Rinde des Chinarindenbaums *(Cinchona officinalis)*. Dabei wird die Rinde zunächst mit feuchtem Moos bedeckt, um Licht und Luft abzuschotten. Dies soll die Menge der Alkaloide erhöhen und zur besseren Erneuerung der Rinde beitragen.

→ **Die riesigen, bohnenähnlichen Samen** der Australischen Kastanie *(Castanospermum australe)* enthalten möglicherweise Wirkstoffe, die bei der AIDS-Therapie eingesetzt werden können. Die Hülsen werden bis zu 20 cm lang. Der immergrüne Baum ist in den Küstenregionen Ostaustraliens und einiger pazifischer Inseln heimisch.

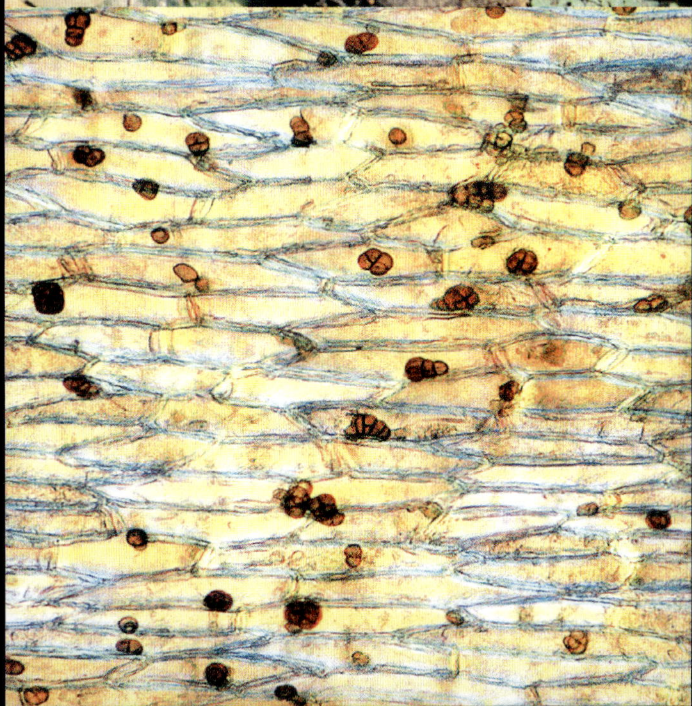

→ **Diese vergrößerte Aufnahme** zeigt die Rinde der Silberweide *(Salix alba)*; die Epithelzellen sind deutlich erkennbar. Die Rinde enthält Salicin, einen Bestandteil von Azetylsalizylsäure, besser bekannt als Aspirin®.

NEUE MEDIKAMENTE

Heilmittel kann man aus allen Teilen eines Baumes gewinnen, aus Blättern, Rinde, Wurzeln, Früchten und Samen. Man schätzt, dass etwa die Hälfte aller heute erhältlichen Pharmazeutika ihren Ursprung in der Pflanzenwelt haben; die Wissenschaftler bemühen sich stetig um die Entwicklung neuer Medikamente auf Pflanzenbasis. Besonders die Bäume des tropischen Regenwalds scheinen diesbezüglich ein großes Potenzial zu besitzen. Ein Durchbruch gelang mit dem Medikament Taxol®, das aus der Pazifischen Eibe *(Taxus brevifolia)* gewonnen und zur Behandlung von Krebs eingesetzt wird. Große Hoffnung bei der AIDS-Therapie setzt man auf die Australische Kastanie *(Castanospermum australe)* bzw. deren Wirkstoff Castanospermin, der möglicherweise das HI-Virus hemmt. Während man die medizinischen Eigenschaften einiger Pflanzen gerade erst entdeckt, werden andere, seit Jahrhunderten bekannte heute medizinisch neu genutzt. Der Samen des *Ginkgo biloba* wird in der TCM schon lange als Heilmittel verwendet, im Westen erforscht man gerade seine krebsheilenden Wirkungen. Mit dem Öl des Niembaums *(Azadirachta indica)* werden in der ayurvedischen Medizin traditionell Hauterkrankungen und Verbrennungen behandelt, möglicherweise kann es aber auch bei vielen anderen Krankheiten nützlich sein.

Energie und Treibstoff

Kohle und Torf stammen aus den Anfängen des Pflanzenlebens auf der Erde. Ein Großteil der heute existierenden Kohle bildete sich im Karbon vor 280 bis 345 Mio. Jahren. Zu dieser Zeit war die Erde heiß, feucht und mit riesigen Wäldern und Sümpfen bedeckt. Als Bäume abstarben und ihre Blätter und Zweige in Seen und Sümpfe fielen, entstand Torf – ein Brennstoff, der zu fast 90 % aus Wasser besteht. Im Laufe der Zeit lagerten sich Sedimente auf dem Torf ab, der Torf wurde zu Kohle komprimiert bzw. »fossilisiert« – aus diesem Grunde bezeichnet man Kohle auch als fossilen Brennstoff. Die meiste Kohle wird in Bergwerken unter Tage gefördert; mit ihr produziert man in Kraftwerken Elektrizität oder verwendet sie zu Hause zum Heizen, da sie leicht brennbar ist. Kohle besteht überwiegend aus Kohlenstoff, kann aber auch Schwefel, Pflanzenfossilien und andere Verunreinigungen enthalten. Man teilt Kohle in verschiedene Grade bzw. Qualitäten ein. Braunkohle enthält die meisten Verunreinigungen, etwa Wasser-, Sauer- und Stickstoff sowie Wasser und mehrere flüchtige Bestandteile. Braunkohleflöze kommen auf der Erde relativ häufig vor. Erhitzt man das Sedimentgestein Steinkohle bei hohen Temperaturen und unter Ausschluss von Sauerstoff, entsteht Koks. Die qualitativ hochwertigste Kohle ist Anthrazitkohle mit einem Kohlenstoffgehalt von 95 %. Die Schichten abgestorbener Pflanzen des metamorphen Gesteins waren über einen langen Zeitraum enormem Druck und hohen Temperaturen ausgesetzt. Auch Anthrazitkohle wird hauptsächlich zum Heizen verwendet.

→ **Da sie Hitze erzeugen,** sind die Bohrer, die diese Bergleute unter Tage benutzen, potenziell gefährlich. Die Kohlelagerstätten haben sich in Millionen von Jahren gebildet, sie sind hart und leicht entflammbar. Deswegen wird die Kohle beim Abbau ständig befeuchtet.

↙ **Schon seit Urzeiten** wissen Menschen die Wärme und Sicherheit eines offenen Feuers zu schätzen. Das willkürliche Verbrennen von Holz kann jedoch zur Zerstörung ganzer Lebensräume führen.

↓ **Verbrennt man Holz in einem Ofen,** beispielsweise in einem Pizzaofen, kann man die Temperatur über die Sauerstoffzufuhr regeln.

Steinkohle

Anthrazitkohle

HOLZ UND HOLZKOHLE

Seit die Menschheit das Feuer entdeckte, bedient sie sich des Holzes zum Heizen und Kochen. Schon vor 5000 Jahren dienten Holzkohlenfeuer zum Schmieden von Metall, aus dem man Waffen und Werkzeuge fertigte. Aus Holz wird Holzkohle, wenn man dieses ganz langsam verbrennt. Ein Holzkohlenfeuer kann Temperaturen von 1100 °C erreichen – doppelt so hoch, wie beim Verbrennen von Holz entsteht. Die Herstellung von Holzkohle hat insbesondere in Europa eine lange Tradition. Hier schlug man in Wäldern, in denen Gehölze wie Haselsträucher *(Corylus avellana)* wuchsen, jahrhundertelang Unterholz für die Holzkohlenproduktion. Um das langsame Verbrennen bei hohen Temperaturen zu erreichen, wird das Feuer in einer abgedeckten Grube angezündet, wo es fast keinen Sauerstoff erhält, allerdings am Ausgehen gehindert werden kann.

TORF, BRAUNKOHLE UND KOHLE

Torf entsteht aus abgestorbenen Pflanzenteilen in sumpfiger Umgebung.

Braunkohle ist die qualitativ niedrigste Stufe der Kohle.

Steinkohle ist ein Sedimentgestein, das in Kraftwerken als Brennstoff dient.

Anthrazitkohle – oberste Kohlenqualität – besteht zu 95 % aus Kohlenstoff.

Weitere Nutzungsmöglichkeiten

Viele Lebensmittelfarben und Aromastoffe haben ihren Ursprung in Bäumen. Annatto beispielsweise, das zum Färben von Fleisch verwendet wird, stammt von dem strauchartigen subtropischen Baum *Bixa orellana*, der in Teilen Mexikos und Südamerikas beheimatet ist. Die Samen, die das Färbemittel produzieren, sind von einer roten, weichbestachelten Kapsel umgeben. Um den Farbstoff zu entziehen, werden die Samen in heißem Öl oder Schweinefett eingeweicht. Eine ähnliche Lebensmittelfarbe, Bixin, erhält man vom Samenmantel desselben Baums; sie ist in Käse – z. B. in Edamerrinde –, Margarine und Butter zu finden. Vorübergehend wurde Bixin von synthetischen Farbstoffen verdrängt, die mittlerweile allerdings verboten sind. Die Öle und Harze vieler Fichten werden als Aromastoffe eingesetzt; die Gewöhnliche Fichte *(Picea abies)* wird zur Herstellung von Sprucebier verwendet – und schmückt zur Weihnachtszeit die Wohnzimmer von Millionen von Haushalten. Zudem kommt ihr Harz als Bindemittel in Käse zum Einsatz und verleiht der jeweiligen Sorte damit einen charakteristischen Geschmack. Die Schwarzfichte *(Picea mariana)* bildet die Basis für das sogenannte Danziger Sprucebier. Dafür werden der Pflanzensaft und die jungen Zweige mit einem Süßungsmittel wie Honig, Melasse oder Ahornsirup gekocht und anschließend mit Hefe vergoren. Das Öl des Baums dient auch als Aromastoff. Aus den Blättern und Zweigen der Krummholzkiefer oder Latsche *(Pinus mugo* var. *pumilio)* wird Latschenkieferöl gewonnen.

FARB- UND GERBSTOFFE, VERDÜNNUNGSMITTEL

Viele pflanzliche Mittel werden auch zum Tönen von Haut und Haar verwendet. Henna stammt von dem tropischen Strauch *Lawsonia inermis*. Das aus Buchen, Ahornbäumen und Eichen gewonnene Kreosot wirkt desinfizierend, abführend und hustenlindernd. In Japan wird es auch gegen Durchfall verschrieben. Wird es mit anderen Stoffen kombiniert, entsteht ein Konservierungsmittel. Terpentin, Farbverdünner und Reiniger, wird aus Baumharzen destilliert, die Terpene enthalten; zu den entsprechenden Bäumen gehören die Gelbkiefer *(Pinus ponderosa)*, die Strandkiefer *(Pinus pinaster)*, die Weihrauchkiefer *(Pinus taeda)* und die Aleppokiefer *(Pinus halepensis)*. Beim Auskochen des Harzes entsteht Kolophonium, das zum Behandeln von Geigenbogen verwendet wird. Auch industrielle Gerbstoffe werden aus Bäumen wie Eiche, Kastanie, Weide und Australischer Akazie gewonnen. Tannin, ein natürliches pilz- und bakterientötendes Mittel, kommt in hoher Konzentration in der Baumrinde vor, wo es das Gehölz vor Verrottung und Krankheiten schützt.

→ **Das Färbemittel Henna** wird aus den getrockneten und gemahlenen Blättern des Hennastrauchs *(Lawsonia inermis)* gewonnen; es dient zum Tönen der Haare sowie zum Verzieren der Haut. Diese indische Braut trägt die traditionellen Hennamuster auf Händen, Unterarmen und Füßen.

← **Die Lebensmittelfarbe Bixin** wird aus den Samen des Annattostrauchs *(Bixa orellana)* gewonnen. Sie ist für das charakteristische Rot der Wachsschicht einiger Käsesorten sowie für das Gelb in Käse, Butter und Margarine verantwortlich.

→ **Langsam verbrennende Holzspäne** verleihen Fisch und Fleisch ein rauchiges Aroma. Dafür werden Ferkelnuss *(Carya glabra)*, Pekannuss *(Carya illinoensis)* und Schuppenrinden-Hickory *(Carya ovata)* verwendet. Letzterer ist im Süden der USA weit verbreitet.

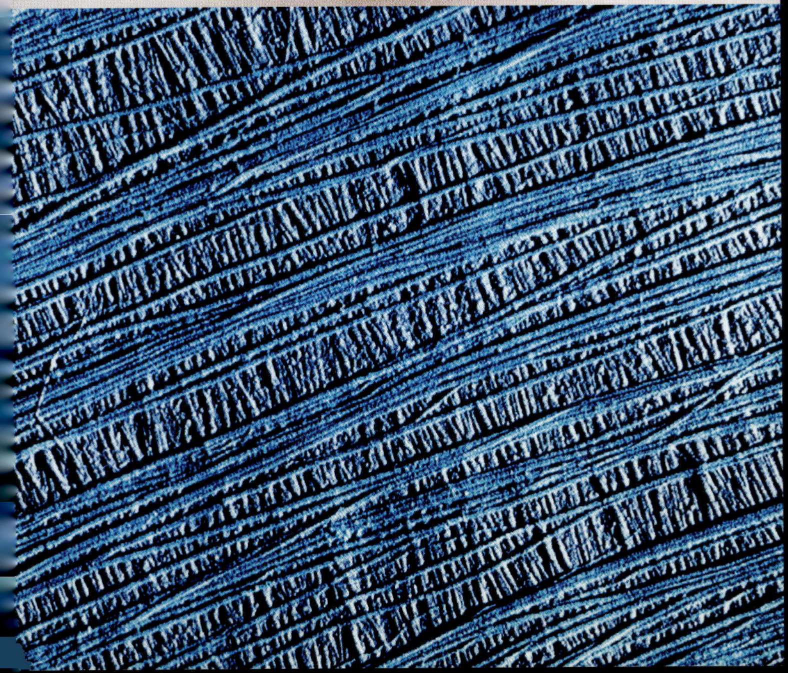

← **Holzfasern** oder Zellulose kommen bei der Herstellung von Stoffen, Pappe und Papier zum Einsatz. Viskose beispielsweise wird aus Zellulose gefertigt, ebenso das durchsichtige Zellophan.

→ **Einige Völker** der australischen Ureinwohner benutzen die Mangrovenart *Barringtonia acutangula* zum Fischfang. Sie werfen die Blätter ins Wasser, die dort einen Stoff absondern, der die Fische lähmt. Nach einiger Zeit treiben die Fische an der Wasseroberfläche und können bequem eingesammelt werden.

Parks und Gärten

Die ersten Parks wurden in Mesopotamien um Euphrat und Tigris herum angelegt – eine Gegend, die heute zu Irak und Iran, zu Syrien und zur Türkei gehört. Man pflanzte Bäume auf Zikkurats, den Terrassen der Stufentempel, und in den berühmten Hängenden Gärten von Babylon. 1100 v. Chr. ließ der assyrische Herrscher Tiglath-Pileser I. Parks mit Alleen anlegen – die Bäume dafür hatte er als Kriegstrophäen aus anderen Ländern mitgebracht. In moderneren Zeiten findet man Bäume in Parks und Gärten – teils so formell gepflanzt wie in den eleganten Alleen der Gärten von Versailles, teils eher naturnah wie in den Englischen Landschaftsgärten des 18. Jahrhundert. In kühleren Klimazonen bevorzugt man Laub abwerfende Bäume, in wärmeren Gegenden werden Alleen auch mit immergrünen Bäumen wie Zypressen, Palmen, Eukalyptusbäumen oder Feigen bepflanzt. Einer der größten Parks der Neuzeit ist der New Yorker Central Park, den Frederick Olmstead und Calvert Vaux Mitte des 19. Jahrhunderts entwarfen. Olmstead verband Park und umliegende Stadt durch ein innovatives System einander kreuzender Straßen, bewahrte dabei aber den natürlichen Charme des Ortes. Heute stehen Landschaftsgärtnern moderne Verfahren zur Verfügung, mit deren Hilfe sie auch sehr alte Bäume in neue Umgebungen verpflanzen können.

↑ **Die atemberaubenden Gärten von Versailles** mit ihren langen, symmetrisch angelegten Alleen entwarfen die Landschaftsarchitekten Le Nôtre und Le Brun Mitte des 17. Jahrhunderts für den »Sonnenkönig« Ludwig XIV. Die Bäume, die man heute sieht, ließ Ludwig XVI. 1775 anpflanzen.

← **Im Frühling bietet die Kirschblüte** um das Jefferson Memorial in Washington D.C. einen spektakulären Anblick. 1912 stiftete Yukio Ozaki, der damalige Bürgermeister von Tokio, 3000 Yoshino-Kirschbäume, die man in der Nähe des Memorials um den künstlichen See herum anpflanzte. Die Blüte wird jedes Jahr mit einem Fest gefeiert, zu dem Tausende von Besuchern aus aller Welt anreisen.

→ **Die wunderschöne natürliche Landschaft Japans** spiegelt sich in den Gärten von Palästen und Tempeln. In den Gärten des Enkoji-Tempels stehen Fächerahornbäume *(Acer palmatum)*, deren Laub sich im Herbst spektakulär verfärbt.

ZIERGEHÖLZE

Früher pflanzte man Bäume in erster Linie wegen ihrer Nutzbarkeit – also der Früchte wegen – an; mit zunehmendem Wohlstand der Gemeinden und vermehrter Freizeit schätzt man Bäume aber auch als Ziergehölze. In großen Parks, Straßenbepflanzungen sowie öffentlichen und privaten Gärten kann man so mitverfolgen, wie die Bäume je nach Jahreszeit ein anderes Schauspiel bieten. In tropischen Gärten sind Jakarandas und Bauhinien weit verbreitet, in asiatischen Gärten findet man neben seltenen und sehr alten Bäumen auch Exemplare, die wegen ihrer besonderen Blätter, Rinde oder Blüten angepflanzt wurden. In den Tempelgärten Chinas und Japans finden sich z. B. Ahornbäume, Zierpflaumen und -kirschen, Kamelien und Ginkgos. Alleen in größeren Anlagen beeindrucken mit der schieren Vielzahl von Bäumen, während in kleineren Gärten oft nur ein einzelner, dafür einzigartiger Baum steht.

GARTENARCHITEKTUR

Eine der größten Veränderungen in der Gestaltung von Parks und Gärten brachte die Bewegung der Landschaftsarchitektur mit sich, die im späten 17. und im 18. Jahrhundert in England ihren Höhepunkt erreichte. Angeführt wurde sie von Charles Bridgeman, William Kent und Lancelot »Capability« Brown. Brown bevorzugte naturalistische Bepflanzungen anstelle von symmetrisch angelegten; großen Anwesen, z. B. Stowe in Buckinghamshire, verlieh er ein parkähnliches Aussehen, indem er Gruppen von Bäumen scheinbar willkürlich verteilte. Die einst um elegante Häuser herum angelegten formalen Gärten ließ er umgraben und ersetzte sie durch schweifende Rasenflächen, Gebüsche und Bäume. Browns Entwürfe basierten zu einem Großteil auf damals moderner Technologie, neuen Pflegemethoden und neu entdeckten Baumarten. Vom Haus aus hatte man einen schier endlosen Blick auf Parkanlagen, in denen Schafe, Pferde und Kühe weideten; dies erreichte Brown durch ein ausgeklügeltes System von Zäunen und verborgenen Gräben – sogenannte Ha-Has – sowie durch die kunstvolle Platzierung der Gehölze. Die Gestaltungsprinzipien Capability Browns wiesen einer neuen Art von Landschaftsarchitektur den Weg, die überall auf der Welt ihren Niederschlag fand und von der sich Landschaftsgärtner auch heute noch inspiriert fühlen.

← **Die Schönheit des blühenden Goldregens** *(Laburnum* x *watereri* 'Vossii'*)* wird noch durch die kunstvolle Verflechtung der Zweige hervorgehoben. Die Bäume wurden so nah beieinander gepflanzt, dass ihre Kronen einen Tunnel bilden, der im Frühjahr in voller Blüte steht. Diese Goldregen-Blumenlauch-Allee kann man bei Barnsley House im englischen Gloucestershire bewundern.

→ **Der erste große Park der Stadt Paris** waren die im frühen 17. Jahrhundert angelegten Tuilerien mit langen, parallel zur zentralen Achse verlaufenden Baumalleen, künstlichen Teichen und formalen Parterres. Heute werden sie von den Champs Elysées gekreuzt, sind jedoch nach wie vor ein Bilderbuchbeispiel der Landschaftsarchitektur.

← **Der Jardin du Luxembourg** in Paris wurde im frühen 17. Jahrhundert für Maria de' Medici angelegt. Er verbindet aufwendige Parterres mit schattigen Ulmenalleen und langen Kieswegen.

↓ **In warmen und tropischen Städten** wie Los Angeles sind Palmenalleen weit verbreitet. Die schlanken, hoch aufragenden Stämme bilden eine Kolonnade, die von den riesigen Palmwedeln bekrönt wird. Diese Phönixpalmen scheinen das weltberühmte Hollywood-Schild einzurahmen.

Die Kunst des Gärtnerns

Gärten sind ein Symbol für den schöpferischen Umgang des Menschen mit der Natur. Um Größe und Gestalt der Pflanzen zu beeinflussen, bedienen sich Gärtner verschiedener Techniken. Mit dem Beschneiden kann man Größe, Wuchsform und Blütenproduktion des Baums kontrollieren. Dies reicht vom sanften Entfernen verblühter Blüten, um neues Wachstum zu fördern, über das Formschneiden bis hin zum radikalen jährlichen Rückschnitt. Letzterer wird auch als Kappen bezeichnet. Man kann Bäume dazu erziehen, flach an einer Wand, an einem Zaun oder als schmaler Sichtschutz zu wachsen – solche Spalierbäume kommen vor allem in kleineren Gärten vor. Am eindrucksvollsten zeigt sich die Kunst des Gärtnerns vermutlich bei Bonsais, bei denen das Pflanzenwachstum durch kleines Wurzelwerk und das regelmäßige Beschneiden von Wurzeln, Zweigen und Blättern gehemmt wird. Drähte weisen Stämmen und Ästen die Wuchsrichtung. Selbst sehr große Bäume wie Ahornbäume und Kiefern kann man als Bonsai ziehen. Gewächshäuser bieten Gärtnern die Möglichkeit, sich bei ihrer Kunst weitgehend unabhängig von Klima und anderen Umweltbedingungen zu machen. Auf diese Weise können Bäume aus so unterschiedlichen Regionen wie tropischen Regenwäldern und dem Gebirge gewissermaßen nebeneinander in einem Garten wachsen. Gewächshäuser sind heute fester Bestandteil zahlreicher botanischer Gärten auf der ganzen Welt.

↓ **Diese knorrigen, alten Virginia-Eichen** *(Quercus virginiana)* stammen aus dem Südosten der USA. Sie wurden vor rund 300 Jahren vor diesem eleganten Anwesen in Louisiana angepflanzt. Die immergrünen Bäume wurden sorgsam beschnitten, um die Sicht auf das Haus nicht zu versperren; gleichzeitig sollten die Äste ein Dach über der Baumallee bilden. Zu den Arten, die man auf vielen Plantagen sowie als Straßen- und Parkbepflanzung im warmen Klima der amerikanischen Südstaaten findet, gehört auch die Immergrüne Magnolie *(Magnolia grandiflora)*.

↑ **Kunstvolle Formbäume und -sträucher** zieren als geometrische Figuren vor allem formal gestaltete Gärten. Eiben eignen sich für diese Kunst des Bäumeschneidens ganz besonders.

↑ **Dieser eigentlich große, dreidimensionale Ginkgo** wurde zu einem flachen Spalierbaum erzogen. Dies erreicht man dadurch, indem man alle bis auf wenige ausgewählte horizontale Triebe entfernt.

↑ **Eine weitere Methode,** Größe und Wuchsform von Bäumen zu beeinflussen, ist das Kappen. Dabei wird der Baum einmal im Jahr radikal zurückgeschnitten.

NEUE PFLANZEN ZÜCHTEN

Neben dem Beschneiden, dem Erziehen und dem Anpflanzen in Gewächshäusern übt der Mensch seit Tausenden von Jahren auch durch Züchten und Selektieren Einfluss auf die Pflanzenwelt aus. Hybriden sind natürliche oder künstlich erzeugte Kreuzungen zwischen Pflanzen verschiedener Arten. Auch innerhalb derselben Art können Pflanzen bei der Gärtnern erwünschte Merkmale wie einen kleineren Wuchs, größere Blüten, geschmacksintensivere Früchte oder die Resistenz gegenüber einer bestimmten Krankheit aufweisen. Diese Pflanzen werden selektiert und mithilfe von Ablegern, Veredelung oder Teilung vermehrt. Manchmal treten auch bei einzelnen Pflanzen Mutanten wie eine andere Blütenfarbe auf. Künstlich können gewünschte Mutationen durch Strahlung oder Chemikalien erzeugt werden.

→ **Bei der Bonsai-Kunst,** die viel Fingerspitzengefühl und Geduld erfordert, werden Wachstum und Wuchsform der Bäume vollständig kontrolliert. Die Bäume sind oft Hunderte von Jahren alt und sehr wertvoll.

Unentbehrliche Ressource

Unentbehrliche Ressource

Bäume sind allgegenwärtig – und werden deshalb oft für selbstverständlich gehalten. Vielen Menschen ist die Bedeutung der Bäume für die Erde, welchen Einfluss sie auf Atmosphäre und Klima haben, gar nicht bewusst. Mittlerweile gibt es jedoch zahlreiche Artenschutzprogramme zum Erhalt dieser lebenswichtigen Ressource.

Die Bedeutsamkeit der Bäume

Bäume spielen für das Leben auf der Erde eine entscheidende Rolle. Jede Lebensform ist auf die Fähigkeit der Bäume und anderer Pflanzen angewiesen, Licht in chemische Energie umzuwandeln. Darüber hinaus bieten Bäume pflanzenfressenden Tieren, einer großen Zahl von Vogel- und Insektenarten sowie einem breiten Spektrum an Mikroflora eine Nahrungsquelle. Von diesen Pflanzenfressern wiederum ernähren sich dann Fleischfresser. Doch nicht nur in der Nahrungskette spielen Bäume eine Schlüsselrolle; auch für den Kohlenstoffzyklus sind sie unentbehrlich. Tiere und Menschen atmen Sauerstoff ein und Kohlendioxid aus. Bäume speichern das Kohlendioxid und geben über die Verdunstung Sauerstoff an die Atmosphäre ab. Allerdings steigt der Gehalt des »Treibhausgases« Kohlendioxid in der Erdatmosphäre immer mehr an und gilt als Mitursache der globalen Erwärmung. Verantwortlich für diesen Prozess, der seit rund 150 Jahren beobachtet wird, ist in erster Linie der Mensch. Er verwendet fossile Brennstoffe wie Kohle und Gas, die Bäume über Millionen von Jahren produziert haben, um Energie zu gewinnen. Zudem zerstört der Mensch kohlenstoffspeichernde Wälder, damit er das Land bewirtschaften und bebauen kann. Aus diesem Teufelskreis bietet einzig die Wiederaufforstung einen Ausweg.

BESCHÜTZER DER NATUR

Bäume sind ein wichtiger Teil des riesigen Wiederaufbereitungs- und Schutzsystems der Natur. Sterben Blätter, Äste, Blüten, Früchte, Samen und sogar ganze Bäume ab, beginnt ein langsamer Zerfallsprozess. Insekten, Pilze und Bakterien zersetzen die organischen Substanzen. Sie führen Nährstoffe und Mineralien wieder dem Boden und damit anderen Pflanzen zu. Bäume »recyceln« auch Wasser; sie entziehen es dem Boden und geben es an die Atmosphäre ab. Mit ihren Wurzeln festigen sie das Erdreich, verhindern Bodenerosion und dienen als Puffer zwischen Land und Meer. Mangroven etwa schützen die Küsten vor der Kraft des Ozeans, Bergwälder verhindern den Verlust von Erde und Nährstoffen. Wälder beeinflussen sogar Wetter und Klima.

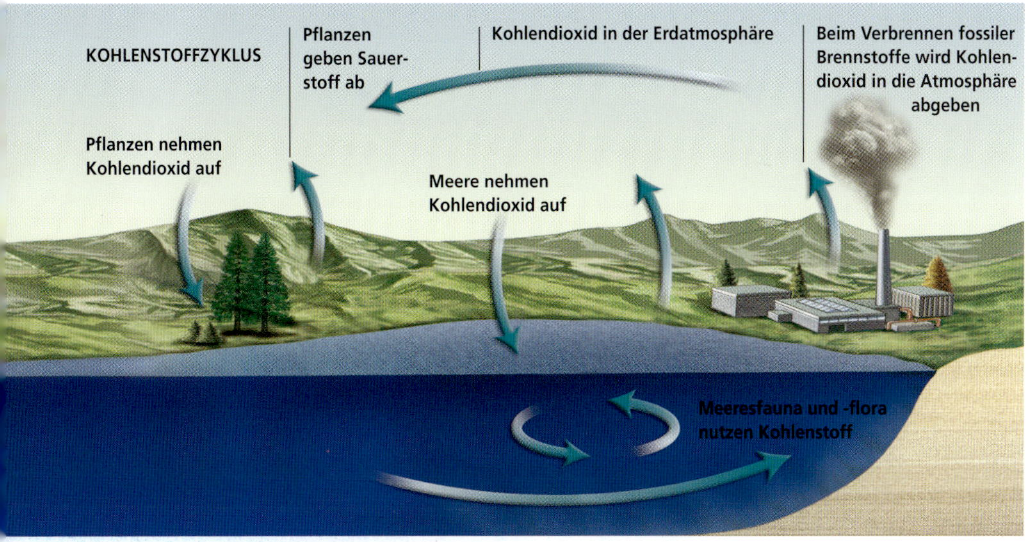

↑ **Das Dreizehenfaultier** lebt in den Wäldern Mittel- und Südamerikas – vor allem auf Ameisenbäumen (*Cecropia* spec.) – und hängt wie unzählige andere Tiere von Bäumen als Nahrungsquelle und Lebensraum ab. Faultiere haben einen extrem langsamen Stoffwechsel.

↖ **Mensch und Tier** geben beim Atmen Kohlendioxid an die Erdatmosphäre ab. Ein Teil davon wird von Pflanzen aufgenommen und als Kohlenstoff gespeichert. Auch die Ozeane stellen ein riesiges Kohlenstoffreservoir dar. Das Abholzen oder Brandroden von Wäldern setzt ebenfalls Kohlenstoff frei.

← **Dieses Kreuz aus Goldpappeln** in der argentinischen Provinz Neuquén dient als Windschutz für Obstgärten. So können raue Winde den Blüten und Früchten nichts anhaben, eine reiche Ernte ist gesichert.

← **Holzäpfel speichern** Energie in Form von Stärke und Zucker, die Vögeln und anderen Tieren als Nahrung dienen. Viele Bäume bringen Früchte mit Samen hervor, die von Säugetieren, Vögeln und Insekten gefressen und verbreitet werden.

⇇ **Wälder voller alter Bäume** können über die Jahrhunderte hinweg riesige Mengen an Kohlenstoff speichern. Zudem beeinflussen Wälder die Bewegung von Luft und Wasser auf der Erde; sie wirken sich auf Temperatur und Niederschlag sowie auf das regionale und globale Wetter aus.

Der Treibhauseffekt

Ein natürlicher biologischer Prozess regelt das Gleichgewicht zwischen in der Erdatmosphäre vorhandenem Sauerstoff und Kohlendioxid. Bei der Photosynthese verwandeln Pflanzen Kohlendioxid in Energie, die sie zum Wachsen benötigen. Geschätzte 100 Milliarden Tonnen Kohlenstoff werden jährlich von Bäumen und anderen Pflanzen gespeichert – der Fachbegriff hierfür lautet Sequestrierung. Bei der Abholzung von Wäldern wird Kohlenstoff an die Atmosphäre abgeben, ebenso durch die stetig wachsende Industrie, die der Mensch angesichts der Bevölkerungsexplosion und des modernen Lebensstils braucht. Der Großteil des CO_2-Ausstoßes stammt vom Verbrennen fossiler Brennstoffe zur Stromerzeugung. Die vermehrte CO_2-Emission wirkt sich mittlerweile messbar auf das Weltklima aus. Durch Kohlendioxid und andere Gase staut sich Wärme in der Atmosphäre; diese Gase bezeichnet man auch als Treibhausgase, da der Prozess mit dem in einem Gewächshaus vergleichbar ist. Sammeln sich die Treibhausgase vermehrt in der Atmosphäre an, wird sich das Klima weltweit verändern: Es kommt zur globalen Erwärmung – bis zum Jahr 2100 ist ein Anstieg der Temperatur um 1,1–6,4 °C prognostiziert. Weitere Treibhausgase sind Methan, Stickoxide und Fluorgase wie Fluorwasserstoff-Kohlenstoffe.

↑ **Der Klimawandel** aufgrund der globalen Erwärmung wirkt sich mit großer Wahrscheinlichkeit negativ auf die Wälder der Erde aus, die schon heute durch Abholzung für Landwirtschaft, Bebauung und Holzindustrie immer weiter schwinden.

→ **Treffen die Klimaprognosen ein,** wird der Meeresspiegel schon innerhalb der nächsten 10 Jahre deutlich ansteigen, weil Polkappen und Gletscher schmelzen.

NATÜRLICHER TREIBHAUSEFFEKT

Durch die vermehrte CO_2-Emission und den Klimawandel dürften sich die Wälder radikal verändern. Veränderungen hinsichtlich Temperatur, Niederschlag und Kohlendioxidgehalt der Luft stellen eine Bedrohung für die Gesundheit unserer Wälder dar. Einige Wissenschaftler mutmaßen zwar, dass höhere Kohlendioxidwerte das Wachstum der Bäume positiv beeinflussen, d. h. beschleunigen werden und somit auch für eine vermehrte Speicherung des Treibhausgases sorgen. Doch vermutlich werden sich die Bäume sehr schnell an die veränderten Bedingungen anpassen, was diesen Effekt hinfällig macht.

→ **Die Treibhausgase in der Atmosphäre** absorbieren und reflektieren Wärme; ein hoher Gehalt an diesen Gasen führt zu einem Wärmestau – ähnlich wie in einem Gewächshaus, auf das den ganzen Tag die Sonne scheint.

↓ **Das Verbrennen fossiler Brennstoffe** wie Braunkohle setzt Kohlendioxid und andere Treibhausgase frei. Der Großteil des weltweit vorhandenen Kohlenstoffs ist in Kohle und Wäldern gespeichert.

DER TREIBHAUSEFFEKT

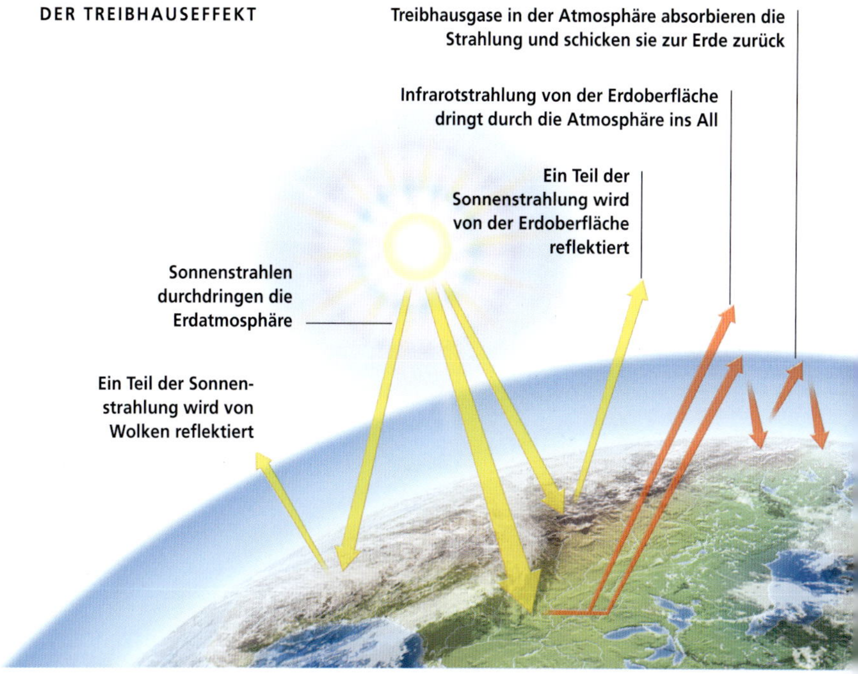

Bäume und Umweltverschmutzung

Neben dem Klimawandel ist es vor allem die Umweltverschmutzung, die die Wälder der Erde bedroht. Die Verschmutzung von Luft, Wasser und Erdreich kann sich katastrophal auf Bäume auswirken; sie reicht von simplem Staub bis hin zu Chemikalien wie Schwefel. Der sogenannte saure Regen, einer der Hauptfeinde des Waldes, entsteht, wenn Schwefel bzw. Schwefeldioxid und Stickstoff bzw. Stickoxide in die Atmosphäre abgegeben werden und sich mit der dort vorhandenen Feuchtigkeit zu Schwefel- oder Salpetersäure verbinden. Über die Luft gelangen diese Säuren in Gebiete, die weit von ihrem Entstehungsort entfernt sein können, und fallen dort als saurer Regen. Säuren kontaminieren auch Schnee, Eis, Nebel und natürliche Staubpartikel. Der saure Regen schädigt Blätter und Nadeln der Bäume und beeinflusst den pH-Wert des Bodens. Laubfall, Veränderungen des Bodenmilieus und schließlich Waldsterben sind die Folgen. Auf der nördlichen Hemisphäre sind riesige Gebiete von Nadelwäldern bereits davon betroffen, der Boden ist langfristig übersäuert. In einigen Fällen profitieren die Bäume zwar auch von der Umweltverschmutzung – wenn sie natürliche Feinde wie Insekten oder Pilze dezimiert –, auf lange Sicht schwächt dies aber auch die Abwehrstärke der Pflanzen.

POLLENFLUG

Auch Bäume selbst können zur Luftverschmutzung beitragen. Viele Arten, die eine Bestäubung benötigen, setzen Unmengen von Pollen frei, die vom Wind zu den Blüten anderer Bäume getragen werden. Dort kommen sie jedoch nicht immer an. Viele Pollen bleiben in der Luft, bis Regen sie irgendwo ablagert. Wenn im Frühjahr die Bäume blühen, ist die Luft besonders pollenhaltig – sehr zum Nachteil der Menschen, die an Heuschnupfen oder Asthma leiden. Da sich die meisten Blüten am Morgen öffnen, ist die Pollenflugrate am Vormittag besonders hoch und am schlimmsten bei trockenem Wetter. Der jahreszeitlich bedingte und häufig nur kurze Pollenflug wird allerdings durch Staub und Abgase aus Landwirtschaft und Industrie verstärkt.

URSACHEN UND WIRKUNGEN DES SAUREN REGENS

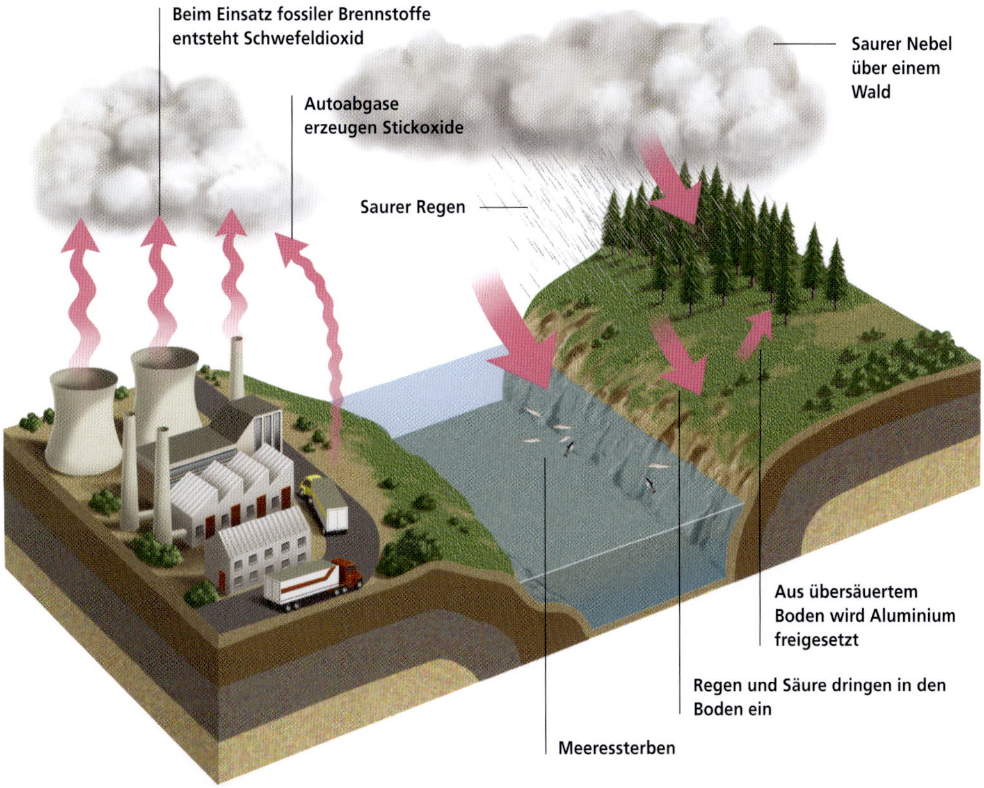

↑ **Die bislang schwerste Nuklearkatastrophe** der Welt ereignete sich 1986 im Kernkraftwerk Tschernobyl in der damaligen Sowjetunion. Die atomare Verschmutzung zerstörte menschliches, tierisches und pflanzliches Leben. Auf einer Fläche von 10 km^2 verfärbten sich die Kiefern braun und starben aufgrund der Strahlungsbelastung. Der tote Wald wurde als »Roter Wald« berühmt. Die am schlimmsten betroffenen Gebiete – Teile Weißrusslands und der Ukraine – sind noch heute kontaminiert und für den Menschen tabu; Tiere haben sich dort allerdings bereits wieder angesiedelt.

↖ **Über bewaldeten Tälern** bilden sich häufig Nebel und Sprühregen. Wo sich der Nebel auflöst, schlagen sich Auto- und Industrieabgase als sogenannter Smog nieder.

← **Saurer Regen** entsteht durch Schadstoffe wie Schwefeldioxid und Stickoxide, die sich mit der Feuchtigkeit in der Atmosphäre verbinden und als Niederschlag auf die Erde fallen. Er gefährdet Pflanzen und übersäuert den Boden. Auf der Nordhalbkugel sind ihm bereits große Flächen Nadelwalds zum Opfer gefallen.

↞ **Ölraffinerien** sind nur ein Industriestandort, an dem Schwefel als Abfallprodukt anfällt. Gelangt Schwefelsäure in die Atmosphäre, schlägt sie sich schließlich als saurer Regen nieder.

Artenvielfalt und -erhaltung

Die große Anzahl und Vielfalt tierischen und pflanzlichen Lebens auf der Erde legt Zeugnis vom Erfolg der Evolution ab. Etwa 1,75 Millionen Arten hat man inzwischen erfasst und benannt, sicher gibt es noch unzählige mehr. Die größte Artenvielfalt hat sich an Land entwickelt. Dieser Lebensraum macht zwar nur 29 % der gesamten Erdoberfläche aus, doch leben hier rund 1,5 Millionen Arten. Die vielfältigsten Biotope finden sich in abgelegenen Regionen wie beispielsweise auf Madagaskar – dort sind 5 % aller Pflanzenarten der Welt heimisch. Doch Lebensräume verändern sich, hauptsächlich durch menschliche Aktivitäten wie Abholzung und industrielle Entwicklung, was die Biodiversität weltweit bedroht. Pflanzen spielen eine Schlüsselrolle im Ökosystem: Stirbt eine einzige Pflanzenart aus, sind davon automatisch bis zu 30 andere Tier- und Pflanzenarten mit betroffen. Seit 1997 gibt es die »Rote Liste« der IUCN (Weltnaturschutzunion), in die alle bedrohten Pflanzen aufgenommen werden und die ständig aktualisiert wird.

UMWELTSCHUTZ

Überall auf der Welt gibt es inzwischen Artenschutzprogramme, die die Biodiversität der Erde erhalten sollen. Viele davon sind das Ergebnis des Weltumweltgipfels 1992 in Rio, auf dem zahlreiche Übereinkommen verabschiedet wurden, darunter die Biodiversitätskonvention. Ihr Ziel ist die Erhaltung der Artenvielfalt; darüber hinaus soll die nachhaltige Nutzung dieser Vielfalt gefördert und insbesondere Entwicklungsländern zugänglich gemacht werden. 2002 benannte die »Globale Strategie zur Erhaltung der Pflanzen« 16 Ziele zum Schutz bedrohter Arten; sie umfassen u.a. das Anlegen von Samen- und Gewebeprobensammlungen sowie die Kultivierung gefährdeter Arten. Die Ziele sollen bis 2010 umgesetzt sein.

↑ **Zur Erhaltung der Artenvielfalt** werden Samen und Gewebeproben von Pflanzen der ganzen Welt gesammelt und in klimakontrollierten Samenbanken aufbewahrt. Die größte dieser Banken ist die Londoner Millennium Seed Bank.

← **Auch nicht vom Menschen verursachte** Klimaextreme können sich negativ auf Landschaften auswirken. Diese Straßenbäume in Peking schützt man im Winter durch Ummantelung.

↓ **Streifenrodung** ist eine umweltverträgliche Methode, Holz auf hügeligem Terrain zu schlagen. Die älteren Bäume auf dem Hügelkamm lässt man stehen, damit sie sich vermehren können; ihr abgeworfenes Laub dient dem jungen Wald hügelabwärts als Nährstoffquelle.

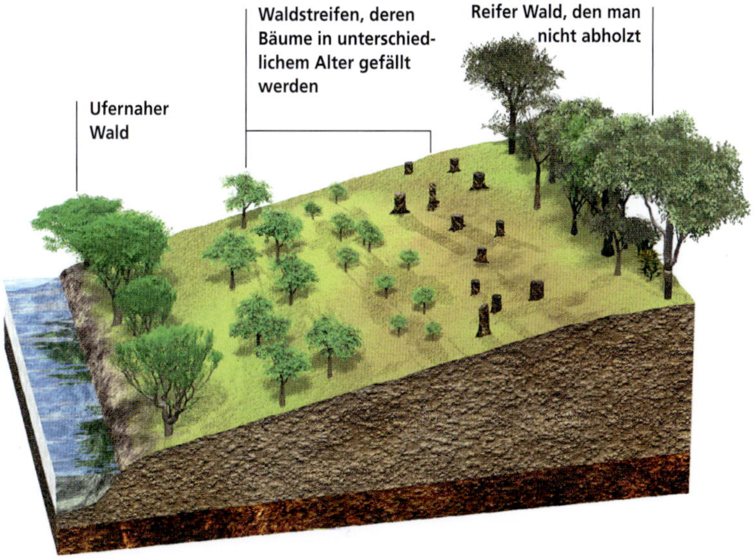

↑ **Die Artenvielfalt** auch dieses australischen Regenwalds bei Mossman in Queensland ist durch menschliche Eingriffe wie Abholzung und den Klimawandel gefährdet.

→ **Die Wollemie** aus der Familie der Araukariengewächse entdeckte man erst 1994 in Australien. Sie gehört zu den ältesten und seltensten Pflanzenarten der Welt und wurde aufgrund von Fossilienfunden identifiziert, die aus der Zeit von vor 90 Millionen Jahren stammen.

Kontrolle der Bodenerosion

Die Abtragung des Erdreichs durch Wind und Regen hat für eine Vielzahl von Ökosystemen langfristige Folgen. Gerodete Gebiete sind besonders anfällig für die Bodenerosion. Ist die nährstoffreiche Schicht der Muttererde erst einmal abgetragen, kann sich dort kaum mehr eine gesunde Pflanzengesellschaft ansiedeln. Doch nicht nur der Gegend, wo der Boden abgetragen wird, schadet die Erosion; so können die Erdpartikel im Wind zu massiven Staubstürmen führen. Auch wo das Erdreich in großen Mengen in Gewässer wie Flüsse, Seen oder Meere geschwemmt wird, hat es schädliche Folgen für die Ökosysteme. Eine dicke Schlickschicht in einem Fluss kann beispielsweise die Flussmündung blockieren, was den Flusslauf verändern und das Gewässer sogar unschiffbar machen kann. Zudem wirkt sich Schlick negativ auf das Leben sowohl im Süß- als auch im Salzwasser aus; das Absterben großer Korallenriffe etwa wird oft mit Bodenerosion in Verbindung gebracht. In Gegenden, wo die Ursachen der Bodenerosion in der Landwirtschaft zu finden sind, spielen meist auch Pestizide und Düngemittel eine Rolle, die ihrerseits schädliche Folgen für Flüsse und Küstengewässer haben. Mittlerweile bemüht man sich, der Bodenerosion mit Maßnahmen einer umweltverträglichen Landwirtschaft entgegenzuwirken; dazu gehören die Erhaltung der natürlichen Vegetation an Flussläufen, landschaftlich angepasste Bewirtschaftung von Hangflächen und die Bewahrung schützender Bäume, die das Erdreich mithilfe ihrer Wurzeln verankern. Zudem gibt es überall auf der Welt Programme zur Wiederaufforstung bzw. zum Anpflanzen neuer Wälder.

↑ **Heftige Regenfälle** im Zuge des tropischen Wirbelsturms Gafilo schwemmten rotes Erdreich in die Betsiboka-Mündung auf Madagaskar. Die katastrophalen Folgen dieser Bodenerosion kann man sogar vom Weltraum aus sehen. Im letzten Jahrhundert sind durch Abholzung mehr als 70 % des Waldbestands der Insel verschwunden.

← **Umweltverträgliche Landwirtschaftsmethoden** können den schädlichen Folgen der Abholzung entgegenwirken. Bei Rodungsarbeiten in steilem Gelände etwa lässt man Waldstreifen stehen, die die Erosion mindern.

SANDDÜNEN

Sanddünen, wie sie zahlreiche Küstenregionen säumen, sind der natürlichen Erosion durch Meer und Wind ausgesetzt. Herrscht ein Gleichgewicht zwischen dem Sand, der abgetragen wird, und dem, der sich neu ablagert, ist der Schaden für die Küste minimal. Viele Küstenregionen sind jedoch dicht bevölkert und haben unter der Anwesenheit des Menschen gelitten. Sümpfe und Mangrovenwälder wurden trockengelegt oder gerodet, ein ganzer Lebensraum verschwand. Auch das verbotene »Sand Mining« – das Abtragen des Sandes zur Bebauung – hat der küstennahen Vegetation enorm geschadet. Mit dem Versuch, Pflanzen aus anderen Gegenden anzusiedeln, kam man gewissermaßen vom Regen in die Traufe: Die fremden Arten entwickel-

↑ **»Sand Mining«** hat die Vegetation in Küstennähe und auf Sanddünen überall auf der Welt großflächig verschwinden lassen. Mit viel Geduld und sorgsamer Wiederbepflanzung sowie mit physischen Barrieren gegen die Bodenerosion mag es gelingen, das Ökosystem mancherorts zu stabilisieren. Auf diesen Dünen nördlich der Richards Bay im afrikanischen Kwazulu-Natal wurden derlei Maßnahmen bereits ergriffen.

↟ **Werden Wälder** an steilen Abhängen abgeholzt, verändert Bodenerosion die Landschaft nachhaltig. Fehlen Humusschicht und Pflanzen, siedeln sich kaum wieder neue Pflanzen an. Nach der Rodung der alten Wälder auf diesem Hochplateau sind die Abhänge buchstäblich nackt – sowohl des Erdreichs als auch der

Schutz vor Überschwemmungen

Wälder und andere Landschaftsformen mit üppiger Vegetation sind von entscheidender Bedeutung für das Abfließen des Wassers und können verhindern, dass es in Zeiten heftiger oder lang anhaltender Regenfälle zu Überschwemmungen kommt. Wälder fungieren als Wasserreservoirs: Man schätzt, dass 70 000 Hektar Wald eine Speicherkapazität von 1 Mio. m^3 haben. Ohne Wälder bleibt das Wasser nicht in Baumkronen, Wurzeln oder abgeworfenem Laub hängen und sickert zu schnell in den Boden. In stark abgeholzten oder gerodeten Gebieten kann der Boden eine solche Menge Wasser oft gar nicht mehr aufnehmen. So führt großflächige Abholzung fast zwangsläufig zu Überschwemmungen mit oft katastrophalen Folgen. Trauriges Beispiel dafür ist der Jangtse, der längste Fluss Asiens, der einst durch dicht bewaldete Gebiete floss. In China hat die Abholzung dieser Wälder zur Überschwemmung und Zerstörung zahlloser Städte und Dörfer geführt. Seit den 1950er-Jahren gibt es Wiederaufforstungsmaßnahmen, die allerdings noch längst nicht abgeschlossen sind.

MANGROVEN UND ÜBERFLUTUNGEN

Auch durch das Meer kann es zu Überflutungen kommen, etwa durch von Seebeben ausgelöste Tsunamis, jahreszeitlich bedingte hohe Wasserstände oder Wetterphänomene wie Hurrikans. Mangroven und küstennahe Sümpfe fangen solche Überflutungen ab. Mangroven wachsen in Gezeitenzonen: Bei Flut werden sie von Salzwasser überspült, bei Ebbe fließt Süßwasser durch ihr Wurzelwerk hindurch ins Meer. Im Zuge der Erschließung vieler Küstengebiete für Industrie, Fremdenverkehr und Städtebau wurden Mangrovenwälder großflächig gerodet und Sümpfe trockengelegt. Darüber hinaus befürchtet man, dass sich auch der steigende Meeresspiegel im Zuge des Klimawandels negativ auf die Mangroven auswirken wird.

↑ **In vielen Regionen** mit regelmäßig heftigen oder lang anhaltenden Regenfällen sind jahreszeitliche Überschwemmungen ein natürliches Phänomen.

← **Der Jangtse** ist häufig von Hochwasser betroffen: hier sieht man die überschwemmte wirtschaftliche Entwicklungszone der chinesischen Stadt Jiujiang.

⇇ **Nackte Abhänge um den Jangtse** zeugen von jahrelanger Abholzung. Dies hat schwere Überschwemmungen begünstigt, die in den letzten Jahrzehnten Tausende von Menschenleben forderten. Ohne die Wälder fließt das Wasser ungehindert in den Fluss, der Wasserstand steigt.

↓ **In dem Versuch,** die Fehler der Vergangenheit wiedergutzumachen, pflanzen die Bewohner der philippinischen Insel Palawan Mangroven an der Küste an. Diese bieten vielen Tieren einen Lebensraum und schützen vor Bodenerosion.

Abholzung

Einst bedeckten Wälder etwa 50 % der Erdoberfläche, heute sind es nur noch 25 %. Schuld an diesem Rückgang ist der Mensch. Je größer das weltweite Bevölkerungswachstum, desto kleiner der Waldbestand. In den letzten 100 Jahren hat die Geschwindigkeit der Abholzung rasant zugenommen. Einige Wälder haben darunter mehr gelitten als andere; die tropischen Saison-Laubwälder wurden um mehr als 70 % dezimiert, rund 60 % aller gemäßigten Laub- und Mischwaldbestände gingen verloren. Obwohl sich die Abholzung in manchen Teilen der Erde inzwischen verlangsamt, weil den Menschen die Bedeutung des Waldes für das gesamte Ökosystem bewusst geworden ist, schwinden die Wälder insbesondere in den Entwicklungsländern der Tropen immer noch alarmierend schnell. Viele Wälder wurden gerodet, um Ackerbau und Viehzucht zu ermöglichen. Auch die Holzindustrie spielt eine nicht unerhebliche Rolle. Der Rückgang der Wälder trägt zu Umweltverschmutzung, zum Verlust der Artenvielfalt und wertvoller Biotope und letztlich auch zur globalen Erwärmung bei, da Wälder rund 70 % des weltweit vorhandenen Kohlenstoffs speichern. Schwinden die Wälder weiter, gelangt mehr Kohlendioxid in die Atmosphäre und verstärkt damit den Treibhauseffekt.

→ **Diese Arbeiter einer Saphirmine** auf Madagaskar zerstören große Flächen Waldes im Ankarana-Naturschutzgebiet im Norden der Insel. Neben den unmittelbaren Folgen für die Landschaft hat die Rodung des Waldes auch weiter reichende Konsequenzen für die Region, etwa Bodenerosion – insbesondere die Abtragung der Humusschicht –, Lebensraumverlust und Artenschwund. In noch größeren Dimensionen gedacht, trägt dies auch zum weltweiten Klimawandel bei.

↓ **Brandrodung** – das Roden des Waldes mittels Feuer, um Land zum Anbau von Getreide u. Ä. zu gewinnen – ist bei vielen ursprünglichen Völkern der Erde noch weit verbreitet. Hier sieht man eine gerodete Fläche tropischen Regenwalds im Kikori-Becken auf Papua-Neuguinea.

↓↓ **Eine Folge der Abholzung** ist die Segmentierung großer Waldgebiete in kleinere isolierte Bestände. Diese sind von Industrie, Landwirtschaft und Wohnhäusern umgeben und Unkraut, Bränden sowie dem Artenschwund ausgesetzt. Es kann vorkommen, dass durch die Isolierung keine Fremdbestäubung mehr stattfinden kann oder dass die Pflanzen von ihren Bestäubern getrennt werden.

↑ **Waldbrände** haben auch natürliche Ursachen wie Blitzschlag oder Vulkanausbrüche, bei denen sich die Lava durch den umgebenden Wald frisst wie bei dieser Eruption auf Hawaii. In Regionen, in denen Waldbrände regelmäßig auftreten und ein natürliches Phänomen sind, hat die Vegetation entsprechende Anpassungsstrategien entwickelt. Häufen sich Waldbrände durch das Eingreifen des Menschen jedoch, können Baumarten aussterben, da ihnen nicht genügend Zeit zur Regeneration bleibt.

WARUM SCHWINDEN WÄLDER?

Wälder verschwinden durch das Eingreifen des Menschen, der sie rodet, um Land für Landwirtschaft und Städtebau zu gewinnen; sie können aber auch durch natürliche Phänomene wie Waldbrände, Vulkanausbrüche, Hurrikans oder Tornados zerstört werden. In vielen Regionen der Erde sind Waldbrände nichts Außergewöhnliches. Durch klimatische Veränderungen – vor allem Hitzewellen und Dürreperioden – sowie durch das Entstehen immer neuer Städte nehmen sie jedoch zu. Kommen Brände zu häufig vor, kann sich die jeweilige Pflanzengesellschaft nicht mehr erholen; insbesondere Bäume brauchen mehrjährige Regenerationsphasen. Verbrennen wiederholt junge Gehölze, ohne die Chance gehabt zu haben, zu blühen und Samen zu bilden, stirbt die ganze Art bald aus.

Wiederaufforstung

Wissenschaftliche Studien ergaben, dass der Gehalt an Kohlendioxid in der Atmosphäre heute höher ist als in den vergangenen 650 000 Jahren und dass dies einen Klimawandel fördert. Bäume speichern Kohlenstoff; der Schutz der Wälder vor unkontrollierter Abholzung und Rodung spielt daher eine entscheidende Rolle, wenn man der CO_2-Emission effektiv entgegenwirken will. Abgesehen davon, dass harte Strafen für die Abholzung vor allem tropischer Regenwälder drohen, setzen sich Umweltschützer auch für weltweite Wiederaufforstungsmaßnahmen ein. In großem Umfang kann dies beispielsweise die Holzindustrie bewerkstelligen. Forstbetriebe, die abgeholzte Gebiete wiederbepflanzen, sind ein Beispiel dafür, dass eine umweltverträgliche Waldwirtschaft möglich ist. Andere erfolgreiche Wiederaufforstungsprogramme wurden von Gemeinden oder Schulen initiiert. Der von den Vereinten Nationen beschlossene »Tag des Baums« geht auf den US-amerikanischen »Arbor Day« zurück, an dem man seit 1892 junge Bäume anpflanzt. In Deutschland wird der Tag des Baums seit 1952 begangen. Dadurch erhofft man sich, weiteren Schäden vorzubeugen.

KOHLENSTOFFHANDEL

Wiederaufforstungsprogramme werden auch durch den sogenannten Kohlenstoffhandel attraktiv gemacht, bei dem der finanzielle Anreiz im Wachstum eines Baumes und nicht in der Abholzung besteht. Grund dafür ist die Fähigkeit des Baumes, Kohlenstoff zu speichern, der bei Abholzung als Kohlendioxid in die Erdatmosphäre gelangt. Kohlenstoffhandel hat sich rasch zu einem wichtigen Teil der Weltwirtschaft entwickelt. Um die CO_2-Emission auszugleichen, müssen die betreffenden Unternehmen dafür mit »Carbon Credits« (Anrechnungspunkten) bezahlen, die sie nur durch das Pflanzen neuer Bäume – oft weit entfernt von dem Ort, an dem die Umweltverschmutzung stattfindet – erhalten. Diese Punkte werden nur vergeben, wenn Bäume großflächig und erfolgreich angepflanzt werden.

SUKZESSION IN EINEM NADELWALD

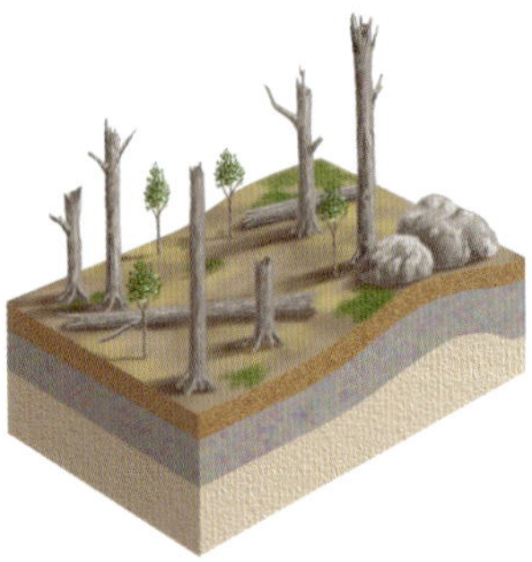

Birkenschösslinge wachsen aus der verbrannten Erde

Die Birken wachsen zu voller Größe heran

Nach etwa 60 Jahren werden die Birken von Kiefern verdrängt

Nach etwa 200 Jahren werden die Kiefern von Fichten verdrängt

↑ **Chinas Grüne Mauer** ist ein Aufforstungsprojekt der chinesischen Regierung aus dem Jahr 2001. Innerhalb von 70 Jahren soll ein 4500 km langer Schutzgürtel um die Wüste Gobi herum bepflanzt werden.

← **Nach einem Waldbrand** kann die Vegetation bis zum Boden vernichtet sein. Mit der Zeit wird der Wald jedoch nachwachsen (Sukzession).

↑ **Nach dem Anpflanzen** müssen junge Bäume manchmal aufwendig betreut werden. Diesen Baum schützt eine Plastikfolie vor Tieren, die Rinde oder Wurzeln anknabbern.

↖ **Aktive Wiederaufforstung:** Die Mitarbeiter der costa-ricanischen Umweltschutzorganisation Arbofilia pflanzen junge Bäume in der Region Puriscal.

← **In diesem Sitkafichten-Forst** in Schottland wird nachhaltige Waldwirtschaft betrieben: Abgeholzte Gebiete werden wiederaufgeforstet.

Daten, Fakten und Rekorde

Daten, Fakten und Rekorde

WUCHSFORMEN

Die große Vielfalt an Wuchsformen, die Bäume aufweisen, spiegelt die genetischen Faktoren wider, die bestimmen, wie ein Baum Äste und Zweige bildet, ob der Haupttrieb dominiert oder nicht, welche Form, Größe und Anordnung die Blätter haben und wie ein Trieb nach der Ausbildung eines Blütenstands wächst.

BLATTFORMEN UND BLATTSTELLUNG

FORM UND UMRISS

Die Blattform ist ein wichtiges und leicht zu erkennendes Bestimmungsmerkmal eines Baums. Die botanische Terminologie ist sehr differenziert; hier nur einige Beispiele.

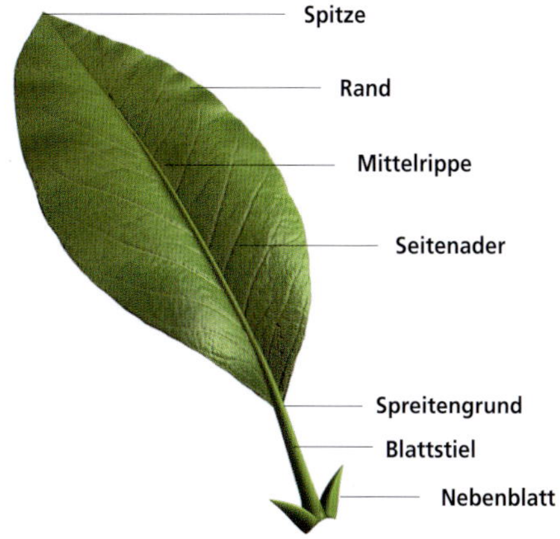

BLATTRAND

Auch Blattränder tragen wesentlich zur Baumbestimmung bei. Einige Baumfamilien beispielsweise weisen im Allgemeinen gezähnte Blätter auf, andere dagegen nie.

BLATTSTELLUNG

Die Art und Weise, wie Blätter an der Sprossachse angeordnet sind, ist für die Baumart charakteristisch – manchmal sogar auch für Gattung und Familie. Die grundlegende Unterscheidung ist die zwischen wechselständig oder entlang einer Spirallinie und gegenständig mit 2, 3 oder mehr Blättern.

BLÜTEN UND BLÜTENSTÄNDE

Es gibt eine fast endlose Vielzahl an Blütenformen; im Folgenden nur einige grundlegende Merkmale. Zunächst den einfachen Blütentyp mit den 4 Basisorganen Kelchblatt, Blütenblatt, Staubblatt und Stempel. Danach die wichtigsten Blütenstände (spezialisierte, Blüten tragende Zweige).

AUFBAU DER BLÜTE

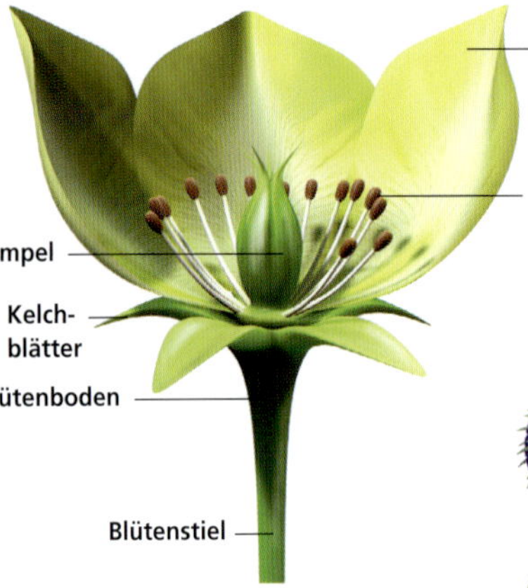

AUFBAU DES BLÜTENSTANDS

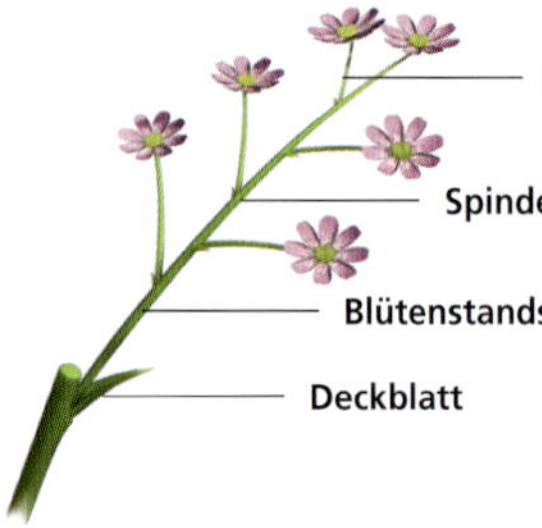

STELLUNG DES BLÜTENSTANDS

Endständig

Achselständig

BLÜTENSTANDARTEN

Köpfchen

Dolde

Traube

Ähre

Rispe

Trugdolde

BLÜTENFORMEN

Die folgenden Beispiele zeigen nur einige von zahlreichen Formen, die Blüten haben können. Bei vielen Blüten sind die Kronblätter an ihren Rändern röhren-, glocken-, kelch- oder trompetenförmig verwachsen. Mit ihren unterschiedlichen Formen und Farben ziehen die Blüten verschiedene Bestäuber an.

Radförmig

Schalenförmig

Urnenförmig

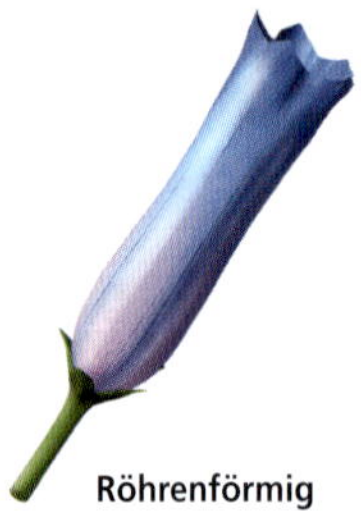
Röhrenförmig

Trompetenförmig

FRUCHTARTEN

Früchte, die samentragenden Organe von Blütenpflanzen, variieren ebenfalls beinahe endlos in Form und Größe. Im Folgenden nur einige wichtige Beispiele. Früchte klassifiziert man anhand vieler Kriterien, beispielsweise, ob sie hart oder fleischig sind.

Kapselfrucht

Fruchtbalg

Beere

Steinfrucht

Nuss

Flügelfrucht

Sammelfrucht

DIE WICHTIGSTEN WALDBIOME DER ERDE

Pflanzenökologen teilen die Vegetation anhand folgender Kriterien ein: Struktur (auch Baumdichte), Höhe des Kronendachs, Vorkommen niedrigerer Pflanzen wie Sträucher und Gräser und Auftreten von Pflanzen wie Lianen, Epiphyten und Schmarotzern. Biome gehören zur höchsten Stufe der Klassifikation. Sie sind die geografisch gesehen größten biologischen Gesellschaften und weisen jeweils 1 charakteristischen Vegetationstypus auf.

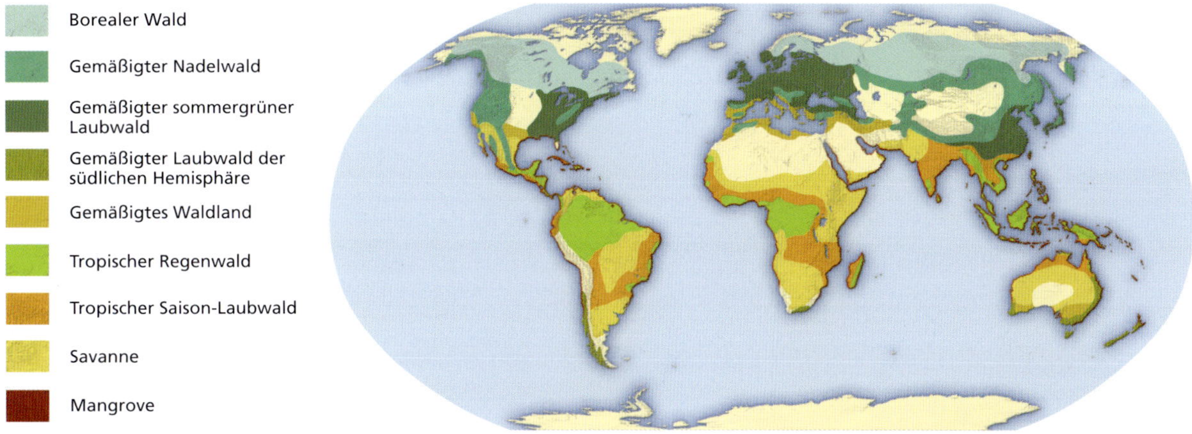

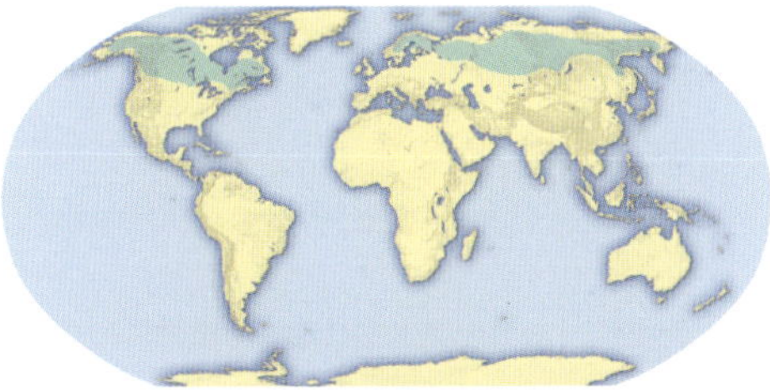
Borealer Wald

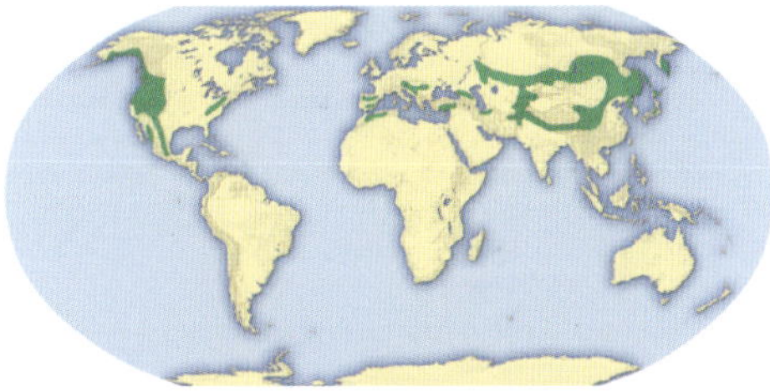
Gemäßigter Nadelwald

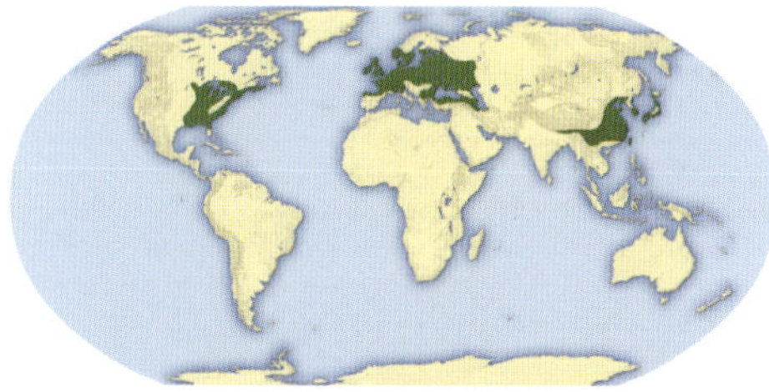
Gemäßigter Laubwald

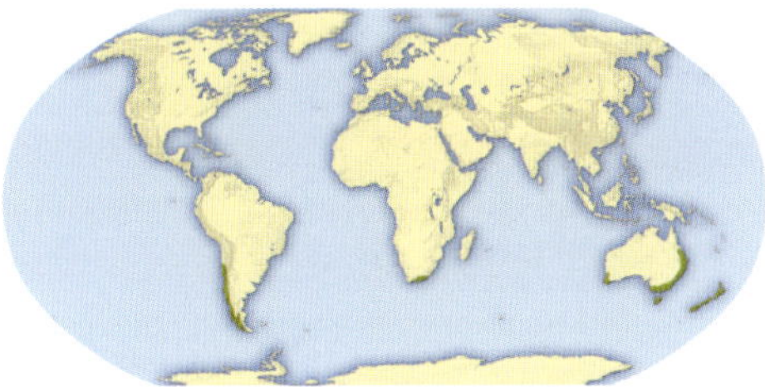
Gemäßigter Laubwald der südlichen Hemisphäre

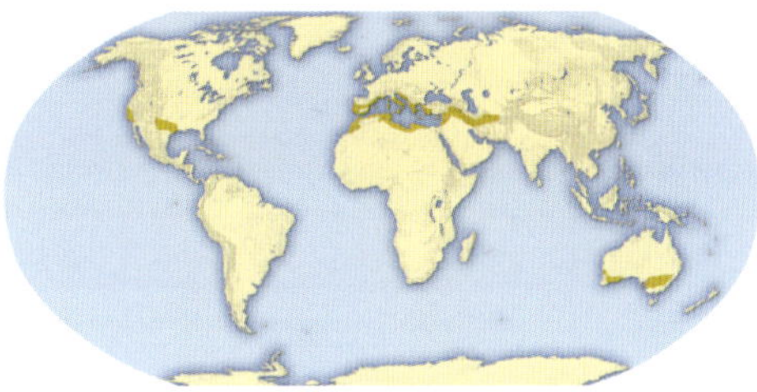
Gemäßigtes Waldland

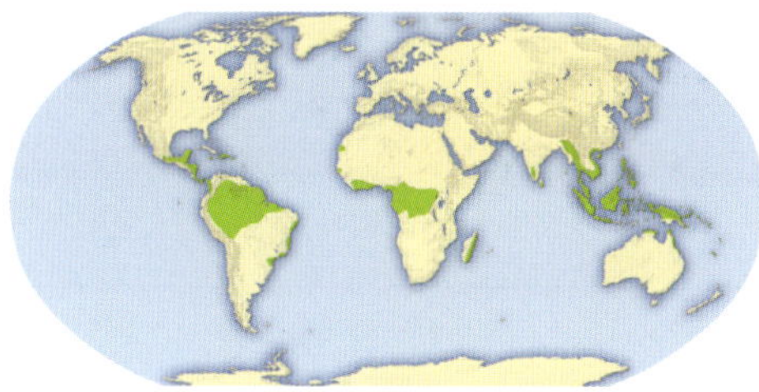
Tropischer Regenwald

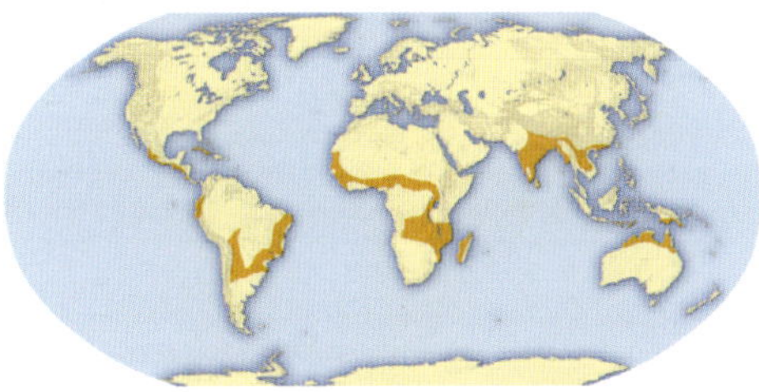
Tropischer Saison-Laubwald

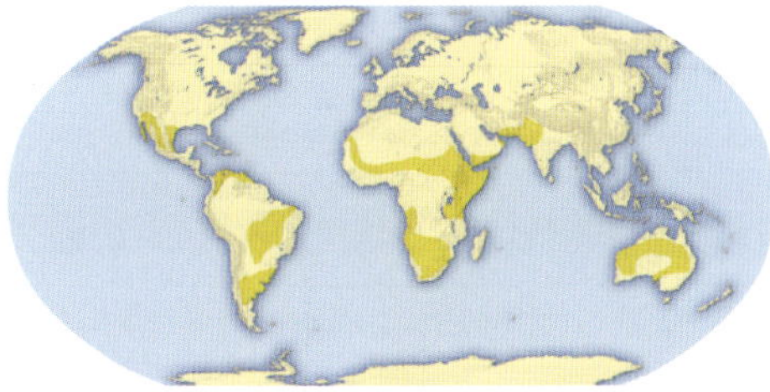
Savanne

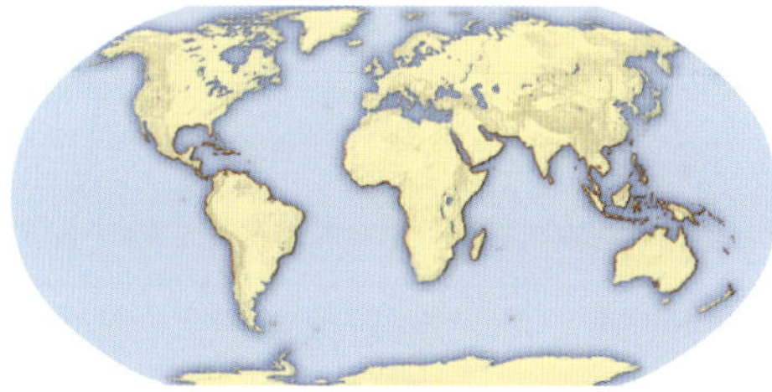
Mangrove

WICHTIGE BAUMFAMILIEN UND -GATTUNGEN

Aufgeführt sind einige der größten Gehölzgattungen mit Artenzahlen, aber auch kleinere Gattungen, die wichtige Elemente einiger weit verbreiteter Vegetationstypen enthalten oder als Kulturgehölze bedeutsam sind.

Gattung	Anzahl der Arten	Geografische Verbreitung	Charakteristische Merkmale	Bedeutung
NADELGEHÖLZE				
Araucariaceae *Araukariengewächse; alte Nadelgehölzfamilie, am weitesten zur Zeit der Dinosaurier verbreitet, heute nur noch vereinzelt, vornehmlich auf der südlichen Hemisphäre*				
AGATHIS Kaurifichten	21	Westlicher Pazifikraum von Sumatra bis zu den Philippinen, Fidschi-Inseln, Neuseeland und Nordostaustralien	Überwiegend große, kräftige Bäume mit glatter oder schuppiger Borke; flache, lederartige Blätter; kugelförmige Samenzapfen mit glatter Oberfläche	In der Vergangenheit stark abgeholzt, nur noch wenige alte Bäume außerhalb von Schutzgebieten; das Harz wird vielfältig genutzt
ARAUCARIA Araukarien	19	Versprengte Verbreitung: 13 Arten in Neukaledonien, 1 auf Norfolkinseln, 2 in Ostaustralien, 2 in Neuguinea (davon 1 auch in Australien), 2 in Südamerika	Auffällig symmetrische Bäume mit quirlständigen Zweigen; stachelspitzige Blätter; große, längliche Pollenzapfen; große stachelig-schuppige Samenzapfen	Beliebtes Ziergehölz, auch als Zimmerpflanze
Cupressaceae *Zypressengewächse; vielfältigste und am weitesten verbreitete Nadelgehölzfamilie; beinhaltet die ehemalige Familie der Sumpfzypressengewächse* (Taxodiaceae)*; einige sind Laub abwerfend*				
CALLITRIS Schmuckzypressen	19	17 Arten in Australien (weit verbreitet), 2 in Neukaledonien	Einige Merkmale ähneln denen der auf der Nordhalbkugel heimischen Zypresse *(Cupressus)*, Blätter und Zapfenschuppen jedoch 3-fach quirlständig	Nutzholz in einigen Binnenregionen Ostaustraliens; weißliches Harz (»sandarac«), das früher für Pharmazeutika verwendet wurde
CUPRESSUS Echte Zypressen	ca. 28	Zerstreut in wärmeren gemäßigten Regionen der nördlichen Hemisphäre, vor allem im chinesischen Himalaja und westlichen Nordamerika	Dichtes Blattwerk mit eng stehenden gegenständigen Schuppenblättern (in 4 Reihen auf winzigen Zweigen); holzige, kugelförmige Samenzapfen mit wenigen Schuppen	Als Ziergehölz und Windschutz sehr beliebt; einige Arten kulturell mit Friedhöfen verbunden
JUNIPERUS Wacholder	ca. 50	Nordhalbkugel von subarktischen Regionen bis zu tropischen Gebirgen	Immergrüne Bäume; Laubwerk wie *Cupressus* oder kleine, stachelbewehrte Nadeln; beerenartige Zapfen mit fleischigen, miteinander verschmolzenen Schuppen	Häufiges Vorkommen in kargerem Waldland, etwa auf den zentralen Hochebenen Nordamerikas; Wacholderbeeren verleihen dem Gin sein Aroma
Pinaceae *Kieferngewächse; nadeltragend; alle auf der Nordhalbkugel; immergrün, außer Lärchen* (Larix) *und Goldlärchen* (Pseudolarix)				
ABIES Tannen	ca. 50	Nördliche Hemisphäre (in Afrika nur in den Bergen des nördlichen Algerien), südlich bis zur östlichen Himalaja-Region und den Hochgebirgen von Guatemala	Große, stattliche Nadelbäume mit spitzkronigem Wuchs und kurzen, abgeflachten, dicht am Zweig angeordneten Nadeln; aufrechte Samenzapfen, zur Reife zerfallend	Landschaftsprägend in kälteren Bergregionen wie dem Kaskadengebirge und der Sierra Nevada im Westen der USA; einige dienen als Nutzholz; auch als Ziergehölz beliebt
PICEA Fichten	33	Nordhalbkugel von jenseits des Polarkreises (vor allem in der Taiga) bis zum Wendekreis des Krebses (Berge Taiwans und Mexikos)	Ähnliche Merkmale wie *Abies*, Nadeln jedoch meist nicht abgeflacht; basale Nadelteile an den Zweigen; hängende Samenzapfen, die nicht zerfallen	Wichtigster Lieferant von Nutzholz und Papier in nördlichen Regionen; als Ziergehölz beliebt
PINUS Kiefern	111	Nördliche Hemisphäre vom Polarkreis bis zu den Tropen außer Afrika (abgesehen vom äußersten Nordwesten Afrikas); knapp jenseits des Äquators auf Sumatra; am vielfältigsten in Mexiko	Immergrüne Bäume mit eigenartiger Ausbildung der Kurztriebe in 3 Formen, die meist langen Nadeln hier in Bündeln zu 2, 3 oder 5 (selten einzeln); Samenzapfen mit holzigen oder lederartigen Schuppen, die sich 2–3 Jahre lang entwickeln	Hauptlieferant von Weichholz und Holzbrei, aus kühl-gemäßigten Wäldern oder Forsten in Ländern der südlichen Hemisphäre; das Harz einiger Arten liefert das echte Terpentin; als Ziergehölz und Windschutz sehr beliebt
Podocarpaceae *Steineibengewächse; am vielfältigsten auf der Südhalbkugel und in den Tropen; fleischige, fruchtartige Zapfen*				
PODOCARPUS Steineiben	94	Überwiegend tropische Wälder, nördlich bis nach Japan und zum östlichen Himalaja, südlich bis weit in den Süden der Südhalbkugel	Sträucher bis große Bäume mit abgeflachten, dicken Nadeln; Samenzapfen nur als fleischige Stiele mit 1 oder wenigen großen, beerenartigen Samen	Einige Arten werden als Ziergehölze verwendet; botanisch interessant als Überbleibsel ehemaliger Gondwana-Wälder

WICHTIGE BAUMFAMILIEN UND -GATTUNGEN *(Forts.)*

Gattung	Anzahl der Arten	Geografische Verbreitung	Charakteristische Merkmale	Bedeutung
BEDECKTSAMER: ZWEIKEIMBLÄTTRIGE (DIKOTYLEDONEN)				
Aceraceae *Ahorngewächse; nur 2 Gattungen (*Acer *und* Dipteronia*) auf der Nordhalbkugel; nah verwandt mit der größeren Familie der Seifenbaumgewächse* (Sapindaceae)				
ACER Ahornbäume	ca. 120	Nördliche Hemisphäre, überwiegend in Ostasien; 14 Arten in Europa und 12 in Nordamerika, darunter aber wichtige	Sommergrüne, gegenständige Blätter, meist gezähnt oder gelappt; Blüten klein und in Ständen; Flügelfrucht mit 2 Nüsschen, die vom Wind verbreitet wird	Als Ziergehölz wegen der Laubfärbung beliebt; einige Arten als Nutzholz geschätzt, u.a. *A. saccharum,* aus dem auch Ahornsirup gewonnen wird
Aquifoliaceae *Stechpalmengewächse; bis auf wenige Arten gehören alle zur Gattung* Ilex; *überwiegend immergrüne Bäume der Tropen und Subtropen*				
ILEX Stechpalmen	ca. 400	Weltweit außer Australien (nur 1 Art im Norden) und borealen Regionen; in China kommt mehr als die Hälfte aller Arten vor	Meist kleine Bäume, immergrün bis Laub abwerfend; Blätter oft lederartig, manchmal gezähnt; kleine, grünliche Blüten; kleine, beerenartige Steinfrüchte	Als Ziergehölze sehr beliebt; manche Arten, z. B. die Europäische Stechpalme *(Ilex aquifolium),* sind als Weihnachtsschmuck beliebt
Betulaceae *Birkengewächse; wenige Gattungen überwiegend Laub abwerfender Bäume, kätzchentragend, windbestäubt, wichtige Gehölze in kühl-gemäßigten Regionen*				
ALNUS Erlen	35	Überwiegend auf der Nordhalbkugel (in Afrika nur im Nordwesten), vom Polarkreis bis südlich zum östlichen Himalaja, in Amerika südlich über die Anden bis nach Argentinien	Laub abwerfend; wechselständige Blätter, doppelt gezähnt; männliche und weibliche Blüten in Kätzchen auf getrennten Ständen; vom Wind übertragene Pollen und Samen	Pionierpflanzen auf Sandbänken, Gletschermoränen, Vulkanasche etc.
BETULA Birken	ca. 50	Nördliche Hemisphäre von jenseits des Polarkreises bis nach Thailand, in Eurasien (in Afrika nur im Gebirge im Nordwesten); südliche USA	Borke schält sich in Schuppen oder Lagen ab; Laub abwerfend; Blätter wie *Alnus,* doch meist dünner, kürzer und breiter; männliche und weibliche Blüten an getrennten Kätzchen, in den Blattachseln; vom Wind verbreiteter Pollen; weibliche Kätzchen zerfallen zur Reife; Früchte dünn geflügelt	Wichtigster Laubbaum des borealen Waldes, siedelt sich schnell mithilfe von Samen an; papierartige Borke wird vielfach genutzt; beliebtes Ziergehölz
Bignoniaceae *Trompetenbaumgewächse; tropische Kletterpflanzen und Bäume; viele Gattungen und Arten mit auffälligen, trompetenförmigen Blüten*				
TABEBUIA Trompetenbäume	ca. 100	Mittel- und Südamerika (südlich bis nach Argentinien), Westindische Inseln	Überwiegend Laub abwerfend (Trockenzeit); Regenwald- bis Savannenbäume; fingerförmig gelappte, zusammengesetzte, gegenständige Blätter; große, bunte, trompetenförmige, endständige Blüten	Einige wichtige Nutzholzarten in Südamerika (sehr haltbares Holz); in den Tropen einige Arten als Ziergehölze
Cannabaceae *Hanfgewächse; dazu gehören Hanf und Hopfen und seit Kurzem auch einige Baumgattungen, die man früher den Ulmengewächsen* (Ulmaceae) *zurechnete*				
CELTIS Zürgelbäume	ca. 100	Tropen bis wärmere gemäßigte Regionen; nördlich bis nach Südeuropa, Kaukasus, Japan, in Nordamerika bis New York	Immergrün oder Laub abwerfend; einfache, wechselständige Blätter, Zweige zickzackförmig; kleine, blütenblattlose Blüten; beerenartige Steinfrüchte	Laub abwerfende, gemäßigte Arten oft als Schattenspender angepflanzt; jüngeren Studien zufolge nah mit Cannabis verwandt
Casuarinaceae *Kasuarinengewächse; nur 4 Gattungen mit nadelgehölzartigen Zweigen, nah verwandt mit den Birkengewächsen* (Betulaceae); *Vorkommen überwiegend in Australien*				
CASUARINA Kasuarinen	17	Australien und westlicher Pazifikraum, nördlich bis nach Südostasien	Bäume mit stark modifizierten, quirlständigen Blättern (5–20), mit den Zweigen verschmolzen, nadelähnlich; männliche und weibliche Blüten an Kätzchen an getrennten Bäumen; vom Wind verbreitete Samen	Weitere 60 Arten umfasst die nur in Australien vorkommende Gattung *Allocasuarina;* wegen des Holzes (auch als Brennholz) und als Schattenspender sehr beliebt
Ebenaceae *Ebenholzgewächse; überwiegend in den Tropen verbreitet, neben der sehr umfangreichen Gattung* Diospyros *nur noch 1 kleine Gattung*				
DIOSPYROS Dattelpflaumen	ca. 475	Tropen und wärmer-gemäßigte Regionen, nördlich bis zum Mittelmeer, Japan und den östlichen USA; überwiegend in Asien, auf Madagaskar und in Afrika	Überwiegend immergrün; kleinere Bäume und Sträucher mit hartem, schwarz gefärbtem Kernholz; einfache, wechselständige Blätter; grünliche Blüten in den Blattachseln; Beerenfrüchte häufig recht groß	Holz (z. B. Ebenholz) wegen seiner Haltbarkeit, Dichte und Farbe geschätzt, zum Schnitzen und als Golfschläger; die meisten Früchte sind essbar; einige Arten haben kommerzielle Bedeutung

WICHTIGE BAUMFAMILIEN UND -GATTUNGEN *(Forts.)*

Gattung	Anzahl der Arten	Geografische Verbreitung	Charakteristische Merkmale	Bedeutung
Fagaceae *Buchengewächse; umfassen auch Eichen und verwandte Gattungen; überwiegend auf der nördlichen Hemisphäre, in einigen Regionen der dominante Laubbaum*				
CASTANOPSIS Scheinkastanien	ca. 120	Tropisches und subtropisches Asien und Malaiische Halbinsel; nördlich bis nach Japan und Zentralchina	Immergrün; nah verwandt mit den Laub abwerfenden Kastanien *(Castanea);* ähnliche Kätzchen mit männlichen und weiblichen Blüten; Frucht in stacheliger Hülle	Wichtiges Gehölz ostasiatischer Hügelwälder; des Holzes und der essbaren Früchte wegen geschätzt
FAGUS Buchen	10	Gemäßigte nördliche Hemisphäre; südlich bis zu den Bergen des nördlichen Vietnam und des nordöstlichen Mexiko; nördlich bis zum südlichen Skandinavien und südöstlichen Kanada	Laub abwerfend mit langen, vielschuppigen Winterknospen und dünnen Blättern; getrennte, kugelförmige männliche und weibliche Kätzchen an feinen Stielen; Früchte von einer sehr harten Schale umgeben	Regional weit in Laubwäldern verbreitet; vielfältig genutztes Holz; Bucheckern als Tierfutter
NOTHOFAGUS Scheinbuchen, Südbuchen	34	Südliche Hemisphäre; auf Neuseeland, Südostaustralien, Neukaledonien und Neuguinea sowie auf das gemäßigte Südamerika (südliches Chile und Argentinien) beschränkt	Immergrün oder Laub abwerfend; bei einigen Arten ähneln die Blätter der Gattung *Fagus,* bei anderen sind sie lederartig und kleiner; kurze männliche und weibliche Kätzchen; kleine Früchte in Fruchtbechern	Dominante Bäume in den gemäßigten Regenwäldern Chiles, Neuseelands und Tasmaniens; vor allem in Chile wegen des Nutzholzes stark abgeholzt
QUERCUS Eichen	ca. 530	Überwiegend nördliche Hemisphäre; südliches Skandinavien bis nordwestliches Afrika, tropisches Asien bis nach Indonesien; vom östlichen Kanada bis zu den Bergen Kolumbiens; am vielfältigsten in China und Mexiko	Immergrün oder Laub abwerfend; einfache, wechselständige Blätter, meist gezähnt oder gelappt; die männlichen Kätzchen sind zart, die weiblichen eher dick; die Früchte sind die typischen, halb von einem Fruchtbecher umschlossenen Eicheln	Vielfältig genutzt: Das Holz wird wegen seiner Festigkeit und Haltbarkeit geschätzt, die tanninhaltige Borke und die Zweiggallen werden zum Gerben, die Eicheln als Tierfutter verwendet; auch als Ziergehölz und Schattenspender beliebt
Lauraceae *Lorbeergewächse; stammesgeschichtlich alte Familie überwiegend immergrüner Regenwaldbäume; Borke, Blätter und Früchte liefern ein würziges, aromatisches ätherisches Öl*				
LITSEA	ca. 400	Tropen und Subtropen; Südostasien, Malaiische Halbinsel; südlich bis Südostaustralien; wenige Arten in Afrika und Amerika	Immergrüne Bäume; einfache, wechselständige Blätter; männliche und weibliche Blüten zu üppigen Köpfchen angeordnet; Steinfrucht in fleischigem Fruchtbecher	Weit verbreitet im tropischen Regenwald und an anderen feuchten Standorten; die Bäume liefern Nutzholz, ätherische Öle und z. T. Früchte
PERSEA	ca. 200	Tropisches und gemäßigtes Amerika; nördlich bis nach Virginia, südlich bis Südchile; Ost- und Südasien, nördlich bis nach Zentralchina	Immergrüne Bäume; einfache, wechselständige, ledrige Blätter; kleine Blüten in zarten, gestielten Rispen; einsamige Frucht mit ölhaltigem Fleisch	Umfasst den Avocadobaum *(P. americana)* und einige andere Arten mit essbaren Früchten; viele Arten auch wegen ihres Nutzholzes geschätzt
Leguminosae *Hülsenfrüchtler; drittgrößte Blütenpflanzenfamilie mit rund 18 000 Arten, am weitesten verbreitet in gemäßigten Regionen und trockeneren Tropen*				
ACACIA Akazien, Mimosen	ca. 1500	Wärmere Regionen, überwiegend (950 Arten) in Australien, sonst in Afrika und Amerika	Bäume oder Sträucher; die echten Blätter sind doppelt gefiedert, doch meist durch Phyllodien ersetzt; winzige Blüten in dichten, kugelförmigen Köpfchen oder kurzen Ähren; Früchte sind für die Familie typische Hülsen	Bäume binden durch bestimmte Bakterien in den Wurzeln Stickstoff; schnell wachsende Forstbäume, die wegen des Holzes und der Borke angepflanzt werden; einige Arten liefern Gummiarabikum
DALBERGIA Dalbergien wie Rosenholz	ca. 100	Tropen; am weitesten verbreitet in Amerika und Afrika	Immergrüne Bäume oder Lianen; wechselständige, gefiederte Blätter; Schmetterlingsblüten; flache Hülsen, die sich nicht öffnen, um die Samen freizusetzen	Holz (»Palisander«) wegen seiner Haltbarkeit, Maserung und Farbe sehr geschätzt; zum Schnitzen, für Möbel, Messergriffe u. Ä. verwendet
ERYTHRINA Korallenbäume und -sträucher	112	Tropen und Subtropen; überwiegend in Amerika	Laub abwerfend; mit Stacheln an Ästen und Blattstielen; Blätter bestehen aus 3 Blättchen; Blüten in dichten, endständigen Ähren, von Vögeln bestäubt	Einige Arten als Ziergehölze beliebt; die roten Samen werden für Kunsthandwerk und Souvenirs verwendet
Magnoliaceae *Magnoliengewächse; stammesgeschichtlich alte Familie überwiegend immergrüner tropischer Bäume, einige auch in gemäßigten Breiten Laub abwerfend; große, auffällige Blüten*				
MAGNOLIA Magnolien	ca. 220	Tropisches und östliches Asien, Malaiische Halbinsel (bis Neuguinea); östliches Nordamerika und tropisches Amerika, südlich bis nach Südbrasilien; viele tropische Arten früher als *Michelia, Talauma* oder *Manglietia* klassifiziert	Kleine bis große Bäume, meist immergrün, einige Laub abwerfend; einfache, ganzrandige Blätter mit Nebenblättern, die Zweige und endständige Knospen umschließen; meist große Blüten mit vielen Kronblättern und vielen getrennten Fruchtblättern	Einige tropische Arten liefern Nutzholz; sowohl immergrüne als auch Laub abwerfende Arten als Ziergehölz beliebt; viele Hybriden
Malvaceae *Malvengewächse; zur Familie gehören heute auch Kapok-, Affenbrot-, Flügelfrucht- und Stinkbäume sowie Linden u. Ä.*				
BOMBAX Seidenbaumwollbäume	20	Tropisches Afrika, Asien und Australien; die tropischen Arten in Amerika bilden eine eigene Gattung *Pseudobombax,* die ebenfalls rund 20 Arten umfasst	Große Bäume; in der Trockenzeit Laub abwerfend und blühend; stachelbewehrte Stämme; große, auffällige Blüten mit 5 Kron- und vielen Staubblättern; große Kapselfrucht; Samen in Fruchthaare (Kapok) eingebettet	In Regenwäldern und Kletterpflanzendickichten; Ziergehölz; aus den Stämmen werden Kanus, aus dem Holz Schachteln, aus den Fruchtfasern Daunen gefertigt; pharmazeutisch genutzt

WICHTIGE BAUMFAMILIEN UND -GATTUNGEN *(Forts.)*

Gattung	Anzahl der Arten	Geografische Verbreitung	Charakteristische Merkmale	Bedeutung
DIPTEROCARPUS Flügelfruchtbäume	ca. 70	Tropisches Asien, Malaiische Halbinsel außer Neuguinea	Große Bäume, immergrün bis in der Trockenzeit Laub abwerfend; hibiskusähnliche Blüten, (Blüten-)Kelch jedoch zweigelappt; Lappen entwickeln sich zu propellerähnlichen Flügeln an der nussähnlichen Frucht	Typische Flügelfrüchtler; häufig dominante Bäume im Regenwald oder tropischen Saison-Laubwald; aufgrund des wertvollen Holzes starke Abholzung
SHOREA Sal, Meranti, Balau	ca. 360	Tropisches Asien (Nordindien bis Südchina); Malaiische Halbinsel außer Neuguinea (Mehrzahl der Arten)	Wie *Dipterocarpus,* aber Blütenkelch und Frucht mit 3 großen und 2 kleinen Flügeln	Dominante und meist größte Bäume der Regenwälder; wichtigster Lieferant von Regenwaldnutzholz in Asien
STERCULIA	ca. 150	Tropen und Subtropen	Überwiegend Laub abwerfend; Blätter einfach (häufig handförmig oder handförmig gelappt); stern- bis glockenförmige Blüten; Frucht mit 5 getrennten Fruchtblättern, die früh aufbrechen und Samen sowie farbiges Inneres freigeben	Einige Arten liefern leichtes Nutzholz; Borkenfasern für Seile, Netze u. Ä. genutzt; Samen, Wurzeln, Blätter entweder essbar oder mit medizinischem Nutzen; Samenöl auch zum Kochen verwendet; Gummiharz der Borken verschiedentlich genutzt
Moraceae *Maulbeer- und Feigengewächse; überwiegend tropische Bäume, Sträucher und Kletterpflanzen; milchiger Pflanzensaft; kleine, dichte Blüten an oder in fleischigen Achsen*				
FICUS Feigenbäume	ca. 1000	Tropen und Subtropen, auf allen Kontinenten und den meisten Inseln	Laub abwerfend und immergrün; viele Arten Würgefeigen; einfache, ganzrandige oder gelappte Blätter; Nebenblätter die endständige Knospe umschließend; milchiger Pflanzensaft; winzige Blüten und Früchte mit einzigartigem Blütenstand; können nur von sehr kleinen Wespen bestäubt werden	Einige Feigen für den Menschen essbar; viele andere Arten wichtig für Säugetiere, Vögel, Reptilien und Fische; Triebe und Blätter einiger Arten ebenfalls essbar oder von medizinischem Wert; als Ziergehölz (auch als Zimmerpflanzen) und Schattenspender beliebt
Myrtaceae *Myrtengewächse; vielfältig vertreten in den Tropen Amerikas und Asiens, ebenso im gemäßigten Australien und Südamerika; weniger vielfältig in Afrika*				
EUCALYPTUS Eukalyptusbäume	ca. 800	In ganz Australien, außer 9 Arten auf Neuguinea und im südöstlichen Indonesien, und 1 Art, die ausschließlich auf den südlichen Philippinen und im Norden Neuguineas vorkommt	Kleine bis sehr große Bäume; fast alle immergrün; Blätter meist schmal, lederartig, glatt, mit ätherischen Ölen; Blüten mit zu einer Haube verschmolzenen Kron- und/oder Kelchblättern und zahlreichen Staubblättern, bei manchen Arten sehr auffällig; holzige Kapselfrucht	Dominanter Baum der meisten australischen Wälder, an sehr karge Böden gewöhnt; wegen des dichten, festen Nutzholzes geschätzt; in wärmeren Ländern auch als Forstgehölz angepflanzt (Nutzholz, ätherisches Öl, Schatten, Ziergehölz)
EUGENIA Kirschmyrten	ca. 550	Überwiegend in den Tropen und Südamerika (nördlich bis nach Florida); wenige Arten in Afrika, Asien und Australien	Sträucher bis große Bäume; immergrün oder Laub abwerfend; gegenständige, glattrandige Blätter; kleine, weiße Blüten; einsamige aromatische Frucht	Viele Arten mit essbaren Früchten, einige deswegen angepflanzt; auch wegen des harten, schweren Nutzholzes geschätzt
MELALEUCA Myrtenheiden	220	Fast ganz Australien; wenige Arten bis nach Neukaledonien, zur Malaiischen Halbinsel und Südostasien	Immergrüne Sträucher und Bäume, einige mit papierartiger Borke; dicke Blätter mit ätherischen Ölen; dicht gedrängte, meist farbige Blüten mit zahlreichen Staubblättern, die an der Basis zu Fünferbündeln zusammengefasst sind; kleine, holzige Kapselfrüchte	Als Ziergehölz, Windschutz und Schattenspender sehr beliebt; einige Arten enthalten ätherische Öle (Teebaumöl); *M. quinquenervia* hat sich in den Everglades von Florida inzwischen zu einem Unkraut entwickelt
SYZYGIUM	ca. 1000	Feuchte Tropen und Subtropen Asiens, Australiens und des südwestlichen Pazifiks; wenige Arten in Afrika	Immergrüne Bäume; gegenständige, glatte Blätter; Blüten mit zahlreichen Staubblättern; vielsamige (Ausnahme: Gewürznelkenbaum), fleischige Frucht	Viele Arten mit essbaren Früchten; Gewürznelken *(S. aromaticum)* für die Küche; als Ziergehölz und wegen des Nutzholzes geschätzt
Oleaceae *Ölbaumgewächse; weltweit vertreten, am vielfältigsten in den Tropen; umfasst einige in gemäßigten Gärten angepflanzte blühende Sträucher und den Olivenbaum*				
FRAXINUS Eschen	ca. 60	Gemäßigtes Eurasien, Nordamerika bis Nordafrika; wenige Arten in den Tropen, südlich bis Indonesien und Guatemala	Immergrün oder Laub abwerfend; gegenständige, gefiederte Blätter; kleine, aber viele Blüten mit 4 oder keinen Kronblättern; schmale Flügelfrucht	Aufgrund des festen, elastischen Holzes wichtiges Nutzholz, das für Werkzeuggriffe, Ruder u. Ä. verwendet wird; oft als Schattenspender angepflanzt
OLEA Olivenbäume und Verwandte	ca. 40	Warm-gemäßigte bis tropische Regionen Afrikas, Asiens, Australiens und der pazifischen Inseln	Immergrüne Bäume; einfache, gegenständige, oft dicke Blätter; kleine Blüten mit 4 Blütenblättern; Steinfrucht mit hartem Kern und öligem Fruchtfleisch	Umfasst *O. europaea,* die vermutlich von einer wilden, nordafrikanischen Art abstammt und Hauptlieferant von Olivenöl ist
Rosaceae *Rosengewächse; zahlreich und vielfältig auf der Nordhalbkugel vertreten; wegen ihrer Blüten und Früchte in gemäßigten Regionen sehr beliebt*				
PRUNUS Pflaumen-, Kirsch-, Pfirsich-, Aprikosen- und andere Obstbäume	ca. 350	Tropische und gemäßigte Regionen; wenige Arten in Südamerika, nur 1 in Australien (weit im Nordosten)	Laub abwerfend oder immergrün; einfache, wechselständige, meist gezähnte Blätter mit Nektardrüsen; Blüten mit 5 Kronblättern, vielen Staubblättern und nur 1 Fruchtblatt; Steinfrucht mit hartem Kern	Essbare Früchte, z. B. Pflaumen, Kirschen, Pfirsiche, Nektarinen, Mandeln und Aprikosen; viele Zierarten und -sorten; einige Arten auch aufgrund des Nutzholzes geschätzt

WICHTIGE BAUMFAMILIEN UND -GATTUNGEN *(Forts.)*

Gattung	Anzahl der Arten	Geografische Verbreitung	Charakteristische Merkmale	Bedeutung
SORBUS Ebereschen	ca. 250	Gemäßigtes Eurasien und Nordamerika, von subarktischen Regionen bis zum Hochland Mexikos und Thailands	Laub abwerfend; wechselständige, gefiederte oder einfache, gezähnte oder gelappte Blätter; kleine, rote bis cremefarbene Früchte ähneln kleinen Äpfeln oder Birnen	Nah verwandt mit Apfel- und Birnbäumen; einige Arten wegen der Frucht, die meisten als Ziergehölz geschätzt; viele volkstümliche Assoziationen mit der europäischen Vogelbeere *(S. aucuparia)*
Salicaceae *Weidengewächse; früher nur Weiden und Pappeln, neueren Erkenntnissen zufolge auch viele tropische Baumgattungen*				
POPULUS Pappeln	ca. 90	Überwiegend gemäßigte Regionen Eurasiens, Nordamerikas und Nordafrikas bis zum tropischen Hochland Ostafrikas	Laub abwerfend, mit Harz absondernden Winterknospen; wechselständige, einfache, gezähnte Blätter, meist breiter als lang; kleine Blüten, männliche und weibliche Kätzchen an getrennten Bäumen; Samen flaumig behaart, aus kleinen Kapseln	Leichtholz für Streichhölzer, Sperrholz, Kisten, Holzschuhe; häufiges Forstgehölz; als Schattenspender sehr beliebt; zur Verhinderung von Bodenerosion angepflanzt
SALIX Weiden	ca. 500	Überwiegend gemäßigte Regionen; wenige Arten auch im Süden Afrikas, in Südamerika und im tropischen Asien; hervorstechend in arktischen und subarktischen Regionen	Fast alle Laub abwerfend; Bäume und viele Sträucher; wechselständige, einfache, meist schmale und fein gezähnte Blätter; Blüten, Früchte und Samen wie *Populus* nur kleiner	Besiedeln Flussufer und Sandbänke; leichtes, aber dicht gemasertes Holz z. B. für Cricket-Schläger, Holzschuhe und Kleiderbügel; aus den jungen Trieben werden Körbe, Hummerfallen u. Ä. gefertigt
Ulmaceae *Ulmengewächse; eher kleine Baumfamilie der nördlichen Hemisphäre; überwiegend Laub abwerfend; gezähnte Blätter; kleine, flache Nüsse, Steinfrüchte*				
ULMUS Ulmen	ca. 40	Nördliche Hemisphäre, überwiegend gemäßigte Regionen, südlich bis Thailand und Costa Rica; in Afrika nur im äußersten Nordwesten	Ganz oder teilweise Laub abwerfend; wechselständige, einfache, gezähnte Blätter mit asymmetrischem Spreitengrund; kleine Blüten; kleine, flache, papierartige geflügelte Früchte	In Europa und den östlichen USA einst wichtigster Nutzholzbaum und weit verbreitet, doch Mitte des 20. Jh. durch das Ulmensterben stark dezimiert
BEDECKTSAMER: EINKEIMBLÄTTRIGE (MONOKOTYLEDONEN)				
Agavaceae *Agavengewächse; verstreut in wärmeren Regionen der Erde; die größeren Pflanzen stammen fast alle aus Amerika, vor allem aus Mexiko*				
YUCCA Palmlilien	ca. 40	Nord- und Mittelamerika, von den nördlichen USA bis Guatemala	Immergrüne kleine Bäume mit Schwertblättern oder krautig und ausdauernd mit dornartig zugespitzten Blättern; weiße, glockenförmige Blüten in Rispen	Fasern der Blätter werden vielfältig genutzt; als Zierstrauch (auch Zimmerpflanze) und »lebender Zaun« beliebt
Arecaceae *Palmengewächse; große Familie von Bäumen, Sträuchern und Kletterpflanzen, mit großen Wedeln; in den Tropen und Subtropen verbreitet; sehr vielfältig*				
ATTALEA Amerikanische Ölpalmen	29	Mittel- und Südamerika sowie Westindische Inseln, von Mexiko bis Argentinien	Mittelgroße bis große Palmen mit großen gefiederten Wedeln und blühenden Rispen; ein- bis dreisamige Früchte, die in dichten Ähren angeordnet sind	Dominante Palme in vielen Teilen Amerikas; in einigen Regionen Hauptlieferant von Samenöl; Wedel werden als Dachdeckung genutzt
PHOENIX Dattelpalmen	17	Afrika, Kanarische Inseln, Südasien; 1 Art in Europa (auf Kreta)	Kleine bis große Palmen, untere Blättchen zu spitzen Dornen umgebildet; männliche und weibliche Blüten an getrennten Bäumen, einsamige Steinfrucht	Die getrockneten Früchte (Datteln) der *P. dactylifera* werden weltweit gehandelt; einige Arten als Zierpflanzen sehr beliebt
Asphodelaceae *Affodillgewächse; überwiegend krautige Pflanzen aus Afrika, dem Mittelmeerraum und Westasien; einige sukkulent, vor allem* Aloe				
ALOE Aloën	ca. 360	Afrika, Madagaskar, Arabien, Kanarische Inseln	Immergrüne Schwertblätter, meist als Strauch oder krautig, nur wenige Bäume; sukkulente Blätter mit Stacheln an den Rändern; röhrenförmige, auffällige Blüten in dichten Trauben, von Vögeln bestäubt	Zähflüssiger Saft aus den Blättern manchmal medizinisch oder kosmetisch genutzt; als Zierpflanze und bei Kakteensammlern beliebt
Pandanaceae *Schraubenbaumgewächse; nur 3 Gattungen, die größte ist* Pandanus; *in den Tropen, vor allem in Südostasien, weit verbreitet; in Amerika kommt die Familie gar nicht vor*				
PANDANUS Schraubenbäume	ca. 700	Tropische Regionen Asiens, Afrikas, Australiens und des Pazifikraums, vor allem auf der Malaiischen Halbinsel, den Philippinen und Madagaskar	Immergrüne Schwertblattbäume, -sträucher und -kletterpflanzen; Blätter mit dornig bewehrtem Rand und Rippen, spiralförmig an den Stämmen angeordnet; männliche und weibliche Blüten an getrennten Pflanzen	In Sümpfen und an Küsten; Blätter werden z. B. für Dächer, für Körbe und als Aromastoff verwendet; Früchte einiger Arten essbar

VOM AUSSTERBEN BEDROHTE BÄUME

Unten aufgelistet sind lediglich 10 Beispiele für Baumarten, die mittlerweile vom Aussterben bedroht sind – leider gibt es noch viele mehr. Nicht aufgelistet sind Bäume, die erfolgreich und in großem Umfang kultiviert werden, etwa der Flammenbaum *(Delonix regia)*, die Franklinie *(Franklinia alatamaha)*, der Ginkgo *(Ginkgo biloba)*, der Urweltmammutbaum *(Metasequoia glyptostroboides)* und die erst kürzlich entdeckte Wollemie *(Wollemia nobilis)*.

Zu den vom Aussterben bedrohten Bäumen gehören Arten, die man schon seit Jahrzehnten aufmerksam beobachtet, aber auch Arten – vor allem im tropischen Regenwald –, die erst vor kurzem entdeckt und klassifiziert wurden. Einige konnten nach ihrer Einordnung als neue Art nicht mehr wiedergefunden werden, da der Wald inzwischen gerodet worden war. Die Wissenschaftler gehen davon aus, dass in den letzten Jahren viele Arten ausgestorben sind, ohne dass man sie vorher hätte beschreiben können.

Besonders gefährdet sind Bäume in den folgenden Regionen: Kanarische Inseln, St. Helena, Inseln im Indischen Ozean – vor allem Madagaskar und Mauritius –, Hawaii, Bergland von Vietnam und vom benachbarten südlichen China, Hochland von Mexiko und Mittelamerika sowie die Küstenwälder im südöstlichen Brasilien. Auch die Regenwälder am Amazonas und in Zentralafrika bergen zweifelsohne viele vom Aussterben bedrohte Baumarten; hier machen die schiere Größe des Gebiets und die politische Instabilität eine botanische Bestandsaufnahme jedoch fast unmöglich.

Abies beshanzuensis **Baishanzu-Tanne**
Von dieser wunderschönen hohen Tanne vom Berg Baishanzu aus der südostchinesischen Provinz Zhejiang gibt es in der freien Natur nur noch 3 ausgewachsene Exemplare, obwohl sie kultiviert wird. Sie wurde erst 1976 benannt.

Cercocarpus traskiae **Trasks Schweiffrucht**
Diese Art wächst nur noch in einem kleinen Wäldchen in einem Canyon auf der südkalifornischen Insel Santa Catalina. Das langlebige, immergrüne, strauchartige Gehölz kann bis zu 8 m hoch werden. Die einzigartige Vegetation der Insel hat unter eingeschleppten Tieren sehr gelitten; in letzter Zeit wurden jedoch Schutzmaßnahmen ergriffen.

Cupressus dupreziana **Saharazypresse**
Die Art wächst auf einem Felsplateau des Tassili-N'Ajjer-Massivs in der algerischen Sahara; es haben nur etwa 150 Exemplare überlebt. Jungpflanzen und Sämlinge fand man kaum. Die Population wurde durch das Sammeln von Brennholz, laubfressende Ziegen und den sinkenden Grundwasserspiegel dezimiert.

Dimorphandra wilsonii
Diese Art ist nur durch 10 ausgewachsene Bäume und einige Jungpflanzen aus dem südbrasilianischen Bundesstaat Minas Gerais bekannt; sie wächst im savannenähnlichen Cerrado. Der Baum ist mit den Gleditschien *(Gleditsia)* verwandt und durch Rodung sowie Holzkohlegewinnung gefährdet.

Elaeocarpus bojeri Bojers **Ölfruchtbaum**
Die Art ist nur auf Mauritius zu finden, nicht einmal 10 kleine Exemplare haben im dortigen Nebelwald überlebt. Sie wird vor allem durch exotische Pflanzen, insbesondere die Erdbeerguave *(Psidium cattleianum)*, bedroht, die auch die Vegetation auf anderen Inseln verdrängt.

Idiospermum australiense
Die Art hat nur im küstennahen Tieflandregenwald in der Daintree-Region im nordöstlichen Queensland in Australien überlebt. Sie wurde durch Rodung für Zuckerrohranbau, Weide- und Siedlungsflächen fast ausgerottet. Der Baum stammt aus der sehr alten Familie der Gewürzstrauchgewächse *(Calycanthaceae)*.

Kokia drynarioides **Hawaii-Baumwollbaum**
Die Art wächst in den trockenen Lavawäldern der hawaiianischen Big Island; es gibt nicht einmal mehr 10 kleine Exemplare. 2 der 4 bekannten, alle auf Hawaii heimischen *Kokia*-Arten sind in freier Natur selten geworden; nur 1 wurde erfolgreich kultiviert, 1 ist ganz ausgestorben. Die attraktiven Bäume oder Sträucher tragen hibiskusähnliche Blüten.

Pleodendron costaricense
Diesen Regenwaldbaum entdeckte man erst 1998, 2005 beschrieb und benannte man ihn. Er wird bis zu 35 m hoch; es sind nur 2 ausgewachsene Exemplare und 1 Jungpflanze aus dem Tiefland der Provinz Puntarenas in Costa Rica bekannt. Auch die einzige andere *Pleodendron*-Art ist gefährdet; sie stammt aus Puerto Rico. Die Bäume gehören zur urtümlichen Familie der Kaneelgewächse *(Canellaceae)*.

Trochetiopsis erythroxylon **Helena-Redwood-Baum**
Der kleine Baum war auf St. Helena einst weit verbreitet; doch bereits im frühen 18. Jahrhundert war er aufgrund von Abholzung durch die ersten europäischen Siedler fast ausgerottet. Heute gibt es keinen natürlichen Bestand mehr; wenige Exemplare haben in Gärten überlebt, und man kultiviert Sämlinge zur Wiederaufforstung.

Zelkova sicula **Sizilianische Zelkove**
Die Art gehört zu den wenigen gefährdeten europäischen; man entdeckte sie erst vor Kurzem, es gibt nur noch etwa 200 Exemplare an einem Fluss in der abgelegenen sizilianischen Iblei-Bergregion. Sie ist die westlichste Art der Gattung *Zelkova*, die zerstreut von Japan bis Europa verbreitet ist.

REKORDE

Höchster Baum »Hyperion«, ein Küstenmammutbaum *(Sequoia sempervirens)* im Redwood-Nationalpark im äußersten Nordwesten Kaliforniens; im Jahr 2006 maß er 115,55 m.

Größter Stammdurchmesser »El Árbol del Tule« in Oaxaca, Mexiko, ein gewaltiges Exemplar der Mexikanischen Sumpfzypresse *(Taxodium mucronatum)*. Der Stamm hat an der Basis einen Umfang von 36,2 m und einen Durchmesser von 11,5 m. Viele Vorsprünge vergrößern den Durchmesser noch; der dickste Riesenmammutbaum *(Sequoiadendron giganteum)* hat mit einem Durchmesser von 9 m fast die gleiche Querschnittsfläche.

Größtes Holzvolumen Diesen Rekord hält ein Riesenmammutbaum *(Sequoiadendron giganteum)*: der berühmte »General Sherman« im kalifornischen Sequoia-Nationalpark. Mit einer Höhe von 83,6 m und einem Stammdurchmesser von 8,25 m hat der Stamm ein Volumen von 1540 m^3. Die Borke ist jedoch bis zu 45 cm dick, das Holzvolumen beträgt deshalb nur etwa 80 % des Stammvolumens (1200 m^3). Damit könnte man 150 Holzhäuser bauen.

Breiteste Baumkrone Hierfür kommt möglicherweise die vielstämmige Banyanfeige *(Ficus benghalensis)* infrage, die Messungen sind jedoch ungenau und veraltet. Die Krone einer Banyanfeige in Nordindien soll eine Fläche von 2,1 ha bedecken, was – wäre sie annähernd rund – einem Durchmesser von 165 m entspräche. Welcher Baum mit nur 1 Stamm weltweit die breiteste Krone hat, lässt sich nur schwer sagen.

Ältester Baum Ein Exemplar der Grannenkiefer *(Pinus aristata* oder *P. longaeva)* aus den White Mountains in Kalifornien datierte man aufgrund der Jahresringe zuverlässig auf die Zeit von vor 4800 Jahren. Anderen holzigen Pflanzen schrieb man ein höheres Alter zu – allerdings immer einem ganzen Bestand, nicht 1 einzelnen Exemplar.

Am schnellsten wachsender Baum Um diesen Rekord streiten sich mehrere Arten aus verschiedenen Ländern. Die Beurteilung wird dadurch erschwert, dass das Wachstum von Bäumen in Wäldern in unterschiedlichen Intervallen gemessen wird. Die höchsten Wachstumsraten werden meist in Forsten außerhalb der Heimat des betreffenden Baums beobachtet. Schnell ist auf jeden Fall *Eucalyptus grandis* auf Hawaii: 2-jährige Exemplare der Art erreichen knapp 11 m, 15-jährige an die 50 m. Der Hülsenfrüchtler Batai *(Paraserianthes falcataria)* soll auf Borneo in 14 Monaten 11 m und in 9 Jahren 32,5 m erreicht haben. Die in den südlichen USA heimische Kanadische Schwarzpappel *(Populus deltoides)* wuchs in 3 Jahren auf 13 m, in 9 Jahren auf über 30 m.

Am häufigsten vorkommender Baum Diesen Rekord hält mit Sicherheit eine der großen Nadelgehölzarten des borealen Walds (Taiga) im subarktischen Asien oder Nordamerika; diese Wälder erstrecken sich über riesige Flächen und enthalten nur wenige Arten. Eine entsprechende Statistik gibt es jedoch nicht. Infrage kommen die Kanadische oder Schimmelfichte *(Picea glauca)*, die Dahurische Lärche *(Larix gmelinii)* sowie die Sibirische Lärche *(Larix sibirica)*.

Glossar

Abszission Abwerfen von Blättern, Blüten, Früchten oder anderen Teilen der Pflanze.

Alkaloid Chemischer Pflanzenstoff, der die Pflanze aufgrund des abschreckenden (meist bitteren) Geschmacks vor Insekten und anderen Pflanzenfressern schützt oder deren Physiologie verändert. Zu den bekannten Pflanzenalkaloiden gehören Koffein, Strychnin und Kokain.

Alluvialböden Auf den Ablagerungen der Nacheiszeit bzw. der Gegenwart entstandene (Schwemmland-)Böden.

Angiospermen Bedecktsamer bzw. Blüten bildende Pflanzen (Blütenpflanzen). Angiospermen produzieren Samen, die in einer Frucht enthalten sind.

Apikal Der Begriff bezeichnet die Lage eines Pflanzenteils an der wachsenden Spitze (Apex) eines Triebs oder einer Wurzel.

Art auch Spezies; Klassifikationsebene von Organismen; umfasst Populationen, innerhalb deren und zwischen denen die Fortpflanzung genetisch problemlos möglich ist. Der wissenschaftliche Name einer Art setzt sich aus 2 Teilen zusammen, dem Gattungsnamen (z. B. *Quercus)* und dem Artnamen (z. B. *robur)*. Vgl. auch Binäre Nomenklatur.

Ätherisches Öl Konzentrierte, ölige Flüssigkeit mit einem für die Pflanzenart typischen Duft (z. B. Pfefferminzöl). Ätherische Öle werden aus den Samen, den Blättern, dem Holz, der Borke oder anderen Teilen der Pflanze gewonnen.

Ausdauernd Pflanze, die länger als 2 Jahre lebt.

Beere Fleischige, meist saftige Frucht (z. B. Traube, Tomate, Wassermelone), in deren Fleisch Samen eingebettet sind.

Bestäubung Transport des Pollens zu den weiblichen Fortpflanzungsorganen.

Binäre Nomenklatur Der wissenschaftliche Name einer Pflanzenart besteht aus 2 Teilen, z. B. *Acer rubrum* (Rotahorn). Der erste Teil bezeichnet die Gattung, durch den zweiten wird die Art innerhalb der Gattung identifiziert.

Blattachsel Winkel zwischen Sprossachse und Blatt(-stiel).

Blattader Leitbündel in einem Blatt.

Blättchen, auch Fiederblättchen. Bezeichnung für ein Segment eines zusammengesetzten Blattes.

Blattknoten Teil des Stängels, an dem 1 oder mehrere Blätter sitzen.

Blumenkrone Gesamtheit der Kronblätter einer einzelnen Blüte. Meist ist die Blumenkrone der farblich auffälligste Teil der Blüte.

Blüte Fortpflanzungsorgan von Bedecktsamern, den Angiospermen. Blüten variieren stark von Art zu Art, enthalten jedoch alle mindestens 1 Fruchtblatt (weiblich) oder 1 Staubblatt (männlich).

Blütenhülle Teil der Pflanze, der aus den Kron- und Kelchblättern einer Blüte besteht.

Blütenkelch Äußerster, meist grüner Teil einer Blüte, der aus den Kelchblättern der Blüte besteht.

Blütenstand auch Infloreszenz. Spezialisierter, Blüten tragender Teil einer Pflanze. Es gibt verschiedene Blütenstände, bei denen die Blüten jeweils anders angeordnet sind.

Boreal Dem nördlichen Klima Europas, Asiens und/oder Amerikas zugehörig.

Borke Oberste Gewebeschicht um Stamm und Äste eines Baums oder Strauchs, die das darunterliegende Holz und die Rinde schützt. Borke entsteht aus einer dünnen Schicht sich teilender Zellen (Kambiumzellen) und kann mit zunehmendem Alter des Baums dicker werden. Einige Baumarten verlieren ihre Borke jährlich.

Cauliflorie Stammblütigkeit.

Chlorophyll Pigment in Blättern und Stängeln grüner Pflanzen, das Sonnenlicht während der Photosynthese aufnimmt.

Cuticula Äußerste Schicht der Epidermis (Oberhaut). Sie besteht aus Wachs und einer fetthaltigen Substanz namens Cutin.

Deckblatt Tragblatt einer Blüte.

Dikotyledonen Zweikeimblättrige Pflanzen; eine der beiden Hauptgruppen, in die man Bedecktsamer traditionellerweise einteilt. Sie verfügen über 2 Keimblätter, Kron- und Kelchblätter sind meist in Vierer- oder Fünferwirteln angeordnet, die Blätter sind netzartig. Molekularbiologischen Studien zufolge handelt es sich dabei jedoch nicht um eine natürliche Gruppe; einige zweikeimblättrige Pflanzenfamilien zählen heute zu den »ursprünglichen Angiospermen«, den Rest bezeichnet man als Dreifurchenpollen-Zweikeimblättrige.

Doppelt gefiedert Bezeichnung für ein zusammengesetztes Blatt, das noch weiter in Fiederblättchen aufgeteilt ist.

Dorn Zu einem spitzen, holzigen Auswuchs modifizierte(r/s) Sprossachse, Kurztrieb, Blatt, Nebenblatt o. Ä.

Einfaches Blatt Blatt mit ungeteilter Spreite.

Einhäusig Der Begriff bezieht sich auf Pflanzenarten, bei denen ein Individuum sowohl über männliche als auch über weibliche Fortpflanzungsorgane verfügt.

Endständig Bezeichnung für eine Knospe, Blüte u. Ä., die sich an der Spitze eines Triebs befindet.

Epiphyt Pflanze, die auf anderen Pflanzen wächst, sich aber selbstständig ernährt (ungleich Schmarotzer oder Parasit).

Familie Taxonomische Einheit unterhalb der Ordnung; umfasst 1 oder mehrere Gattungen. Die Namen von Pflanzenfamilien enden auf -aceae, z. B. Pinaceae (Kieferngewächse).

Fiederblättchen *siehe* Blättchen.

Frucht Eine Blüte im Zustand der Samenreife.

Fruchtblatt Weibliches Fortpflanzungsorgan bei Blütenpflanzen. Je nach Art haben Blüten 1 oder mehrere Fruchtblätter; jedes umschließt 1 oder mehrere Samenanlagen, die sich zu Samen entwickeln.

Fruchtknoten Verdickte Basis eines Fruchtblatts oder Stempels, die die Samenanlagen enthält und zur Frucht heranreift.

Gattung Taxonomische Einheit unterhalb der Familie; umfasst 1 oder mehrere Arten. Die verschiedenen Eichenarten z. B. gehören alle der Gattung *Quercus* an.

Gefäßpflanze Pflanze mit internem System spezialisierter Zellen (Leitbündel), die Wasser, Zucker und andere Stoffe durch die Pflanze leiten.

Gefiedert Zusammengesetztes Blatt mit federartiger Anordnung der (Fieder-)Blättchen zu beiden Seiten der Blattachse oder Spindel.

Harz Klebrige Flüssigkeit, die von Bäumen – vor allem Nadelgehölzen – produziert wird; sie schützt vor Insekten und Pilzen.

Holz Hartes, sekundäres Xylemgewebe, von der Kambiumschicht nach innen gebildet, das den Umfang des Stamms vergrößert.

Holzige Pflanze Pflanze, die Holzgewebe bildet, meist in einem Zeitraum von mehreren Jahren.

Holzstrahl auch Markstrahl; radial verlaufende Zellbänder, die Wasser und gelöste Mineralien seitlich durch das Holz eines Baumstamms transportieren.

Hülsenfrüchtler Alle Pflanzen der großen Familie der Leguminosae. Akazien sind ein Beispiel für Hülsenfrüchtlerbäume.

Hybride Pflanze, die durch Fremdbestäubung aus 2 verschiedenen Arten hervorgeht und eine Kombination der Gene der Elternarten trägt.

Immergrün Bezeichnung für einen Baum oder eine andere Pflanze, die ihre Blätter am Ende der Wachstumsphase (Vegetationsperiode) nicht abwirft.

Kambium Dünne Schicht sich teilender Zellen in Stamm und Wurzeln, die das Sekundärwachstum einleitet, das den Umfang holziger Pflanzen vergrößert. Holz (sekundäres Xylem) wird nach innen gebildet, Rinde und Borke nach außen.

Kätzchen Langer, meist hängender Blütenstand, der meist viele kleine, blütenblattlose Blüten eines Geschlechts umfasst. U. a. produzieren Eichen, Erlen und Weiden Kätzchen.

Keimblatt Das erste Blatt, das aus einem keimenden Samen heraus entsteht (auch Samenblatt). Einkeimblättrige Pflanzen haben 1 Keimblatt, zweikeimblättrige meist 2.

Kelchblätter Die äußeren, blattähnlichen Teile der Blütenhülle, die die anderen Teile in der Knospe einschließen.

Kernfrucht Frucht (z. B. Apfel), die sich entwickelt, wenn sich die Blütenachse ausdehnt und den Fruchtknoten einschließt.

Kernholz Holz im Zentrum des Baumstamms, dessen wasserleitende Gefäße blockiert und nicht mehr funktionstüchtig sind. Kernholz ist meist dunkler als Splintholz.

Kladodium Blattartig verbreiterte Sprossachse, die dem Gasaustausch (Assimilation) dient.

Knospe Embryonalstadium eines Blatttriebs, meist durch harte oder lederartige Schuppen geschützt; junge, sich entwickelnde Blüte vor Öffnung der Kronblätter.

Kraut Pflanze, die keinen holzigen Stamm ausbildet, z. B. Veilchen oder Narzisse. Krautige Arten werden in der Regel nicht so groß wie holzige Sträucher oder Bäume.

Kronblatt Teil der Blüte. Zusammen bilden die Kronblätter die meist auffällig bunte Blumenkrone.

Laub abwerfend Bezeichnung für Bäume, die im Herbst oder zur tropischen Trockenzeit ihr Laub abwerfen; im Frühling bzw. zu Beginn der Regenzeit bildet es sich erneut.

Lignin Verstärkendes Polymer in der Zellwand vieler Gefäßpflanzen. Nur dank des Lignins können Bäume derart in die Höhe wachsen.

Luftwurzel Sprossbürtige Wurzel, die sich oberhalb der Erdoberfläche bildet.

Mesophyll Zwischen der oberen und unteren Epidermis gelegenes chlorophyllhaltiges Gewebe des Pflanzenblattes, das dem Gasaustausch dient.

Mittelrippe Große mittlere Ader eines Blatts.

Monokotyledonen Einkeimblättrige Pflanzen; eine der beiden Hauptgruppen, in die man Bedecktsamer traditionellerweise einteilt *(siehe auch* Dikotyledonen). Sie verfügen über nur 1 Keimblatt und Blätter mit parallel verlaufenden Adern.

Nacktsamer Pflanze, deren Samen nicht (wie bei den Bedecktsamern) in einen Fruchtknoten eingeschlossen sind. Die beiden wichtigsten Gruppen von Nacktsamern sind Nadelgehölze und Palmfarne.

Nadelgehölz Zapfen tragende Pflanze wie Kiefer, Tanne, Zypresse oder Eibe. Nadelgehölze bringen keine Blüten oder Früchte hervor, sie sind Nacktsamer mit nadelähnlichen Blättern. Die Samen sitzen an den Schuppen der weiblichen Zapfen.

Narbe Teil an der Oberfläche des Fruchtblatts, an dem Pollenkörner haften bleiben und keimen. Beim Keimen entwickelt sich ein Pollenschlauch, der in das Fruchtblatt eindringt und die Gene vom Pollen auf das Ei in der Samenanlage überträgt.

Nektar Zuckerreiche Flüssigkeit, die Pflanzen im Allgemeinen in den Blüten produzieren.

Nervatur Aderung des Blatts.

Palmfarn Palmenartiger Nacktsamer. Die heutigen Arten sind meist in den Tropen und Subtropen vertreten. Die Wedel der Palmfarne sind lang, meist gefiedert und strahlenförmig an einem kurzen Stamm angeordnet.

Pflanzensaft Flüssigkeit im Gefäßsystem (Xylem und Phloem) einer Pflanze.

Phloem Eine der beiden Formen von pflanzlichem Gefäßgewebe. Phloemgefäße transportieren Zucker, der bei der Photosynthese entsteht.

Photosynthese Prozess, bei dem Grünpflanzen Sonnenlichtenergie in chemische Energie (Zucker) umwandeln.

Phyllodium Blattartig verbreiteter Blattstiel.

Pneumatophoren Aus dem Wasser herausragende Atemwurzeln eines Gehölzes.

Pollen Sammelbezeichnung für Pollenkörner, die von Samenpflanzen produziert werden und die männlichen Geschlechtszellen enthalten.

Samen Reife Samenanlage einer Samenpflanze, die einen Pflanzenembryo enthält. Mithilfe der Samen, die vom Wind, durch Tiere oder anderweitig verbreitet werden, bringen Bedeckt- und Nacktsamer neue Generationen hervor.

Samenanlage Teil einer Samenpflanze, die eine weibliche Geschlechtszelle (Ei) enthält. Nach Bestäubung und Befruchtung entwickelt sich die Samenanlage zu einem Samen.

Schuppenblatt Blatt, das eine ruhende Knospe schützt, oder kleine, überlappende Schuppen bei Nadelgehölzen wie Zypressen.

Seitentrieb Trieb, der seitlich aus dem Stamm wächst. Seitentriebe entwickeln sich aus den Blattachseln.

Sorte Pflanzenform, die bei der Züchtung zu landwirtschaftlichen oder gartenbaulichen Zwecken entsteht. Sortennamen werden an den Gattungs- oder Artnamen angehängt, sind nicht latinisiert, werden groß geschrieben und in so genannte Sortenzeichen gesetzt (z. B. *Malus* 'Golden Hornet').

Sorus Zu Häufchen vereinigte Sporangien.

Spaltöffnungen (Stomata) Winzige Poren an der Blattoberfläche, die Sauerstoff, Kohlendioxid und Wasserdampf in das oder aus dem Blatt lassen.

Splintholz Äußere Holzschicht im Baumstamm. Es ist meist heller als Kernholz und enthält die funktionierenden Wasser leitenden Gefäße.

Sporangium Sporenbehälter.

Sporen Verbreitungseinheiten bei Farnpflanzen.

Spreite (auch Blattspreite) Flächig ausgebildeter Teil des (Ober-)Blattes.

Stachel Kleine, spitze Ausstülpung aus der Oberhaut eines Pflanzenstängels oder -blatts.

Staubblatt Männliches Fortpflanzungsorgan der Blüte; besteht aus Staubbeutel mit Pollen an einem Staubfaden.

Steinfrucht Fleischige Frucht, die einen oder mehrere Samen in einer harten inneren Schicht (»Kern«) enthält. Pflaumen z. B. sind Steinfrüchte.

Stelzwurzel Form der Luftwurzel, die sich an der Basis des Baumstamms ausbildet und ihn trägt.

Stomata *siehe* Spaltöffnungen.

Strauch Holzige Pflanze, kleiner als ein Baum, die sich meist in Bodennähe oder am Boden in mehrere Stämme verzweigt.

Sukkulente Pflanze mit fleischigem, Wasser speicherndem Stamm oder Blättern.

Symbiose Lebensgemeinschaft zweier unterschiedlicher Organismen (z. B. Baum und Pilz). Von einer Symbiose profitieren beide Partner im Unterschied zu Parasiten oder Schmarotzern.

Tannin Von manchen Pflanzen produzierte Gerbsäure, die Knospen, Samen, Borke und anderes Gewebe vor Insekten und anderen Schädlingen schützt.

Taxonomie Wissenschaftszweig der Biologie, der sich mit der Klassifizierung von Organismen, d.h. der Einordnung in ein biologisches System, beschäftigt.

Trieb Auch Spross; oberirdischer Teil einer Pflanze mit Stängeln, Blättern, Knospen und anderen Organen. Der Begriff bezieht sich auch auf jeden aktiv wachsenden Stamm oder Zweig.

Unterart (auch Subspezies) Wichtigste taxonomische Einheit unterhalb der Artebene.

Vegetativ Der Begriff bezieht sich auf die Teile der Pflanze, die nicht in die Fortpflanzung einbezogen sind. Die vegetative Vermehrung verläuft ungeschlechtlich, z. B. über Stecklinge.

Verdunstung Prozess, bei dem Blätter und andere oberirdische Teile der Pflanze Wasser in Form von Dampf abgeben.

Volkstümlicher Name Nicht-wissenschaftlicher Name einer Pflanzenart, etwa Rotahorn oder Kreppmyrte. Diese Namen können von Land zu Land und Region zu Region beträchtlich variieren; genauer ist immer der wissenschaftliche oder botanische Name.

Wedel Großes, geteiltes Blatt von Farnen, Palmen oder Palmfarnen.

Wurzel Pflanzenorgan, das in der Erde wächst, die Pflanze verankert und Wasser und Nährstoffe aufnimmt. Manche Pflanzen, z. B. Orchideen und Mangroven, entwickeln Luftwurzeln.

Xylem Eine der beiden Formen von Leitbündeln bei Pflanzen (*siehe auch* Phloem). Das Xylem transportiert Wasser von den Wurzeln zu den anderen Teilen der Pflanze.

Zapfen Fortpflanzungsorgan der meisten Nadelgehölze und aller Palmfarne; er besteht aus Schuppen, die um eine Mittelachse herum angeordnet sind. An den Schuppen weiblicher Zapfen entwickeln sich Samen, an denen männlicher Zapfen Pollenkörner. Einige Nadelgehölzarten verfügen über hoch modifizierte, fleischige Zapfen, die kaum noch als solche erkennbar sind.

Zelle Kleinste, grundlegendste Einheit des Lebens. Pflanzenzellen bestehen aus einem von einer Zellwand umgebenen Protoplasten.

Zusammengesetzt Der Begriff bezeichnet ein Blatt oder anderes Pflanzenorgan, das sich aus kleineren Teilen zusammensetzt. Eine Blattspreite z. B. kann aus mehreren (Fieder-)Blättchen bestehen.

Zweihäusig Die männlichen und weiblichen Fortpflanzungsorgane befinden sich an getrennten Pflanzen ein und derselben Art.

Register

F

G

H

R

S

X

Y

Z

Bildnachweis

FOTOS

t=oben; l=links; r=rechts; tl=oben links; tcl=oben Mitte links; tc=oben Mitte; tcr=oben Mitte rechts; tr=oben rechts; cl=Mitte links; c=Mitte; cr=Mitte rechts; b=unten; bl=unten links; bcl=unten Mitte links; bc=unten Mitte; bcr=unten Mitte rechts; br=unten rechts

AAP=Australian Associated Press; AUS=Auscape International; CBT=Corbis; GI=Getty Images; iS=istockphoto.com; MP=Minden Pictures; NPL=naturepl.com; PL=photolibrary.com; SH=Shutterstock; USGS=United States Geographical Survey

Umschlagvorderseite tl iS; tc, GI; tr PL; bl GI; br CBT
Umschlagrückseite Peter Bull Art Studio
1c CBT; **2**c MP; **4**r GI; **6**c MP; **8**c CBT; **10**c, l CBT; r GI; **11**c, l CBT; cr PL; **12**c PL; **14**c CBT; **16**tcl, tcr PL; **17**c GI; cl CBT; l PL; **18**bl, c PL; **19**br, tr PL; **20**r PL; **21**b, tl, tr PL; **22**bl PL; **24**bl PL; br SH; tr GI; **25**c, cl, cr, l, t, tc, tcl, tcr, tr SH; **26**bcr GI; tr MP; **27**bl PL; tl GI; **28**b PL; **29**b CBT; tr MP; **30**c CBT; **32**c, l, r PL; **33**l PL; tc SH; **34**bl SH; **35**bcl, bcr PL; t PL; **36**r PL; **37**bc SH; br, tc PL; tl CBT; **38**bl SH; br, tr PL; **39**bl, tl PL; tr SH; **40**c PL; **41**cr PL; tr PL; **42**b GI; **43**br SH; tl PL; **45**bc SH; bl, br PL; **46**br, tr PL; **47**r GI; **48**b PL; tr PL; **49**l CBT; r PL; **50**r SH; **51**bc PL; tc, tr SH; tl MP; **52**c PL; **53**bcr, br PL; tr PL; **54**bl PL; **55**b GI; **56**bcr, r PL; **57**bc PL; bl, br SH; **58**b PL; **59**bl, tl SH; tr PL; **60**b, t PL; **61**b, t SH; **62**bl PL; c PL; **63**br, tl PL; **64**bl AUS; br, tr SH; **65**bcr PL; r PL; **66**bl, tr SH; **67**bc, tr SH; bl, br, tl PL; **68**bl PL; r SH; **69**br iS; l, r, tr SH; **70**br PL; tr GI; **71**bl, tl GI; **72**br SH; tr PL; **73**bl, tc SH; tl PL; **75**br PL; c, tr CBT; **76**r SH; **77**bl SH; tl PL; tr PL; **78**bl PL; br PL; **79**b, tl PL; **81**b CBT; t SH; **82**b PL; **83**bc, tl PL; tr SH; **84**r PL; tr PL; **85**l PL; r, tcr PL; **86**b MP; **87**br CBT; tr MP; **88**c GI; **90**bcr, l SH; c MP; cl PL; **91**c, tcl PL; **92**r GI; **93**l, r GI; **94**b MP; **95**bl SH; br PL; tl MP; **96**bl SH; br AUS; **97**bcl PL; br Forest and Kim Starr tl GI; **98**r CBT; **99**br PL; tl GI; tr CBT; **100**bl SH; bl AUS; tr PL; **101**c SH; **102**c MP; tr SH; **103**br MP; tl AUS; **104**bl MP; tr PL; **105**bcr PL; tr MP; **106**bl MP; tr SH; **107**bl MP; br SH; t GI; **108**b GI; **109**bl, tr GI; br SH; **110**bl, br PL; **111**b, tl, tr PL; **112**r CBT; **113**br, l PL; tr CBT; **114**bl MP; **115**br GI; c, tr MP; **116**r SH; **117**br SH; tl MP; tr GI; **118**br, l SH; **119**br PL; tl MP; **120**tr CBT; tr GI; **121**br PL; t GI; **122**tr MP; **123**b MP; t PL; **124**bl CBT; r AUS; **125**tl AUS; tr PL; **126**br CBT; **127**br AUS; tr USGS; **128**br SH; tr PL; **129**br PL; tr AUS; **130**br, tr PL; **131**br AUS; tr PL; **132**br PL; tr CBT; **133**br SH; **134**br, tr PL; **135**br PL; tr TR **136**br, tr PL; **137**br PL; tr USGS; **138**br PL; tr TR **139**br PL; tr PL; **140**br PL; tr SH; **141**br PL; tr PL; **142**br PL; tr SH; **143**br, tr PL; **144**br, tr PL; **145**br, tr AUS; **146**br PL; tr SH; **147**br CBT; tr USGS; **148**br, tr CBT; **149**br SH; tr PL; **150**br USGS; tr Donovan Bailey, New Mexico State University **151**br, tr SH; **152**br SH; tr PL; **153**br PL; tr AUS; **154**br AUS; tr PL; **155**br AUS; br PL; **156**br PL; tr TR **157**br PL; tr GI; **158**br USGS; tr CBT; **159**br, tr PL; **160**br CBT; tr Gerald Carr **161**br PL; tr AUS; **162**br USGS; tr MP; **163**br, tr PL; **164**br, tr SH; **165**br SH; tr PL; **166**br PL; tr AUS; **167**br PL; tr SH; **168**br PL; tr AUS; **169**br PL; tr CBT; **170**br PL; tr CBT; **171**br PL; tr John Stretch, Department of Agriculture and Food WA **172**br SH; tr CBT; **173**tr GI; tr SH; **174**br TR tr PL; **175**tr AUS; **176**CBT; **177**c CBT; **178**l, tc MP; tcr PL; **179**c, l MP; **180**b GI; **182**c PL; **183**tr PL; **184**bl SH; r MP; **185**tl, tr PL; **186**bl PL; **187**c PL; **188**b AUS; **189**bl, tl MP; br PL; **190**c MP; **191**tr PL; **192**b MP; **193**br MP; tl, tr PL; **194**bc PL; **195**c GI; **196**bl AUS; br SH; tr MP; **197**bc MP; t PL; **198**c MP; **199**tr GI; **200**b MP; **201**bl, br MP; tl Anup Shah/NPL; **203**c MP; **204**bl SH; br MP; **205**br, tr MP; **206**bl CBT; **207**c CBT; **208**bl SH; tr PL; **209**c MP; **210**c PL; **211**tcr MP; **212**b MP; tcr PL; **213**br, tr MP; tl Larry Michael/NPL; **214**bl PL; **215**c AUS; **216**bl, tr PL; br MP; **217**b MP; **218**bl MP; br PL; **219**r PL; **220**c CBT; **222**cl PL; cl SH; **223**l PL; tc CBT; **224**bl, br CBT; tr PL; **225**r SH; tcl PL; **226**r GI; **227**bl, l PL; br, tl GI; **228**bc, bl, br SH; tr PL; **229**bc, bl, br PL; **230**b SH; tcr PL; **231**b, tcr PL; c, tc GI; **232**cr SH; tr GI; tr PL; **233**br PL; tr CBT; **234**bl AAP; **235**cr, tl PL; **236**b, c CBT; t GI; **237**c GI; **238**bl, br PL; **239**b, tl PL; tr CBT; **240**bcl, br GI; bl, tr PL; **241**b CBT; tc PL; **242**br, tr GI; **243**b CBT; bl, tl GI; tr SH; **244**bl, tr PL; **245**bl, br PL; **246**bl PL; tr CBT; **247**bl CBT; r PL; tr SH; **248**b, tr SH; **249**bl, br PL; cr, tr SH; **250**c PL; **251**b, tr PL; c, tcl PL; **252**bl, br PL; **253**tl, tr PL; **254**r PL; **255**bl, tr PL; br AUS; tl SH; **256**bl PL; **257**b CBT; t PL; **258**l PL; **259**bl, br, tl PL; **260**b CBT; **261**br CBT; tc, tl PL; tr iS; **262**c PL; **264**cl GI; l CBT; tc MP; tr PL; **265**c CBT; **266**b SH; **267**bc SH; c CBT; tr PL; **268**bl SH; r GI; **269**b SH; **270**b GI; **271**tl, tr PL; **272**bcr MP; bl AAP; **273**br PL; t GI; **274**bl PL; r PL; **275**r, tr MP; **276**bl CBT; **277**bl, br GI; t PL; **278**cr MP; **279**bl, cl MP; tr GI; **280**tr PL; **281**b PL; tc CBT; tr SH; **282**c GI; **284**bl, SH

ILLUSTRATIONEN

Darren Awuah/The Art Agency 102bl, 104tc, 109tl, 116tl, 120bc
Peter Bull Art Studio 34tr, 40l, 43bl, 45tr, 47l, 54tr, 55tr, 57tr, 72tc, 74c, 77r, 80b, 92bcl, 96tr, 100r, 114b, 122b, 185bc, 189tr, 202cr, 217tr, 229tr, 245t, 246br, 267tl, 284c, 285b c t tl, 286b c t
Leonello Calvetti 222cr, 234cr
Andrew Davies Creative Communication 23c, 25c
Andrew Davies Creative Communication and Map Illustrations 181t, 182bl, 186c, 190bl, 194cl, 198bl, 202bl, 206cl, 210bl, 214c, 287b, bc, bcl, bcr, bl, br, c, cr, t, tcl
GODD.com 237b
Steven Hobbs 273bl
James McKinnon 226l
John Francis/ Bernard Thornton Artists UK 22tr
Michael Saunders 253b
Terry Pastor/The Art Agency 125br, 271bl, 280b
Steve Trevaskis 235c

SILHOUETTEN

Andrew Davies Creative Communication

Bildlegenden
Seite 1 Dieser Buddha-Kopf im thailändischen Phra Nakhon Si Ayutthaya ist von den Wurzeln eines Banyanbaums überwuchert.
Seite 2 Affenbrotbäume – wie diese auf Madagaskar – speichern in ihren dicken Stämmen Unmengen von Wasser.
Seite 4–5 Wenige kurze Wochen im Jahr erstrahlt der Jefferson National Forest in Virginia, USA, in seiner herbstlichen Farbenpracht.
Seite 6–7 Ein Birkenhain bei Sonnenaufgang in Northwoods, Minnesota, USA.
Seite 8–9 Diese von einer Schlammwüste umgebenen Bäume schmiegen sich im australischen Kakadu-Nationalpark dicht an das Ufer eines Flusses.
Seite 12–13 Farne im unteren Geschoss eines gemäßigten Regenwalds im Olympic-Nationalpark, Washington State, USA.
Seite 282–283 Waldsee in der chinesischen Provinz Sichuan.